运筹学（第3版）

主　编　刘　蓉　熊海鸥
副主编　宋　静　唐献全

北京理工大学出版社
BEIJING INSTITUTE OF TECHNOLOGY PRESS

内容简介

本书系统地介绍了运筹学中规划论、图论、存储论、排队论、决策论、对策论及其各分支的主要理论和方法，并通过具体案例介绍了各类模型在管理实际中的应用。作为教材，本书各章均有知识要点、核心概念、典型案例、知识总结及自测练习，便于读者理解、消化。

为了支撑教师的教学工作，我们将多年教学中积累的课件、教案等配套资源提交给了北京理工大学出版社，请需要的教师或学习者联系总编室或对应编辑领取。

本书注重运筹学的实践应用指导，可作为高等院校管理类、工程类专业的运筹学课程教材，也可供从事实际工作的管理人员、企业家和经营者等学习参考。

版权专有　侵权必究

图书在版编目（CIP）数据

运筹学／刘蓉，熊海鸥主编．--3版．--北京：北京理工大学出版社，2022.11
　ISBN 978-7-5763-1841-8

Ⅰ．①运… Ⅱ．①刘… ②熊… Ⅲ．①运筹学—高等学校—教材 Ⅳ．①O22

中国版本图书馆 CIP 数据核字（2022）第 210437 号

出版发行 ／	北京理工大学出版社有限责任公司
社　　址 ／	北京市海淀区中关村南大街 5 号
邮　　编 ／	100081
电　　话 ／	（010）68914775（总编室）
	（010）82562903（教材售后服务热线）
	（010）68944723（其他图书服务热线）
网　　址 ／	http://www.bitpress.com.cn
经　　销 ／	全国各地新华书店
印　　刷 ／	三河市天利华印刷装订有限公司
开　　本 ／	787 毫米×1092 毫米　1/16
印　　张 ／	17.5
字　　数 ／	412 千字
版　　次 ／	2022 年 11 月第 3 版　2022 年 11 月第 1 次印刷
定　　价 ／	89.00 元

责任编辑／多海鹏
文案编辑／多海鹏
责任校对／周瑞红
责任印制／李志强

图书出现印装质量问题，请拨打售后服务热线，本社负责调换

前 言

运筹学在自然科学、社会科学、生产实践和现代化管理中有着重要的意义。作为运筹学的重要组成部分——线性规划、运输问题、整数规划、存储论、排队论、决策分析、网络分析及对策论等内容是经济、管理类本科生所应具备的必要知识和学习其他相应课程的重要基础。

作为有一定针对性的教材，我们在内容的选择、案例或例题的安排等方面注意专业知识的相关性，每一章均通过"典型案例"导入，具体知识内容一般都围绕典型案例来展开，目的是激发学生的学习兴趣，引导学生思考，帮助学生理论结合实际；部分章节中插入"知识链接"，引导有兴趣的学生更深入地思考；最后通过"知识总结"来梳理知识。

本书由刘蓉、熊海鸥任主编，宋静、唐献全任副主编；由郭升仲担任本书的审稿人。参加本书编写工作的人员分工如下：宋静编写第1和第4章；屠琳桓编写第2章；刘蓉编写第3、第5和第10章；余洁编写第6章；唐献全编写第7章；周艳编写第8章；熊海鸥编写第9和第11章。同时，杨娥对本书的统稿及校对做了部分工作。

特别感谢张成科老师对本书的指导和支持。

本书在编写过程中参考了大量的国内外文献资料，在此谨对已列或漏列的文献作者表示衷心的感谢，并对给予支持与帮助的院校领导和出版社同志表示崇高的敬意。

由于编者水平有限，且时间较为仓促，书中难免有不妥疏漏之处，敬请同行、专家和广大读者给予批评指正，以便做进一步修改和完善。

编 者

目 录

第1章　导论 ⋯⋯⋯⋯⋯⋯⋯⋯⋯⋯⋯⋯⋯⋯⋯⋯⋯⋯⋯⋯⋯⋯⋯⋯⋯⋯⋯⋯⋯⋯⋯⋯⋯ 1

　1.1　运筹学的含义和发展 ⋯⋯⋯⋯⋯⋯⋯⋯⋯⋯⋯⋯⋯⋯⋯⋯⋯⋯⋯⋯⋯⋯⋯⋯⋯⋯ 1
　　1.1.1　运筹学的含义 ⋯⋯⋯⋯⋯⋯⋯⋯⋯⋯⋯⋯⋯⋯⋯⋯⋯⋯⋯⋯⋯⋯⋯⋯⋯⋯⋯ 1
　　1.1.2　运筹学的发展 ⋯⋯⋯⋯⋯⋯⋯⋯⋯⋯⋯⋯⋯⋯⋯⋯⋯⋯⋯⋯⋯⋯⋯⋯⋯⋯⋯ 2
　1.2　运筹学的特点和分析步骤 ⋯⋯⋯⋯⋯⋯⋯⋯⋯⋯⋯⋯⋯⋯⋯⋯⋯⋯⋯⋯⋯⋯⋯⋯ 3
　　1.2.1　运筹学的特点 ⋯⋯⋯⋯⋯⋯⋯⋯⋯⋯⋯⋯⋯⋯⋯⋯⋯⋯⋯⋯⋯⋯⋯⋯⋯⋯⋯ 3
　　1.2.2　运筹学的分析步骤 ⋯⋯⋯⋯⋯⋯⋯⋯⋯⋯⋯⋯⋯⋯⋯⋯⋯⋯⋯⋯⋯⋯⋯⋯⋯ 3
　1.3　运筹学的研究内容 ⋯⋯⋯⋯⋯⋯⋯⋯⋯⋯⋯⋯⋯⋯⋯⋯⋯⋯⋯⋯⋯⋯⋯⋯⋯⋯⋯ 5
　1.4　运筹学的应用 ⋯⋯⋯⋯⋯⋯⋯⋯⋯⋯⋯⋯⋯⋯⋯⋯⋯⋯⋯⋯⋯⋯⋯⋯⋯⋯⋯⋯⋯ 6

第2章　线性规划 ⋯⋯⋯⋯⋯⋯⋯⋯⋯⋯⋯⋯⋯⋯⋯⋯⋯⋯⋯⋯⋯⋯⋯⋯⋯⋯⋯⋯⋯⋯ 10

　2.1　线性规划基础 ⋯⋯⋯⋯⋯⋯⋯⋯⋯⋯⋯⋯⋯⋯⋯⋯⋯⋯⋯⋯⋯⋯⋯⋯⋯⋯⋯⋯⋯ 10
　　2.1.1　线性规划问题及其数学模型 ⋯⋯⋯⋯⋯⋯⋯⋯⋯⋯⋯⋯⋯⋯⋯⋯⋯⋯⋯⋯⋯ 10
　　2.1.2　线性规划问题的标准型 ⋯⋯⋯⋯⋯⋯⋯⋯⋯⋯⋯⋯⋯⋯⋯⋯⋯⋯⋯⋯⋯⋯⋯ 12
　2.2　图解线性规划 ⋯⋯⋯⋯⋯⋯⋯⋯⋯⋯⋯⋯⋯⋯⋯⋯⋯⋯⋯⋯⋯⋯⋯⋯⋯⋯⋯⋯⋯ 15
　　2.2.1　线性规划问题的图解法 ⋯⋯⋯⋯⋯⋯⋯⋯⋯⋯⋯⋯⋯⋯⋯⋯⋯⋯⋯⋯⋯⋯⋯ 15
　　2.2.2　线性规划问题的基本概念 ⋯⋯⋯⋯⋯⋯⋯⋯⋯⋯⋯⋯⋯⋯⋯⋯⋯⋯⋯⋯⋯⋯ 17
　2.3　单纯形法 ⋯⋯⋯⋯⋯⋯⋯⋯⋯⋯⋯⋯⋯⋯⋯⋯⋯⋯⋯⋯⋯⋯⋯⋯⋯⋯⋯⋯⋯⋯⋯ 20
　　2.3.1　单纯形法的基本思想 ⋯⋯⋯⋯⋯⋯⋯⋯⋯⋯⋯⋯⋯⋯⋯⋯⋯⋯⋯⋯⋯⋯⋯⋯ 20
　　2.3.2　单纯形表 ⋯⋯⋯⋯⋯⋯⋯⋯⋯⋯⋯⋯⋯⋯⋯⋯⋯⋯⋯⋯⋯⋯⋯⋯⋯⋯⋯⋯⋯ 23
　2.4　单纯形法的进一步讨论（大 M 法和二阶段法）⋯⋯⋯⋯⋯⋯⋯⋯⋯⋯⋯⋯⋯⋯⋯ 28
　　2.4.1　大 M 法 ⋯⋯⋯⋯⋯⋯⋯⋯⋯⋯⋯⋯⋯⋯⋯⋯⋯⋯⋯⋯⋯⋯⋯⋯⋯⋯⋯⋯⋯ 29
　　2.4.2　二阶段法 ⋯⋯⋯⋯⋯⋯⋯⋯⋯⋯⋯⋯⋯⋯⋯⋯⋯⋯⋯⋯⋯⋯⋯⋯⋯⋯⋯⋯⋯ 32
　2.5　改进的单纯形法 ⋯⋯⋯⋯⋯⋯⋯⋯⋯⋯⋯⋯⋯⋯⋯⋯⋯⋯⋯⋯⋯⋯⋯⋯⋯⋯⋯⋯ 38
　　2.5.1　矩阵形式的单纯形法 ⋯⋯⋯⋯⋯⋯⋯⋯⋯⋯⋯⋯⋯⋯⋯⋯⋯⋯⋯⋯⋯⋯⋯⋯ 38
　　2.5.2　改进单纯形法的步骤 ⋯⋯⋯⋯⋯⋯⋯⋯⋯⋯⋯⋯⋯⋯⋯⋯⋯⋯⋯⋯⋯⋯⋯⋯ 40

2.6　应用举例 ··· 45
2.7　Excel 的应用 ··· 48

第 3 章　线性规划对偶理论及其应用 ·· 53

3.1　线性规划对偶问题的提出 ··· 54
 3.1.1　对偶问题的提出 ·· 54
 3.1.2　对偶问题的形式 ·· 55
3.2　对偶问题的基本性质 ·· 60
 3.2.1　对称性定理 ··· 60
 3.2.2　弱对偶性定理 ··· 61
 3.2.3　最优性定理 ··· 61
 3.2.4　强对偶性定理（或称对偶定理） ·· 61
 3.2.5　互补松弛定理 ··· 62
3.3　影子价格 ··· 64
 3.3.1　影子价格的概念 ··· 64
 3.3.2　影子价格的经济含义 ··· 65
3.4　对偶单纯形法 ··· 66
 3.4.1　对偶单纯形法的基本思想 ··· 66
 3.4.2　对偶单纯形法的主要步骤 ··· 66
3.5　灵敏度分析 ··· 68
 3.5.1　目标函数系数 c_j 变化 ··· 69
 3.5.2　约束条件右端向量 b 的变化 ··· 70
 3.5.3　增加一种新产品 ··· 71
 3.5.4　增加一个新的约束条件 ··· 72
 3.5.5　约束条件系数 a_{ij} 的变化 ·· 73

第 4 章　运输问题 ·· 77

4.1　运输问题的典型数学模型 ··· 78
 4.1.1　问题的提出 ··· 78
 4.1.2　运输问题的典型数学模型 ··· 78
4.2　表上作业法 ··· 80
 4.2.1　确定初始基可行解 ··· 81
 4.2.2　最优解的判别 ··· 84
 4.2.3　解的改进——闭回路调整法 ··· 87
4.3　产销不平衡运输问题 ·· 88
 4.3.1　一般产销不平衡运输问题 ··· 88
 4.3.2　带弹性需求的产销不平衡运输问题 ·· 90

第 5 章　整数规划 95

5.1　整数规划的数学模型 96
5.1.1　整数规划问题的提出 96
5.1.2　整数规划的一般模型 98
5.2　分支定界法 99
5.3　割平面法 103
5.3.1　割平面法的基本思想 103
5.3.2　割平面法的计算步骤 104
5.4　0—1 型整数规划 106
5.4.1　0—1 型整数规划的建模方法 106
5.4.2　0—1 型整数规划的解法 110
5.5　指派问题 113
5.5.1　指派问题的标准形式及应用举例 113
5.5.2　指派问题的匈牙利解法 114
5.5.3　非标准形式的指派问题 119

第 6 章　决策论 124

6.1　决策的基本概念 125
6.1.1　决策的定义 125
6.1.2　决策的要素 125
6.1.3　决策的分类 126
6.1.4　决策的基本步骤 126
6.1.5　决策中的几个问题 127
6.2　不确定型决策 128
6.2.1　乐观准则 128
6.2.2　悲观准则 129
6.2.3　折中准则 129
6.2.4　等可能性决策准则 130
6.2.5　最小后悔值准则 130
6.3　风险型决策 131
6.3.1　最大可能法 132
6.3.2　期望值准则法 132
6.4　效用决策 138
6.4.1　效用和效用值 139
6.4.2　效用曲线 140
6.4.3　效用曲线的应用 141

6.5 多目标决策 ··· 143
 6.5.1 化多目标为单目标法 ·· 143
 6.5.2 目标分层法 ··· 146
 6.5.3 功效系数法 ··· 147

第 7 章 排队论 ··· 152

7.1 排队论的提出 ··· 153
 7.1.1 排队论概述 ··· 153
 7.1.2 排队论的发展 ··· 153
 7.1.3 排队论的运用 ··· 154
7.2 排队论的基本概念 ··· 155
 7.2.1 排队系统构成要素 ··· 155
 7.2.2 排队系统模型分类 ··· 158
 7.2.3 排队系统的数量指标 ··· 159
7.3 到达间隔分布和服务时间分布 ··· 160
 7.3.1 经验分布 ··· 160
 7.3.2 理论分布 ··· 162
7.4 简单的排队系统模型 ··· 163
 7.4.1 到达率与服务时间不变的基本排队服务系统 ···························· 163
 7.4.2 单服务台排队服务系统 ··· 164
 7.4.3 简单的多服务台排队服务系统 ··· 168
7.5 排队系统的优化目标与最优化问题 ··· 172
 7.5.1 排队系统的优化目标 ··· 172
 7.5.2 排队系统的最优化问题 ··· 173

第 8 章 存储论 ··· 178

8.1 存储论概述 ··· 179
 8.1.1 存储问题的要素 ··· 179
 8.1.2 存储系统 ··· 181
8.2 ABC 管理 ··· 182
 8.2.1 ABC 分类法的基本思想 ·· 182
 8.2.2 ABC 分类实施的步骤 ·· 183
 8.2.3 ABC 分类管理的措施 ·· 185
8.3 库存控制技术 ··· 187
 8.3.1 定量订货法 ··· 187
 8.3.2 定期订货法 ··· 191
8.4 瞬时进货模型 ··· 193

8.4.1 瞬时进货、不允许缺货模型 ……………………………………………… 193
8.4.2 瞬时进货、允许缺货模型 ……………………………………………… 195
8.5 逐渐进货模型 ………………………………………………………………… 198
8.5.1 逐渐进货、不允许缺货模型 …………………………………………… 198
8.5.2 逐渐进货、允许缺货模型 ……………………………………………… 200
8.6 随机存储模型 ………………………………………………………………… 202
8.6.1 (T，s，S)型混合策略 ……………………………………………………… 203
8.6.2 报童问题 ………………………………………………………………… 205

第9章 图与网络分析 …………………………………………………………… 210

9.1 图与网络分析的基本问题 …………………………………………………… 211
9.2 最短路径问题 ………………………………………………………………… 211
9.2.1 最短路径问题概述 ……………………………………………………… 211
9.2.2 Dijkstra 标号法 ………………………………………………………… 212
9.2.3 Floyd 标号法 …………………………………………………………… 213
9.3 最大流问题 …………………………………………………………………… 216
9.3.1 最大流的基本概念 ……………………………………………………… 216
9.3.2 网络最大流的标号法 …………………………………………………… 218
9.4 最小费用最大流问题 ………………………………………………………… 220
9.5 中国邮递员问题 ……………………………………………………………… 222
9.5.1 一笔画问题的基本定理 ………………………………………………… 222
9.5.2 奇偶点图上作业法 ……………………………………………………… 222
9.5.3 旅行商问题 ……………………………………………………………… 224
9.6 利用 Excel 上机解决物流路径问题 ………………………………………… 225
9.6.1 用 Excel 求解最短路问题 ……………………………………………… 225
9.6.2 用 Excel 求解最大流问题 ……………………………………………… 227

第10章 网络计划技术 ……………………………………………………………… 230

10.1 网络计划概述 ………………………………………………………………… 231
10.2 网络图 ………………………………………………………………………… 232
10.2.1 网络图中的元素 ………………………………………………………… 232
10.2.2 网络图中工序之间可能存在的关系 …………………………………… 233
10.2.3 网络图的绘制原则 ……………………………………………………… 234
10.2.4 网络图的绘制步骤 ……………………………………………………… 235
10.3 网络图的关键路线以及时间参数 …………………………………………… 236
10.3.1 关键路线 ………………………………………………………………… 236
10.3.2 时间参数 ………………………………………………………………… 237

10.4 网络计划优化 — 245
10.4.1 时间优化 — 245
10.4.2 时间—费用优化 — 245
10.4.3 时间—资源优化 — 246

第 11 章 对策论 — 254

11.1 对策论的基本概念 — 255
11.1.1 对策论的基本概念 — 255
11.1.2 对策行为的基本要素 — 255
11.1.3 对策行为的分类 — 256
11.2 矩阵对策 — 257
11.2.1 矩阵对策的数学模型 — 257
11.2.2 矩阵对策的策略 — 257
11.2.3 矩阵对策的混合策略 — 260
11.3 非零和对策 — 263
11.3.1 纳什均衡（NASH EQUILIBRIUM） — 264
11.3.2 无均衡对策 — 265

参考文献 — 269

第 1 章 导 论

知识要点

了解运筹学的含义、发展及其应用；理解运筹学的特点和分析步骤；掌握运筹学研究的主要内容。

核心概念

运筹学（Operations Research）

典型案例

丁谓修宫：宋真宗年间，皇宫失火，大片宫室楼台变成了废墟。宋真宗命令丁谓负责修复皇宫。这项重大建筑工程需要解决三大难题：一是去郊区取土困难，路途太远；二是相关的物资运输问题；三是大片废墟垃圾的处理问题。丁谓的施工方案是：先将修复工程——皇宫前的一条大街挖成一条大沟，将大沟与汴水相通。使用挖出的土就地制宜，令与汴水相连形成的河道承担繁重的运输任务；修复工程完成后，实施大沟排水，并将原废墟物回填，修复成原来的大街。丁谓将取材、生产、运输及废墟物的处理用"一沟三用"的方法巧妙地解决了。此方案不仅取得了"一举而三役济"的效果，而且"省费以亿万计"，还大大缩短了工期。

思考：丁谓所设计的方案，其思想与如今运筹学中的统筹方法是否一致？

1.1 运筹学的含义和发展

1.1.1 运筹学的含义

运筹学是 20 世纪 40 年代开始形成的一门学科，起源于第二次世界大战期间英、美等国的军事运筹小组，主要用于研究军事活动。第二次世界大战后，运筹学主要转向经济活动的研究，研究活动中能用数字量化的有关运用、筹划与管理等方面的问题，通过建立模型的方法或数学定量方法，使问题在量化的基础上达到科学、合理的解决，并使活动系统中的人、财、物和信息得到最有效的利用，使系统的投入和产出实现最佳的配置，即所谓的"最优化"问题。

运筹学的英文名称是 Operations Research，简称 O.R，直译为"作业研究""运用研究"。据《大英国百科全书》释义，"运筹学是一门应用于管理、有组织系统的科学"，"运筹学为掌管这类系统的人提供决策目标和数量分析的工具"。《中国大百科全书》的释义为，运筹学是"用数学方法研究经济、民政和国防等部门在内外环境的约束条件下合理分配人力、物力、财力等资源，使实际系统有效运行的技术科学，它可以用来预测发展趋势、制定行动规划或优选可行方案"。中国学者把这门学科意译为"运筹学"，就是取自古语"运筹于帷幄之中，决胜于千里之外"，其意为运算筹划，出谋献策，以最佳策略取胜。这就极为恰当地概括了这门学科的精髓。

1.1.2 运筹学的发展

在人类历史的长河中，运筹谋划的思想俯拾皆是，经典的运筹谋划案例也不鲜见。像《孙子兵法》就是用运筹学思维凝结成的一部伟大的军事名著，诸葛亮更是家喻户晓的一代军事运筹大师。然而，把"运筹学"真正当成一门科学来研究，则还只是近几十年来的事。第二次世界大战中，英、美等国抽调各方面的专家参与各种战略、战术的优化研究工作，获得了显著的成功，大大推进了胜利的进程。第二次世界大战后，从事这些活动的许多专家转到了民用部门，使运筹学很快推广到了工业企业和政府工作的各个方面，从而促进了运筹学有关理论与方法的研究和实践，使运筹学迅速发展并逐步成熟起来。

运筹学概念虽然起源于欧美，但在学科研究方面，我国并不落后。在 20 世纪 50 年代，著名科学家钱学森与运筹学专家许志国等人，全面介绍并推广应用这门学科，为运筹学的发展和应用做出了突出贡献。20 世纪 60 年代，著名数学家华罗庚亲自指导青年科技工作者在全国推广应用运筹学方法，华罗庚的"优选法"和"统筹方法"被各部门采用，取得了很好的效果，受到中央领导的好评。他们还为管理人员编写了通俗易懂的普及性读物，让更多的人学习和运用运筹学方法。改革开放以来，运筹学的应用更为普遍，特别是在流通领域应用更为广泛。例如运用线性规划进行全国范围粮食、钢材的合理调运，广东水泥的合理调运等；许多企业的作业调配、工序安排和场地选择等，也使用了运筹学方法，并取得了显著的效果。与此同时，还创造了简单易行的"图上作业法"和"表上作业法"。被国外普遍认可的"中国邮递员问题"就是运筹学家管梅谷教授解决的一个世界性的运筹学问题。

现在，企业管理领域正在大力开发和应用信息系统，许多企业把运筹学融合在管理信息系统中，增加了辅助决策功能，取得了明显的经济效益，提高了企业的管理水平，受到企业决策层和主管部门的重视。

思政融合

对民族文化的认知和民族自信的培养：
"运筹"两字最早出现在《史记·高祖本记》中，中国历史上出现了很多经典的运筹案例，如田忌赛马、丁谓修宫、沈括就地征粮的战略决断；此外，运筹学在我国也有着朝气蓬勃的发展。由此激发学生的爱国主义精神，建立民族文化自信，培养对中华民族灿烂文明的自豪感。

1.2 运筹学的特点和分析步骤

1.2.1 运筹学的特点

运筹学的特点主要体现在三个方面：系统的整体观念、多学科的综合及模型方面的应用。

1. 系统的整体观念

所谓系统可以理解为由相互关联、相互制约、相互作用的一些部分组成的具有某种功能的有机整体。例如一个企业的经营管理由很多子系统组成，包括生产、技术、供应、销售和财务等，各个子系统工作的好坏，直接影响企业经营管理的好坏。但各子系统的目标往往不一致，生产部门为提高劳动生产率，希望增大产品批量；销售部门为了满足市场用户需求，要求生产小批量、多品种的适销对路的产品；财务部门强调减少库存，加速资金周转，以降低成本等。运筹学研究中不是对各子系统的决策行为孤立评价，而是把有关子系统相互关联的决策结合起来考虑，把相互影响和制约的各个方面作为一个统一体，从系统整体利益出发，寻找一个优化协调的方案。

2. 多学科的综合

一个组织或系统的有效管理涉及很多方面，运筹学研究中吸收了来自不同领域、具有不同经验和技能的专家。由于专家们来自不同的学科领域，具有不同的经历和经验，故增强了发挥小组集体智慧及提出问题和解决问题的能力。这种多学科的协调配合在研究初期，在分析和确定问题的主要方面及选定和探索解决问题的途径时，显得尤为重要。

3. 模型方面的应用

在各门学科的研究中广泛应用试验的方法，但运筹学研究的系统往往不能搬到实验室来，代替的办法是建立这个问题的数学模型或模拟模型。应当指出，为制定决策提供科学依据是运筹学应用的核心，而建立模型则是运筹学方法的精髓。学习运筹学要掌握的最重要的技巧就是提高对运筹学数学模型的表达、运算和分析的能力。

1.2.2 运筹学的分析步骤

运筹学作为一门用来解决实际管理问题的学科，在处理大量千差万别的实际问题中形成了自己的工作步骤：

1. 系统分析和问题描述

运筹学分析的第一步是分析和提出问题，它是从对现有系统的详细分析开始的，通过分析找到影响系统的最主要问题。另外，通过分析，还要明确系统或组织的主要目标，找出系统的主要变量和参数，弄清它们的变化范围、相互关系以及对目标的影响。问题提出后，还要分析解决该问题的可能性和可行性。一般需要进行以下分析：

(1) 技术可行性——有没有现成的运筹学方法可以用来解决存在的问题；

(2) 经济可行性——研究的成本是多少，需要投入什么样的资源，预期效果如何；

(3) 操作可行性——研究的人员和组织是否落实，各方面的配合如何，研究能否顺利进行。

通过以上分析，可对研究的困难程度、可能发生的成本、可能获得的成功和收益做到心中有数，使研究的目的更加明确。

2. 模型的建立和修改

模型建立是运筹学分析的关键步骤。运筹学模型一般是数学模型或模拟模型，并以数学模型为主。模型是对现实世界的一种抽象和映射。由于实际问题的复杂性，模型不可能完全准确地反映现实世界或实际问题，人们在构造模型时，往往要根据一些理论的假设或设立一些前提条件来对模型进行必要的抽象和简化。人们对问题的理解不同，根据的理论不同，设立的前提条件不同，则构造的模型也会不同。因此，模型构造是一门基于经验的艺术，既要有理论作指导，又要靠不断的实践来积累建模的经验。模型建立不是一个一次性的过程，由于实际问题与人们对它的认识之间存在的差异，模型往往要经过多次修改才能在允许的限度内符合实际情况。

一个典型的模型包括以下组成部分：

(1) 一组需要通过求解模型确定的决策变量；

(2) 一个反映决策目标的目标函数；

(3) 一组反映系统复杂逻辑和约束关系的约束方程；

(4) 模型要使用的各种参数。

简单的模型可以用一般的数学公式表示；复杂的模型由于必须借助于计算机求解，故必须表达为相应的计算机程序。

3. 模型的求解和检验

模型建成之后，它所依赖的理论和假设条件的合理性以及模型结构的正确性都要通过试验进行检验。通过对模型的试验求解，人们可以发现模型的结构和逻辑错误，并通过一个反馈环节退回到模型建立和修改阶段，有时甚至还需要退回到系统分析阶段。模型结构和逻辑上的问题解决之后，通过收集数据、数据处理、模型生成、模型求解等过程得到了模型的最优解。值得强调的是，由于模型和实际之间存在的差异，模型的最优解并不一定是真实问题的最优解，只有模型相当准确地反映实际问题时，该解才趋近于实际最优解。

4. 结果分析与实施

运筹学分析的最后一步是获取分析的结果并将之付诸实施。运筹学研究的最终目的是提高被研究系统的效率，因此，这一步也是最重要的一步。绝不能把运筹学分析的结果理解为仅仅是一个或一组最优解，它也包括了获得这些解的方法和步骤，以及支持这些结果的管理理论和方法。通过分析，要使管理人员与运筹学分析人员对问题达成共识，并使管理人员了解分析的全过程，需要掌握分析的方法和理论，并能独立完成日常的分析工作，这样才能保证研究分析成果的真正实施。

1.3 运筹学的研究内容

随着科学技术和生产的发展，运筹学已渗入很多学科领域里，并发挥了非常重要的作用。运筹学是一门多分支的应用性学科，其主要分支有规划论、决策论、排队论、存储论、图与网络论、对策论等。

1. 规划论

规划论主要包括线性规划、非线性规划、整数规划、目标规划和动态规划。其研究内容与生产活动中有限资源的分配有关，在组织生产的经营管理活动中，具有极为重要的地位和作用。它们解决的问题都有一个共同特点，即在给定的条件下，按照某一衡量指标来寻找最优方案，求解约束条件下目标函数的极值（极大值或极小值）问题。具体来讲，线性规划可解决物资调运、配送和人员分派等问题；整数规划可以求解完成工作所需的人数、机器设备台数和厂、库的选址等；动态规划可用来解决诸如最优路径、资源分配、生产调度、库存控制和设备更新等问题。

2. 决策论

决策论是为了科学地解决带有不确定性和风险性决策问题所发展的一套系统分析方法，其目的是提高科学决策的水平，减少决策失误的风险。它广泛地应用于经营管理工作的高中层决策中。决策多种多样，有的复杂、有的简单，按照不同的标准可划分为很多种类型，其中按决策问题目标的多少可分为单目标决策和多目标决策。单目标决策目标单一，相对简单，求解方法也很多，如线性规划、非线性规划和动态规划等。多目标决策相对而言要复杂得多，如要开发一块土地建设物流中心，既要考虑设施的配套性、先进性，还要考虑投资大小等问题，这些目标有时会相互冲突，这时就要综合考虑。解决这类复杂的多目标决策问题现行用得较多的、行之有效的方法之一是层次分析法，即一种将定性和定量相结合的方法。

3. 排队论

排队论又称随机服务系统理论。排队论主要研究各种系统的排队队长、排队的等待时间及所提供的服务等各种参数，以便求得更好的服务。它是研究系统随机聚散现象的理论，很多日常生产问题都会或多或少地涉及排队。只要在生产过程中存在随机分布现象，就肯定会产生排队。各种库存实际上就是对排队的缓冲（完全的均衡分布在现实中是不存在的）。在这一类问题中，会在随机不定的时间间隔内遇到需要某种服务的人、部件或机器。为满足这种服务所需要的活动，往往会花长短不一的时间。在一定到达率和服务率的条件下，可以运用数学方法计算并安排排队问题。在当代，排队分析被广泛应用在诸如通信系统、交通系统、生产系统以及计算机管理系统等服务系统上。排队论提供了一种数学手段，能够预测某个特定排队的大概长度和大概延误时间以及其他相关重要数据，包括排队场地安排、优先服务处理、排队成本控制、排队长短与发生事故的关系，等等。掌握这些信息，会使人们更有针对性地解决相关的随机分布问题，做出明智的决策。

4. 存储论

存储论又称库存论，主要是研究物资库存策略的理论，即确定物资库存量、补货频率和一次补货量。合理的库存是生产和生活顺利进行的必要保障，可以减少资金的占用、减少费用支出和不必要的周转环节、缩短物资流通周期、加速再生产的过程等。在物流领域中的各节点——工厂、港口、配送中心、物流中心、仓库、零售店等都或多或少地保有库存，为了实现物流活动总成本最小或利益最大化，大多数人都运用了存储理论的相关知识，以辅助决策，并且在各种情况下都能灵活套用相应的模型求解，如常见的库存控制模型分确定型存储模型和随机型存储模型，其中确定型存储模型又可分为几种情况：不允许缺货，一次性补货；不允许缺货，连续补货；允许缺货，一次性补货；允许缺货，连续补货。随机存储模型也可分为：一次性订货的离散型随机存储模型和一次性订货的连续型随机存储模型。常见的库存补货策略也可分为以下四种基本情况：连续检查，固定订货量，固定订货点的（Q，R）策略；连续检查固定订货点，最大库存的（R，S）策略；周期性检查的（T，S）策略；综合库存的（T，R，S）策略。针对库存物资的特性，选用相应的库存控制模型和补货策略，制定一个包含合理存储量、合理存储时间、合理存储结构和合理存储网络的存储系统。

5. 图与网络论

图论是一个古老但又十分活跃的分支，它是网络技术的基础。图论的创始人是数学家欧拉。1736 年，他发表了图论方面的第一篇论文，解决了著名的哥尼斯堡七桥难题。自从 20 世纪 50 年代以后，其被广泛应用于解决工程系统和管理问题。通过自身的构模能力，把复杂的问题转化成图形直观地表现出来，能更有效地解决问题。在物流系统中最明显的应用是运输问题、物流网点间的物资调运和车辆调度时运输路线的选择、配送中心的送货、逆向物流中产品的回收等，运用了图论中的最小生成树、最短路、最大流、最小费用等知识，求得运输所需时间最少或路线最短或费用最省的路线。另外，工厂、仓库、配送中心等物流设施的选址问题，物流网点内部工种、任务、人员的指派问题，设备更新问题，也可运用图论的知识辅助决策者进行最优的安排。

6. 对策论（又称博弈论）

对策论是一种研究在竞争环境下决策者行为的数学方法。在社会政治经济、军事活动以及日常生活中都有很多竞争或斗争性质的场合与现象。在这种形势下，竞争双方为了达到自己的利益和目标，都必须考虑对方可能采取的各种可能行动方案，然后选择一种对自己最有利的行动方案。对策论就是研究双方是否都有最合乎理性的行动方案，以及如何确定合理行动方案的理论与方法。

1.4 运筹学的应用

在介绍运筹学的发展时，已简要提到运筹学早期的应用主要在军事领域。然而，第二次世界大战之后，运筹学的应用转向民用，这里对某些重要领域予以简述。

1. 市场销售

主要应用在广告预算和媒介的选择、竞争性定价、新产品开发、销售计划的制订等方面。如美国杜邦公司在 20 世纪 50 年代起就非常重视将运筹学用于研究如何做好广告工作、产品定价和新产品的引入等方面。

2. 生产计划

在计划方面主要用于确定总体生产、存储和劳动力的配合等计划，以适应波动需求（用线性规划和模拟方法等），如巴基斯坦某一重型制造厂用线性规划安排生产计划，节省了10%的生产费用；可用于生产作业计划、日程表的编排等；此外，还可用于合理下料、配料及物料管理等方面。

3. 库存管理

库存管理主要应用于多种物资库存量的管理，确定某些设备的能力或容量，如停车场的大小、新增发电设备的容量大小、电子计算机的内存量、合理的水库容量等。美国某机器制造公司应用存储论后，节省了18%的费用。目前国外新动向是将库存理论与计算机的物资管理信息系统相结合。如美国西电公司，从1971年起用5年时间建立了"西电物资管理系统"，使公司节省了大量物资存储费用和运费，而且减少了管理人员。

4. 运输问题

运输问题涉及空运、水运、公路运输、铁路运输、管道运输和场内运输等。空运问题涉及飞行航班和飞行机组人员服务时间安排等。为此在国际运筹学协会中设有航空组，用于专门研究空运中的运筹学问题。水运方面有船舶航运计划、港口装卸设备的配置和船到港口后的运行安排。公路运输方面除了汽车调度计划外，还有公路网的设计和分析、市内公共汽车路线的选择和行车时刻表的安排、出租汽车的调度和停车场的设立。铁路运输方面的应用就更多了。

5. 财政和会计

财政和会计涉及预算、贷款、成本分析、定价、投资、证券管理、现金管理等，用得较多的方法是统计分析、数学规划、决策分析，此外还有盈亏分析法和价值分析法等。

6. 人事管理

人事管理涉及六个方面，第一是人员的获得和需求估计；第二是人才的开发，即进行教育和训练；第三是人员的分配，主要是各种指派问题；第四是各类问题的合理利用；第五是人才的评价，其中有如何测定一个人对组织、社会的贡献；第六是工资和津贴的确定等。

7. 城市管理

城市管理包括各种紧急服务系统的设计和运用，如救火站、救护车、警车等分布点的设立。美国曾用排队论方法来确定纽约市紧急电话站的值班人数；加拿大曾研究一城市警车的配置和负责范围及出现事故后警车应走的路线等。此外还有城市垃圾的清扫、搬运和处理，城市供水和污水处理系统的规划等，均会用到运筹学的知识。

我国运筹学的应用是在1957年始于建筑业和纺织业。在理论联系实际的指导思想下，从1958年开始，运筹学在交通运输、工业、农业、水利建设、邮电等方面进行应用。在粮食部门，为解决粮食的合理调运问题，提出了"表上作业法"，我国的运筹学工作者从理论上证明了它的科学性。在解决邮递员合理投递路线时，管梅谷提出了国外称为"中国邮路问题"的解法。从20世纪60年代起，我国的运筹学工作者在钢铁和石油部门开展了较全面和深入的应用，投入产出法在钢铁部门首先得到应用。从1965年起，统筹法的应用在建筑业、大型设备维修计划等方面取得了可喜的进展。从1970年起，在全国大部分省、市和部门推广优选法，其应用范围有配方和配比的选择、生产工艺条件的选择、工艺参数的确定、工程设计参数的选择、仪器仪表的调试等。在20世纪70年代中期，最优化方法在工程设计界得到了广泛的重视。存储论在我国应用较晚，20世纪70年代末在汽车工业和其他部门取得成功。近年来，运筹学的应用已趋向研究规模大和复杂的问题，如部门计划、区域经济规划等，并且与系统工程的结合更加紧密。

知识拓展

运筹学在物流领域中的应用

运筹学广泛应用于生产生活的各个领域，下面对其在物流领域中的进一步运用和发展作了一些思考。

1. 运筹学理论结合物流实践

虽然运筹学的理论知识很成熟，并在物流领域中的很多方面都有实用性，可现行许多物流企业，特别是中、小型物流企业，并没有重视运筹学理论的实际应用，理论归理论，遇到实际问题时大多还是凭几个管理者的主观臆断，并没有运用相关的数学、运筹学知识加以科学地计算、论证、辅助决策。因此，对于当前许多企业、部门，应该加强对管理者、决策者的理论实践教育，使之意识到运筹学这门有用的决策工具。

2. 扩大运筹学在物流领域中的应用范围

现行的运筹学知识在物流领域中的应用主要集中在运输和仓储方面，而运筹学作为一门已经比较成熟的理论，应该让其在物流领域中发挥更大的作用，进一步探索，尽量把物流领域中数字模糊化、量化不清的方面数字化、科学化，并运用运筹学的知识将其准确化。

3. 把运筹学知识融合在其他物流管理软件中

把运筹学在物流领域中应用的知识程序化，编制成相应的软件包，使更多不懂运筹学知识的人也能运用运筹学的软件辅助决策。目前运筹学的软件比较多，但是具体到物流领域中应用的还寥寥无几，因此针对物流领域中常用的运筹学软件应大力开发。另外，把运筹学的部分功能融合到其他物流管理软件中，也是一个很好的发展方向，能引起管理者和主管部门的重视，提高企业的管理水平，以取得比较好的经济效益。

4. 立足物流现实，改进运筹学理论应用不足之处

运筹学的理论虽然在物流领域中应用很多，并在某些领域演绎出了许多经典的模型和公式，但其中有些模型是基于一些假设条件基础之上的，和实际生活中的情形相差很大。如存储论中的一些模型，Q、R、S、T都是一个精确的值，而现实生活中由于需求的变化独立于人们的主观控制能力之外，因此在数量和时间上一般无法精确，其随机性和不确定性使得库存控制变得复杂。因此，随着理论的日益成熟和对实际情况的了解，对其不足之处应加以改进和完善。

物流学主要研究物流过程中各种技术与经济管理的理论和方法，研究物流过程中有限资源，如物资、人力、时间、信息等的计划、组织、分配、协调和控制，以期达到最佳效率和效益，而现代物流管理所呈现的复杂性也不是简单的算术能解决的，以计算机为手段的运筹学理论是支撑现代物流管理的有效工具。物流业的发展离不开运筹学的技术支持，运筹学的应用将会使物流管理更加高效。

知识总结

（1）运筹学是一门研究各种资源的运用、规划以及相关决策等问题的学科，其研究手段主要是应用系统化的方法，通过数学的分析和运算，得出合理优化的量化依据，便于经济、有效地利用有限资源。运筹学主要具备系统的整体观念、多学科的综合及模型方法的运用等特点。

（2）运筹学的分析步骤包括系统分析和问题描述、模型的建立和修改、模型的求解和检验以及解决的分析与实施等四个步骤。

（3）运筹学的主要研究内容包括规划论、决策论、排队论、存储论、图与网络论、对策论等。

自测练习

1.1 简述运筹学的特点。

1.2 简述运筹学的分析步骤。

1.3 简述运筹学的主要研究内容。

第 2 章　线性规划

> 🎯 **知识要点**
>
> 线性规划的基本概念、定理、数学模型以及相关的解决方法（图解法、单纯形法）等。掌握图解法、单纯形法及其在实践中的应用。

> ✒️ **核心概念**
>
> 线性规划（Linear Programming）
> 基变量（Basic Variable）
> 非基变量（Nonbasic Variable）
> 单纯形法（Simplex Algorithm）
> 改进单纯形法（Modified Simplex Method）

> 📦 **典型案例**
>
> 某企业用 A、B、C 三种原料生产甲、乙两种产品。已知每生产一件产品甲，需用原料 A、B、C 分别为 1 kg、1 kg、0 kg；每生产一件产品乙，需用原料 A、B、C 分别为 1 kg、2 kg、1 kg。每生产一件产品甲、乙的利润分别为 3 万元和 4 万元。每个计划期内，该企业能得到原料 A、B、C 的供应量分别为 6 kg、8 kg、3 kg。试问，该企业应如何制订生产计划，才能使计划期内的总利润达到最大。

2.1　线性规划基础

2.1.1　线性规划问题及其数学模型

线性规划（Linear Programming）是运筹学的一个分支，它已经有一套较为完善的原理、理论和方法，广泛应用于工农业生产、交通运输、商业、国防建设和经济管理等方面，是运筹学中应用最为广泛的一个分支。

最早研究线性规划问题的是苏联数学家康脱洛维奇，他在1993年发表的《生产组织与计划中的数学方法》一书，讨论了运输、机床负荷和下料等问题，但是他没有找到一个统一求解这类问题的方法，因而在当时没有引起人们足够的重视。1947年，美国数学家丹捷格（G. B. Dantzing）提出了求解线性规划问题的单纯形法以后，线性规划才得到进一步的发展，理论上逐渐趋向于成熟，应用也越来越广泛。

线性规划所研究的问题主要有两类：一类是给定了人力、物力资源，研究如何合理地运用这些资源；另一类是研究如何统筹安排，尽量以最少的人力、物力资源来完成一定的任务。实际上，这两类问题是一个问题的两个方面，都是寻求整个问题的某个整体指标的最优化问题。开篇的案例就是一个典型的线性规划问题。为了清楚起见，我们将典型案例的已知条件列成表格的形式，见表2-1。

表 2 - 1

原料消耗 \ 产品 \ 原料	甲	乙	每个计划期内原料供应限量/kg
A	1	1	6
B	1	2	8
C	0	1	3
每件产品的利润/万元	3	4	

为了解决上述问题，首先要求把该问题用数学的语言来描述，这个过程即为建立该问题的数学模型。至于如何求解这个数学模型，将在后面的章节加以讨论。建立数学模型，可以按以下三个步骤来进行。

第一步，选取决策变量。

在上述问题中，所谓制订生产计划，就是要做出以下决策：在现有的条件下，每个计划期内应生产产品甲、乙分别为多少件。

设每个计划期内生产产品甲、乙的件数分别为 x_1、x_2，这里的 x_1 和 x_2 称为决策变量。

第二步，建立目标函数。

我们现在追求的目标是计划期内的总利润达到最大，而总利润显然是决策变量 x_1 和 x_2 的函数。

设计划期内的总利润为 z，则：

$$z = 3x_1 + 4x_2$$

即目标函数。现在要求使目标函数取最大值。

第三步，确定约束条件。

目标函数中的决策变量 x_1 和 x_2 不能任意取值，而是要受到原料供应限量的制约。

每个计划期内，原料 A 的用量不能超过 6kg，即：

$$x_1 + x_2 \leqslant 6$$

每个计划期内，原料 B 的用量不能超过 8kg，即：

$$x_1 + 2x_2 \leqslant 8$$

同理，每个计划期内，原料 C 的用量不能超过 3kg，即：

$$x_2 \leqslant 3$$

而且应该有：

$$x_1, x_2 \geqslant 0$$

综上所述，这个问题的数学描述可归纳为：

$$\max z = 3x_1 + 4x_2$$
$$\text{s.t.} \begin{cases} x_1 + x_2 \leqslant 6 \\ x_1 + 2x_2 \leqslant 8 \\ x_2 \leqslant 3 \\ x_1, x_2 \geqslant 0 \end{cases}$$

上式就是该问题的数学模型。

一般线性规划有以下三个方面的特征：

(1) 每一个问题都用一组决策变量 $(x_1, x_2, \cdots, x_n)$ 表示某一方案，这组决策变量的值就代表一个具体的方案。一般这些变量取值是非负且连续的。

(2) 存在有关的数据，同决策变量构成互不矛盾的约束条件，这些约束条件可以用一组线性等式或线性不等式来表示。

(3) 都有一个要求达到的目标，它可用决策变量及其有关的价值系数构成的线性函数（称为目标函数）来表示。按问题的不同，要求目标函数实现最大化或最小化。

满足以上三个条件的数学模型称为线性规划的数学模型，其一般形式为：

目标函数：

$$\max(\min) z = c_1 x_1 + c_2 x_2 + \cdots + c_n x_n$$

满足约束条件：

$$\text{s.t.} \begin{cases} a_{11} x_1 + a_{12} x_2 + \cdots + a_{1n} x_n \leqslant (\text{或} =, \geqslant) b_1 \\ a_{21} x_1 + a_{22} x_2 + \cdots + a_{2n} x_n \leqslant (\text{或} =, \geqslant) b_2 \\ \cdots \\ a_{m1} x_1 + a_{m2} x_2 + \cdots + a_{mn} x_n \leqslant (\text{或} =, \geqslant) b_m \\ x_j \geqslant 0 (j = 1, 2, \cdots, n) \end{cases}$$

其中，a_{ij}、b_i、$c_j (i = 1, 2, \cdots, m; j = 1, 2, \cdots, n)$ 为已知常数。

在线性规划的数学模型中，目标函数中的 c_j 称为价值系数；约束条件中的 a_{ij} 称为技术系数，b_i 称为限额系数；$x_j \geqslant 0$ 称为变量的非负约束。

2.1.2 线性规划问题的标准型

由前面可知，线性规划问题有各种不同的形式，目标函数有的要求 max，有的要求 min；约束条件可以是"$\leqslant$"形式的不等式，也可以是"$\geqslant$"形式的不等式，还可以是等式；决策变量一般是非负约束，但也允许在（$-\infty, \infty$）范围内取值，即无约束。将这些多种形式的数学模型统一变换为标准形式，即：

$$(M_1) \max z = c_1 x_1 + c_2 x_2 + \cdots + c_n x_n$$

$$\text{s. t.}\begin{cases}a_{11}x_1+a_{12}x_2+\cdots+a_{1n}x_n=b_1\\a_{21}x_1+a_{22}x_2+\cdots+a_{2n}x_n=b_2\\\cdots\\a_{m1}x_1+a_{m2}x_2+\cdots+a_{mn}x_n=b_m\\x_1,x_2,\cdots,x_n\geqslant 0\end{cases}$$

可以将上式简写成：

$$(M_1')\max z'=\sum_{j=1}^n c_j x_j$$

$$\text{s. t.}\begin{cases}\sum_{j=1}^n a_{ij}x_j=b_i\quad(i=1,2,\cdots,m)\\x_j\geqslant 0\quad(j=1,2,\cdots,n)\end{cases}$$

在标准形式中，规定各约束条件的右端项 $b_i\geqslant 0$，否则等式两端乘以"-1"。当某一个 $b_i=0$ 时，表示出现退化，这点将在以后讨论。

对于以上线性规划问题的标准型，令

$$\boldsymbol{A}=\begin{pmatrix}a_{11}&a_{12}&\cdots&a_{1n}\\a_{21}&a_{22}&\cdots&a_{2n}\\\vdots&\vdots&\vdots&\vdots\\a_{m1}&a_{m2}&\cdots&a_{mn}\end{pmatrix}\text{——系数矩阵}\quad \boldsymbol{C}=(c_1,c_2,\cdots,c_n)\text{——价值向量}$$

$$\boldsymbol{b}=\begin{pmatrix}b_1\\b_2\\\vdots\\b_m\end{pmatrix}\text{——右端向量}\quad \boldsymbol{X}=\begin{pmatrix}x_1\\x_2\\\vdots\\x_n\end{pmatrix}\text{——决策向量}\quad \boldsymbol{0}=\begin{pmatrix}0\\0\\\vdots\\0\end{pmatrix}$$

则线性规划问题可表示为以下矩阵形式：

$$\max z=\boldsymbol{CX}$$
$$\text{s. t.}\begin{cases}\boldsymbol{AX}=\boldsymbol{b}\\\boldsymbol{X}\geqslant \boldsymbol{0}\end{cases} \tag{2-1}$$

如果进一步令

$$\boldsymbol{P}_j=\begin{pmatrix}a_{1j}\\a_{2j}\\\vdots\\a_{mj}\end{pmatrix}\text{——}\boldsymbol{A}\text{ 的第 }j\text{ 向量}（j=1,2,\cdots,n）$$

则

$$\boldsymbol{A}=(\boldsymbol{P}_1,\boldsymbol{P}_2,\cdots,\boldsymbol{P}_n)$$

从而有：

$$\boldsymbol{AX}=(\boldsymbol{P}_1,\boldsymbol{P}_2,\cdots,\boldsymbol{P}_n)\begin{pmatrix}x_1\\x_2\\\vdots\\x_n\end{pmatrix}=\sum_{j=1}^n \boldsymbol{P}_j x_j$$

于是线性规划问题可以表示为以下向量形式：

$$\max z=\boldsymbol{CX}$$

$$\text{s.t.} \begin{cases} \sum_{j=1}^{n} \boldsymbol{P}_j x_j = \boldsymbol{b} \\ \boldsymbol{X} \geqslant \boldsymbol{0} \end{cases} \tag{2-2}$$

实际中碰到各种线性规划问题的数学模型都应变换为标准式后求解。

以下讨论如何变换为标准型的问题。

(1) 若要求目标函数实现最小化,即 $\min z = \boldsymbol{CX}$,这时只需将目标函数最小化变换求目标函数最大化,即令 $z' = -\boldsymbol{CX}$。这就同标准型目标函数的形式一致了。

(2) 约束方程式为不等式。这里有两种情况:一种是约束方程式为"$\leqslant$"不等式,则可在"$\leqslant$"不等式的左端加入非负松弛变量,把原"$\leqslant$"不等式变为等式;另一种是约束方程式为"$\geqslant$"不等式,则可在"$\geqslant$"不等式的左端减去一个非负剩余变量(也可称松弛变量),把不等式约束条件变为等式约束条件。下面举例说明。

例 2-1 将下述线性规划问题化为标准型。

$$\max z = 2x_1 + 3x_2$$
$$\text{s.t.} \begin{cases} x_1 + 2x_2 \leqslant 8 \\ 4x_1 \leqslant 16 \\ 4x_2 \leqslant 12 \\ x_1, x_2 \geqslant 0 \end{cases}$$

解:在各个不等式中分别加上一个松弛变量 x_3、x_4、x_5,使不等式变为等式,这时得到标准型:

$$\max z = 2x_1 + 3x_2 + 0x_3 + 0x_4 + 0x_5$$
$$\text{s.t.} \begin{cases} x_1 + 2x_2 + x_3 = 8 \\ 4x_1 + x_4 = 16 \\ 4x_2 + x_5 = 12 \\ x_1, x_2, x_3, x_4, x_5 \geqslant 0 \end{cases}$$

所加松弛变量 x_3、x_4、x_5 表示没有被利用的资源,所以在目标函数中系数应为零,即 c_3、c_4、$c_5 = 0$。

(3) 若存在取值无约束的变量 x_k,则可令 $x_k = x_{k1} - x_{k2}$,其中 x_{k1}、$x_{k2} \geqslant 0$。

以上讨论说明,任何形式的数学模型都可化为标准型,下面举例说明。

例 2-2 将下述线性规划问题化为标准型。

$$\min z = -x_1 + 2x_2 - 3x_3$$
$$\text{s.t.} \begin{cases} x_1 + x_2 + x_3 \leqslant 7 \\ x_1 - x_2 + x_3 \geqslant 2 \\ -3x_1 + x_2 + 2x_3 = 5 \\ x_1, x_2 \geqslant 0, x_3 \text{ 为无约束} \end{cases}$$

解:

(1) 用 $x_4 - x_5$ 替换 x_3,其中 x_4、$x_5 \geqslant 0$;

(2) 在第一个约束不等式"$\leqslant$"号的左端加入松弛变量 x_6;

(3) 在第二个约束不等式"$\geqslant$"号的左端减去剩余变量 x_7;

(4) 令 $z' = -z$,把求 $\min z$ 改为 $\max z'$,即可得到该问题的标准型:

$$\max z' = x_1 - 2x_2 + 3(x_4 - x_5) + 0x_6 + 0x_7$$

$$\text{s. t.} \begin{cases} x_1 + x_2 + (x_4 - x_5) + x_6 = 7 \\ x_1 - x_2 + (x_4 - x_5) - x_7 = 2 \\ -3x_1 + x_2 + 2(x_4 - x_5) = 5 \\ x_1, x_2, x_4, x_5, x_6, x_7 \geq 0 \end{cases}$$

2.2 图解线性规划

2.2.1 线性规划问题的图解法

将一个实际问题归结为线性规划问题的数学模型仅仅是解决问题的第一个步骤，而我们的主要目的是求解数学模型，并通过求解得到实际问题的一个最好的决策。本节介绍用图解法求解，虽然它只适用于两个变量的线性规划问题，但是由此而得出的一些重要结论对于多个变量的线性规划问题也是成立的。另外，图解法还具有直观性强及易于理解和掌握等优点。

例 2-3 解线性规划问题：

$$\max z = -x_1 + x_2$$

$$\text{s. t.} \begin{cases} x_1 + x_2 \leq 5 \\ -2x_1 + x_2 \leq 2 \\ x_1 - 2x_2 \leq 2 \\ x_1, x_2 \geq 0 \end{cases}$$

解：(1) 分析约束条件，作出可行域的图形。

由解析几何知，两个变量的一个线性方程表示平面上的一条直线，两个变量的一个线性不等式表示一个半平面。例如：$x_1 + x_2 = 5$ 表示平面上的一条直线 RQ，如图 2-1 所示。直线 RQ 将平面划分为上半平面和下半平面两个部分。$x_1 + x_2 \geq 5$ 表示包括直线 RQ 在内的上半平面，$x_1 + x_2 \leq 5$ 表示包括直线 RQ 在内的下半平面。所以满足不等式 $x_1 + x_2 \leq 5$ 的点位于直线 RQ 上或它的下方。同理，满足 $-2x_1 + x_2 \leq 2$ 的点位于直线 SR 上或它的下方；满足 $x_1 - 2x_2 \leq 2$ 的点位于直线 PQ 上或它的上方；满足 $x_1 \geq 0$ 的点位于纵坐标轴 Ox_2 上或它的右方；满足 $x_2 \geq 0$ 的点位于横坐标轴 Ox_1 上或它的上方。同时满足所有约束条件的点位于五边形 $OPQRS$ 的边界上或它的内部。

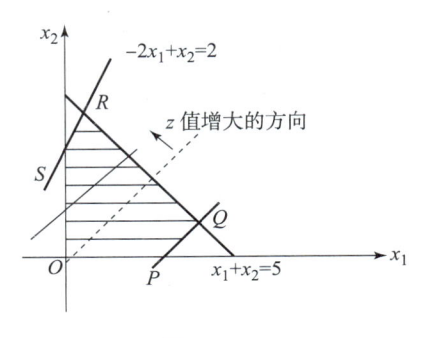

图 2-1

上述五边形 $OPQRS$ 所围成的区域，称为线性规划问题的可行域。可行域上的任意一个点，称为线性规划问题的一个可行解。本题的要求是在可行域上找出一个可行解 (x_1, x_2)，使其对应的目标函数 $z = -x_1 + x_2$ 取得最大值。

(2) 考虑目标函数，作出目标函数的等值线。对于给定的 z，$-x_1 + x_2 = z$ 表示平面上的一条直线。由于该直线上的任意一个点对应的目标函数值都相等，因此，该直线称为目标函数的等值线。例如，给定 $z=0$，直线 $-x_1+x_2=0$ 是一条目标函数的等值线（见图 2-1 中的虚线）。如果把 z 看作参数，则 $-x_1+x_2=z$ 表示一族平行的目标函数的等值线。而且不难看出，随着 z 值的增大，等值线逐渐沿图 2-1 中箭头方向平行移动。反之，随着 z 值的减小，等值线逐渐沿图 2-1 中箭头的反方向平行移动。

思政融合

透过现象看本质，抓住事物的共性（本质）：
图解法是根据目标函数确定目标函数值的等值线，以及目标函数增长的方向。等值线把杂乱无章的点，归为了等值线这个共性上。世界是复杂的也是简单的，复杂在每个事物都有自己个性的一方面，而简单又在于它们具有本质上的共性。

(3) 向 z 值增大的方向平行移动等值线。现在我们要求使目标函数取得最大值。因此，我们一方面要使 z 的值尽可能增大，另一方面又要使等值线与可行域相交。由图 2-1 可见，点 R 就是我们要求的点。

解方程组：
$$\begin{cases} x_1+x_2=5 \\ -2x_1+x_2=2 \end{cases}$$

得点 R 的坐标 $x_1=1, x_2=4$，即线性规划问题的最优解，其对应的目标函数值 $z=-x_1+x_2=-1+4=3$，即线性规划问题的最优值。

思政融合

量的积累引起质变：
图解法中沿目标函数增长方向移动目标函数的等值线，直到和可行域某一顶点相交并达到最大值，该交点即为最优解。这个知识点隐含着量变到质变的转变规律。量变会促使事物的发展，但这需要量的积累，积累的多了，就会引起事物的发展变化。相信"积沙成丘"的真理，不投机不取巧，踏踏实实做事，每天都有一点进步，你就一定能够成功。

例 2-4 求解：
$$\max z = 2x_1 + 2x_2$$
$$\text{s.t.} \begin{cases} x_1 - x_2 \geq 1 \\ x_1 - 2x_2 \geq 0 \\ x_1, x_2 \geq 0 \end{cases}$$

解：按例 2-3 的方法，首先由约束条件作出可行域（见图 2-2 中的阴影部分），由图 2-2 可见，可行域是一个无界的区域。

然后把 z 看作参数，作目标函数的等值线 $2x_1+2x_2=z$，如

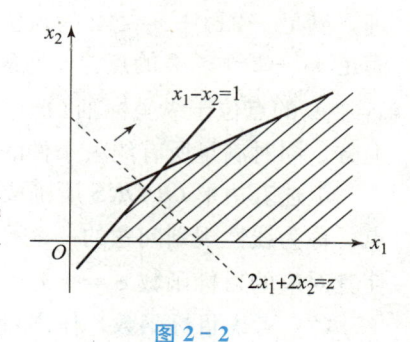

图 2-2

图 2-2 中的虚线。不难发现，随着 z 值的增大，等值线逐渐沿图 2-2 中箭头方向平行移动，且始终与可行域相交。故目标函数无最大值，此线性规划问题无最优解。

例 2-5 求解：

$$\min z = 2x_1 + 2x_2$$
$$\text{s. t.} \begin{cases} x_1 + x_2 \geqslant 1 \\ x_1 - 3x_2 \geqslant -3 \\ x_1 \leqslant 3 \\ x_1, x_2 \geqslant 0 \end{cases}$$

解：作出可行域及目标函数的等值线 $2x_1 + 2x_2 = z$，如图 2-3 所示。值得注意的是：等值线恰好与可行域的一条边界 PQ 平行。

为了求目标函数的最小值，将等值线逐渐沿图 2-3 中箭头的反方向平行移动，当其经过 PQ 时，对应的目标函数取得最小值。此时由于等值线与可行域相交于 PQ，故 PQ 上的任意一点都是最优解。本题有无穷多个最优解。

在 PQ 上任取一点，例如 $P(0,1)$ 点，其对应的目标函数值 $z = 2x_1 + 2x_2 = 2$ 为最优值。

例 2-6 解线性规划问题。

$$\max z = 5x_1 + 3x_2$$
$$\text{s. t.} \begin{cases} x_1 + x_2 \leqslant 1 \\ x_1 + 2x_2 \geqslant 4 \\ x_1, x_2 \geqslant 0 \end{cases}$$

解：由于约束条件的四个半平面没有公共部分。因此，这个线性规划问题没有可行解，也就没有可行域，当然也不会有最优解，如图 2-4 所示。

综合以上 4 个例子我们可以看出，两个变量的线性规划问题具有以下两个重要的性质。

性质一：两个变量的线性规划问题的可行域（如果存在的话）是一个凸多边形（可能有界，也可能无界）。

性质二：如果两个变量的线性规划问题有最优解，则最优解一定可以在可行域的某一个顶点处取得。

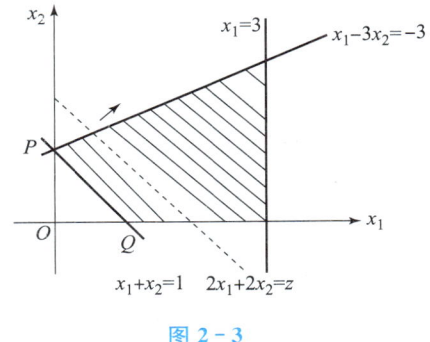

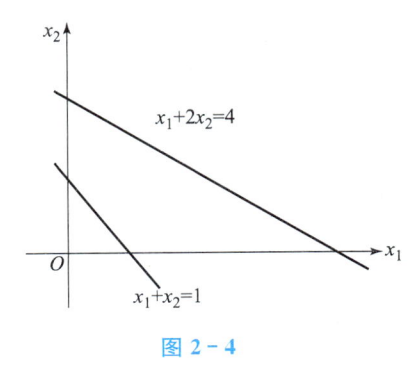

在后面的学习中，我们将会发现以上两个性质对于多个变量的线性规划问题也是成立的。

2.2.2 线性规划问题的基本概念

在讨论线性规划问题的求解前，先要了解线性规划问题的解的概念，由前面可知，一般线性规划问题的标准型为

$$\max z = \sum_{j=1}^{n} c_j x_j \qquad (2-3)$$

$$\text{s.t.} \begin{cases} \sum_{j=1}^{n} a_{ij} x_j = b_i & (i=1,2,\cdots,m) \\ x_j \geqslant 0 & (j=1,2,\cdots,m) \end{cases} \qquad \begin{array}{c}(2-4)\\(2-5)\end{array}$$

1. 可行解和可行域

满足约束条件式（2-4）及式（2-5）的 $\boldsymbol{X}=(x_1,x_2,\cdots,x_n)^{\mathrm{T}}$，称为线性规划问题的可行解。所有可行解构成的集合，称为线性规划问题的可行域。

如果上述的 $\boldsymbol{X}=(x_1,x_2,\cdots,x_n)^{\mathrm{T}}$ 不存在，则线性规划问题就没有可行解。

2. 最优解和最优值

使目标函数取得最大值的可行解，称为线性规划问题的最优解。最优解对应的目标函数值，称为线性规划问题的最优值。

对于其他形式的线性规划问题，都可类似地定义它们的可行解、可行域、最优解和最优值。

3. 基、基变量、非基变量

设 $\boldsymbol{A}$ 是约束方程式（2-4）的系数构成的 $m \times n$ 阶矩阵，即：

$$\boldsymbol{A} = \begin{bmatrix} a_{11} & a_{12} & \cdots & a_{1n} \\ a_{21} & a_{22} & \cdots & a_{2n} \\ \vdots & \vdots & \vdots & \vdots \\ a_{m1} & a_{m2} & \cdots & a_{mn} \end{bmatrix} = (\boldsymbol{P}_1, \boldsymbol{P}_2, \cdots, \boldsymbol{P}_n)$$

式中，$\boldsymbol{P}_j(j=1,2,\cdots,n)$ 是 $\boldsymbol{A}$ 的列向量。

设 $\boldsymbol{A}$ 的秩为 m，$\boldsymbol{B}$ 是 $\boldsymbol{A}$ 的任意一个 m 阶非奇异子矩阵（即 $|\boldsymbol{B}| \neq 0$），则称 $\boldsymbol{B}$ 为线性规划问题的一个基。

显然，一个线性规划问题的基的个数不会超过 C_n^m。由线性代数知识可知，若 $\boldsymbol{B}$ 是线性规划问题的一个基，则 $\boldsymbol{B}$ 一定是由 m 个线性无关的列向量组成的。为了确定起见，不失一般性，可设：

$$\boldsymbol{B} = \begin{bmatrix} a_{11} & a_{12} & \cdots & a_{1m} \\ a_{21} & a_{22} & \cdots & a_{2m} \\ \vdots & \vdots & \vdots & \vdots \\ a_{m1} & a_{m2} & \cdots & a_{mm} \end{bmatrix} = (\boldsymbol{P}_1, \boldsymbol{P}_2, \cdots, \boldsymbol{P}_m)$$

我们称 $\boldsymbol{P}_j(j=1,2,\cdots,m)$ 为关于基 $\boldsymbol{B}$ 的基向量，与基向量 $\boldsymbol{P}_j$ 对应的变量 $x_j(j=1,2,\cdots,m)$ 称为关于基 $\boldsymbol{B}$ 的基变量，其余的变量 $x_j(j=m+1,\cdots,n)$ 称为关于基 $\boldsymbol{B}$ 的非基变量。

4. 基本解、基本可行解

当基 $\boldsymbol{B}=(\boldsymbol{P}_1,\boldsymbol{P}_2,\cdots,\boldsymbol{P}_m)$ 取定后，令所有关于基 $\boldsymbol{B}$ 的非基变量均为零，即令：

$$x_{m+1} = x_{m+2} = \cdots = x_n = 0$$

由于 $\boldsymbol{B}$ 非奇异，所以由约束方程式（2-4）可以求出唯一的一个解：

$$\boldsymbol{X} = (x_1,\ x_2,\ \cdots,\ x_m,\ 0,\ \cdots,\ 0)^{\mathrm{T}}$$

称为关于基 B 的基本解。

基本解不一定满足非负条件式（2-5），即基本解不一定是可行解。满足非负条件式（2-5）的基本解，称为关于基 B 的基本可行解。显然，每一个基本可行解非零分量的个数不会超过 m，如果非零分量的个数小于 m，即意味着存在取值为零的基变量，则称该基本可行解为退化的基本可行解。

由此可见，一个线性规划问题的所有基本解分为基本可行解和不可行的基本解两类。由于基和基本解是一一对应的，所以相应地，一个线性规划问题的所有的基也分为两类：

（1）基本可行解对应的基，称为可行基。特别地，当基本可行解是最优解时，它所对应的可行基称为最优可行基或最优基。

（2）不可行的基本解对应的基，称为非可行基。

例 2-7 求线性规划问题的基本可行解。

$$\max z = 2x_1 + 3x_2$$

$$\text{s.t.} \begin{cases} 2x_1 + x_2 + x_3 = 2 \\ x_1 + 3x_2 + x_4 = 3 \\ x_1, x_2, x_3, x_4 \geqslant 0 \end{cases}$$

解：该线性规划问题约束方程组的系数矩阵为

$$A = \begin{bmatrix} 2 & 1 & 1 & 0 \\ 1 & 3 & 0 & 1 \end{bmatrix} = (P_1 \quad P_2 \quad P_3 \quad P_4)$$

由于 A 的子矩阵 $B_1 = (P_3 \quad P_4) = \begin{bmatrix} 1 & 0 \\ 0 & 1 \end{bmatrix}$ 非奇异，因而 B_1 是一个基，关于基 B_1 的基变量为 x_3 和 x_4，非基变量为 x_1 和 x_2，令非基变量 $x_1 = x_2 = 0$，解约束方程组，得关于基 B_1 的基本解：

$$X^{(1)} = (0, 0, 2, 3)^T$$

因为 $X^{(1)}$ 满足非负条件，所以 $X^{(1)}$ 是关于基 B_1 的一个基本可行解，B_1 是一个可行基。同理，A 的子矩阵 $B_2 = (P_1 \quad P_2) = \begin{bmatrix} 2 & 1 \\ 1 & 3 \end{bmatrix}$ 非奇异，因而它也是一个基，用同样的方法可求得其对应的基本可行解：

$$X^{(2)} = \left(\frac{3}{5}, \frac{4}{5}, 0, 0\right)^T$$

即 B_2 也是一个可行基。其余的基本可行解请读者自行求出。

值得注意的是，虽然 A 的非奇异子矩阵 $B_3 = (P_2 \quad P_4) = \begin{bmatrix} 1 & 0 \\ 3 & 1 \end{bmatrix}$ 也是一个基，但其对应的基本解：

$$X^{(3)} = (0, 2, 0, -3)^T$$

不满足非负条件，故 $X^{(3)}$ 不是基本可行解，B_3 为非可行基。

在前面已经指出，对于两个变量的线性规划问题，其可行域是凸多边形，并且如果两个变量的线性规划问题有最优解，则最优解一定可以在可行域的某一个顶点处取得。从直观上看，如图 2-5 所示的图形，它们的共同特征是连接图形中任意两点的线段上所有的点都在该图形之中，而如图 2-6 所示的图形却不具有这个特征。

图 2-5　　　　　　　　　　　　　　　　图 2-6

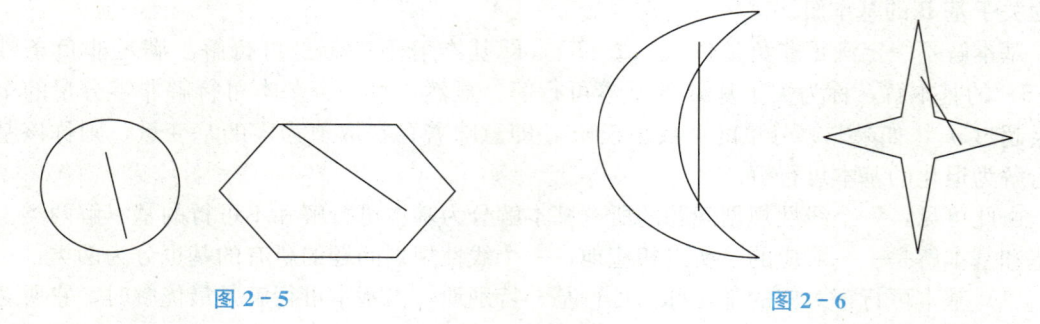

我们利用上述特征来定义凸集，设 D 是 n 维线性空间 $\mathbf{R}_n$ 的一个点集，若 D 中的任意两点 $x^{(1)}$ 和 $x^{(2)}$ 连线上的一切点 x 仍在 D 中，则称 D 为凸集。

2.3　单纯形法

2.3.1　单纯形法的基本思想

单纯形法是用迭代法求解线性规划问题的一种方法。迭代法是一种计算方法，用这种方法可以产生一系列有次序的点，除初始点以外的每一个点，都是根据它前面的点计算出来的。

其基本思想是：从线性规划问题的标准型出发，首先求出一个基本可行解（称为初始基本可行解），然后按一定的方法迭代到另一个基本可行解，并使基本可行解所对应的目标函数值逐步增大。经过有限次迭代，当目标函数达到最大值或判定目标函数无最大值时，就停止迭代。

上述迭代过程可以用代数运算形式或表格形式来进行。代数运算形式比较烦琐，表格形式简练，但是代数运算形式能详细地说明单纯形法的迭代过程。因此，本节首先介绍单纯形法的代数运算形式，使初学者了解迭代的全过程。在此基础上进行简化，介绍单纯形法的表格形式。下面结合实例来介绍单纯形法的代数运算形式。

例 2-8　用单纯形法的代数运算形式求解下列线性规划问题：

$$\max z = 7x_1 + 15x_2$$
$$\text{s.t.} \begin{cases} x_1 + x_2 \leqslant 6 \\ x_1 + 2x_2 \leqslant 8 \\ x_2 \leqslant 3 \\ x_1, x_2 \geqslant 0 \end{cases} \tag{2-6}$$

解：（1）化为标准型。引入松弛变量 x_3、x_4、x_5，将上述问题化为标准型：

$$\max z = 7x_1 + 15x_2$$
$$\text{s.t.} \begin{cases} x_1 + x_2 + x_3 = 6 \\ x_1 + 2x_2 + x_4 = 8 \\ x_2 + x_5 = 3 \\ x_1, x_2, \cdots, x_5 \geqslant 0 \end{cases} \tag{2-7}$$

(2) 找一个初始基本可行解 $\boldsymbol{X}^{(0)}$。上述标准型约束方程组的系数矩阵 $\boldsymbol{A} = \begin{bmatrix} 1 & 1 & 1 & 0 & 0 \\ 1 & 2 & 0 & 1 & 0 \\ 0 & 1 & 0 & 0 & 1 \end{bmatrix}$ 含有 3 个线性无关的单位列向量：

$$\boldsymbol{P}_3 = \begin{bmatrix} 1 \\ 0 \\ 0 \end{bmatrix} \quad \boldsymbol{P}_4 = \begin{bmatrix} 0 \\ 1 \\ 0 \end{bmatrix} \quad \boldsymbol{P}_5 = \begin{bmatrix} 0 \\ 0 \\ 1 \end{bmatrix}$$

从而 $\boldsymbol{A}$ 的子矩阵：

$$\boldsymbol{B}_0 = (\boldsymbol{P}_3 \quad \boldsymbol{P}_4 \quad \boldsymbol{P}_5) = \begin{bmatrix} 1 & 0 & 0 \\ 0 & 1 & 0 \\ 0 & 0 & 1 \end{bmatrix}$$

非奇异，它是线性规划问题（2-7）的一个基。而且由于约束方程组的右端常数项均为非负，所以 $\boldsymbol{B}_0$ 显然是一个可行基，x_3、x_4、x_5 为关于可行基 $\boldsymbol{B}_0$ 的基变量，x_1、x_2 为关于可行基 $\boldsymbol{B}_0$ 的非基变量。为求初始基本可行解，只要在约束方程组（2-7）中令非基变量 $x_1 = x_2 = 0$，从而有 $x_3 = 6, x_4 = 8, x_5 = 3$，它们就是约束方程组的右端常数项。于是得到初始基本可行解：

$$\boldsymbol{X}^{(0)} = (0, 0, 6, 8, 3)^{\mathrm{T}}$$

其对应的目标函数值：

$$z_0 = 7 \times 0 + 15 \times 0 = 0$$

检验 $\boldsymbol{X}^{(0)}$ 是否为最优解。由目标函数的表达式 $z = 7x_1 + 15x_2$ 可知，非基变量 x_1 和 x_2 的系数为正数，如果把非基变量 x_1 和 x_2 转换为基变量，而且取正值，则会使目标函数的值增大。可见 $\boldsymbol{X}^{(0)}$ 不是最优解。

(3) 第一次迭代。经过每次迭代，得到一个新的基本可行解。因此，每次迭代以后，哪些变量作为基变量、哪些变量作为非基变量就要发生变化。

现在的目标函数中 x_2 的系数大于 x_1 的系数，因此，可以选取 x_2，使它成为基变量，而且让它取尽可能大的值，x_1 仍作为非基变量取值为零，并从原来的基变量 x_3、x_4、x_5 中选出一个作为非基变量。但是 x_2 的取值不能任意增大，它要受到约束方程组的限制，由约束方程组（2-7）得：

$$\text{s.t.} \begin{cases} x_3 = 6 - x_1 - x_2 \\ x_4 = 8 - x_1 - 2x_2 \\ x_5 = 3 - x_2 \end{cases} \tag{2-8}$$

将 $x_1 = 0, x_2 = \theta$ 代入方程组（2-8），为了让 θ 取尽可能大的值，同时又考虑到 x_3、x_4、x_5 必须取非负值，则 θ 的值应满足：

$$\begin{cases} x_3 = 6 - \theta \geqslant 0 \\ x_4 = 8 - 2\theta \geqslant 0 \\ x_5 = 3 - \theta \geqslant 0 \end{cases}$$

即

$$x_2 = \theta = \min\left\{\frac{6}{1} \quad \frac{8}{2} \quad \frac{3}{1}\right\} = 3$$

相应地有：

$$\begin{cases} x_3 = 6 - 3 = 3 \\ x_4 = 8 - 2 \times 3 = 2 \\ x_5 = 3 - 3 = 0 \end{cases}$$

由此可见，从原来的基变量 x_3、x_4、x_5 中选出 x_5 作为非基变量，得第一次迭代后的基本可行解：

$$\boldsymbol{X}^{(1)} = (0, 3, 3, 2, 0)^{\mathrm{T}}$$

其对应的目标函数值：

$$z_1 = 7 \times 0 + 15 \times 3 = 45 \geqslant z_0$$

检验 $\boldsymbol{X}^{(1)}$ 是否为最优解。将约束方程组（2-7）改写为用非基变量 x_1、x_5 来表示基变量 x_2、x_3、x_4 的表达式：

$$\begin{cases} x_3 = 3 - x_1 + x_5 \\ x_4 = 2 - x_1 + 2x_5 \\ x_2 = 3 - x_5 \end{cases} \tag{2-9}$$

将方程组（2-9）代入目标函数，得目标函数用非基变量 x_1、x_5 表示的表达式：

$$z = 45 + 7x_1 - 15x_5$$

非基变量 x_1 的系数是正数，如果把非基变量 x_1 转换为基变量，而且取正值，则会使目标函数值进一步增大。由此可见，$\boldsymbol{X}^{(1)}$ 不是最优解。

（4）第二次迭代。和第一次迭代同样的道理，应选取非基变量 x_1，使它成为基变量，让它取尽可能大的值，x_5 仍作为非基变量取值为零，从基变量 x_2、x_3、x_4 中选出一个作为非基变量。x_1 的取值也按同样的方法来确定。

将 $x_1 = \theta, x_5 = 0$ 代入方程组（2-9），并考虑到 x_2、x_3、x_4 必须取非负值，因此 θ 的值应满足：

$$\begin{cases} x_3 = 3 - \theta \geqslant 0 \\ x_4 = 2 - \theta \geqslant 0 \\ x_2 = 3 \geqslant 0 \end{cases}$$

即

$$x_2 = \theta = \min\left\{\frac{3}{1} \quad \frac{2}{1}\right\} = 2$$

相应地有：

$$\begin{cases} x_3 = 3 - 2 = 1 \\ x_4 = 2 - 2 = 0 \\ x_2 = 2 \end{cases}$$

可见 x_4 成为非基变量，得第二次迭代后的基本可行解：

$$\boldsymbol{X}^{(2)} = (2, 3, 1, 0, 0)^{\mathrm{T}}$$

对应的目标函数值：

$$z_2 = 45 + 7 \times 2 - 15 \times 0 = 59 \geqslant z_1$$

检验 $\boldsymbol{X}^{(2)}$ 是否为最优解。同前面检验 $\boldsymbol{X}^{(1)}$ 一样的道理，将约束方程组（2-7）改写为用非基变量 x_4、x_5 来表示基变量 x_1、x_2、x_3 的表达式，可在方程组（2-9）的基础上移项后得：

$$\begin{cases} x_3 = 1 + x_4 - x_5 \\ x_1 = 2 - x_4 + 2x_5 \\ x_2 = 3 - x_5 \end{cases} \tag{2-10}$$

将方程组（2-10）代入目标函数，得目标函数用非基变量 x_4、x_5 来表示的表达式：
$$z = 59 - 7x_4 - x_5$$

此时，目标函数中的非基变量 x_4、x_5 的系数都不大于零。可见，目标函数的值已经不可能再继续增大，目标函数已经取得最大值 59，故 $\boldsymbol{X}^{(2)}$ 是最优解。

通过以上例题分析，可以归纳出单纯形法的步骤：

（1）建立实际问题的线性规划数学模型。

（2）把一般的线性规划问题化为标准型。

（3）确定初始基本可行解。

（4）检验所得到的基本可行解是否为最优解。

（5）迭代，求得新的基本可行解。

（6）重复（4）和（5），直到得到最优解或者判定无最优解。

关于建立数学模型和化为标准型的问题在前面已经讨论过，下面主要讨论：

（1）初始基本可行解的确定；

（2）最优性检验；

（3）如何进行迭代。

2.3.2 单纯形表

单纯形表的实质就是把线性规划问题中的系数分离出来，然后利用这些系数将目标函数、约束方程组以及迭代过程用表格的形式表示出来，从而简化单纯形法的计算。

前面提到，单纯形法求解线性规划问题时，首先将问题化为标准型，然后看其是不是规范型。若不是规范型，则需将其化为规范型。因此，现在就从规范型出发进行讨论。

给出以 $x_1, x_2, \cdots, x_m$ 为基变量的规范型：

$$\max z = c_1 x_1 + c_2 x_2 + \cdots + c_n x_n$$

$$\text{s. t.} \begin{cases} x_1 + a_{1,m+1} x_{m+1} + \cdots + a_{1n} x_n = b_1 \\ x_2 + a_{2,m+1} x_{m+1} + \cdots + a_{2n} x_n = b_2 \\ \quad \vdots \\ x_m + a_{m,m+1} x_{m+1} + \cdots + a_{mn} x_n = b_m \\ x_j \geqslant 0 \quad (j = 1, 2, \cdots, n) \end{cases} \tag{2-11}$$

其中，$b_i \geqslant 0 (i = 1, 2, \cdots, m)$。

从规范型出发，可得到初始可行基：

$$\boldsymbol{B}_0 = (\boldsymbol{P}_1, \ \boldsymbol{P}_2, \ \cdots, \ \boldsymbol{P}_m) = \begin{bmatrix} 1 & 0 & \cdots & 0 \\ 0 & 1 & \cdots & 0 \\ \cdots & \cdots & \cdots & \cdots \\ 0 & 0 & \cdots & 1 \end{bmatrix}$$

及初始基本可行解：
$$\boldsymbol{X}^{(0)} = (b_1, \ b_2, \ \cdots, \ b_m, \ 0, \ \cdots, \ 0)^{\mathrm{T}}$$

为了检验所得到的基本可行解是不是最优解，需要求出所有非基变量的检验数 $\sigma_j(j=m+1,\cdots,n)$，并要得到基本可行解所对应的目标函数值 z_0。

将方程组（2-11）的目标函数和约束方程组的系数分离出来，写成表格的形式，见表 2-2。

表 2-2

C_B	X_B	c_j							b	θ
		c_1	c_2	$\cdots$	c_m	c_{m+1}	$\cdots$	c_n		
		x_1	x_2	$\cdots$	x_m	x_{m+1}	$\cdots$	x_n		
c_1	x_1	1	0	$\cdots$	0	$a_{1,m+1}$	$\cdots$	a_{1n}	b_1	θ_1
c_2	x_2	0	1	$\cdots$	0	$a_{2,m+1}$	$\cdots$	a_{2n}	b_2	θ_2
$\vdots$	$\vdots$	$\vdots$	$\vdots$	$\cdots$	$\vdots$	$\vdots$	$\cdots$	$\vdots$	$\vdots$	$\vdots$
c_m	x_m	0	0	$\cdots$	1	$a_{m,m+1}$	$\cdots$	a_{mn}	b_m	θ_m
σ_j		0	0	$\cdots$	0	σ_{m+1}	$\cdots$	σ_n	z_0	

表 2-2 中各部分的含义如下：

(1) c_j 行：填入方程组（2-11）目标函数中变量 x_j 的系数 $c_j(j=1,2,\cdots,n)$。

(2) X_B 列：填入基变量。

(3) C_B 列：填入方程组（2-11）目标函数中基变量的系数。

(4) b 列：填入基本可行解中基变量的值。

(5) σ_j 行：填入所有变量的检验数，其中基变量的检验数为零，非基变量的检验数为 c_j 减去 C_B 与其对应的 P_j 中元素积之和。若所有非基变量的检验数 $\sigma_j \leqslant 0$，则其对应的基本可行解为最优解；若至少存在一个 $\sigma_k \geqslant 0 (m+1 \leqslant k \leqslant n)$，而且所有 $a_{ik} \leqslant 0 (i=1,2,\cdots,m)$，则问题无最优解。$\sigma_j$ 行最后一列为基本可行解对应的目标函数值 z_0（目标函数值为 b 列与 C_B 对应元素积之和）。

(6) 中间一块矩形区域：填入约束方程组的系数矩阵。

(7) θ 列：这一列数字是在确定入基变量后，将按 θ 法则计算出来的 θ 值填入表格，并利用这一列值进行计算，由此确定出基变量。具体分析如下：

首先确定入基变量。根据目标函数 z 用非基变量来表示的表达式可知，要使目标函数值能较快增大，通常总是选择正的检验数中最大的一个所对应的非基变量作为入基变量。

入基变量的确定法则如下：

若
$$\max\{\sigma_j | \sigma_j > 0\} = \sigma_k$$

则取 x_k 为入基变量。

然后要确定出基变量。设迭代以后得到基本可行解 $X' = (x_1', x_2', \cdots, x_n')^T$，由此可知，基本可行解 X' 的 n 个分量为

$$\begin{cases} x_j' = 0 & (j=m+1,\cdots,k-1,k+2,\cdots n) \\ x_k' = \theta \geqslant 0 & (\theta \text{ 取尽可能大的值}) \\ x_i' = b_i - a_{ik}\theta & (i=1,2,\cdots,m) \end{cases}$$

为了使 $x_1', x_2', \cdots, x_m'$ 中有一个成为非基变量且取值为零，其余变量要求保持非负，故 θ

的取值应满足以下的法则。

出基变量的确定法则如下：

若
$$\theta = \min\left\{\frac{b_i}{a_{ik}} \mid a_{ik} > 0\right\} = \frac{b_l}{a_{lk}} \quad (1 \leqslant l \leqslant m)$$

则取 x_l 为出基变量。

以上法则也称为 θ 法则。

需要指出，随着迭代过程的进行，哪些变量作为基变量、哪些变量作为非基变量就要发生变化，相应的 $\boldsymbol{X}_B$ 列、$\boldsymbol{C}_B$ 列、$\boldsymbol{b}$ 列、σ_j 行以及系数矩阵都要发生变化，从而得到一系列的单纯形表，即初始单纯形表，见表 2-3。

例 2-9 用单纯形法求解：

$$\max z = 7x_1 + 15x_2$$

$$\text{s.t.} \begin{cases} x_1 + x_2 \leqslant 6 \\ x_1 + 2x_2 \leqslant 8 \\ x_2 \leqslant 3 \\ x_1, x_2 \geqslant 0 \end{cases}$$

解：引入松弛变量 x_3、x_4、x_5，化为规范型：

$$\max z = 7x_1 + 15x_2$$

$$\text{s.t.} \begin{cases} x_1 + x_2 + x_3 = 6 \\ x_1 + 2x_2 + x_4 = 8 \\ x_2 + x_5 = 3 \\ x_1, x_2, \cdots, x_5 \geqslant 0 \end{cases}$$

建立初始单纯形表如表 2-3 所示。

表 2-3

	c_j	7	15	0	0	0	b	θ
$\boldsymbol{C}_B$	$\boldsymbol{X}_B$	x_1	x_2	x_3	x_4	x_5		
0	x_3	1	1	1	0	0	6	6/1
0	x_4	1	2	0	1	0	8	8/2
0	x_5	0	[1]	0	0	1	3	3/1
	σ_j	7	15	0	0	0	0	

由上述初始单纯形表可以看出，初始基本可行解

$$\boldsymbol{X}^{(0)} = (0, 0, 6, 8, 3)^T$$

及其对应的目标函数值

$$z_0 = 0$$

为了检验 $\boldsymbol{X}^{(0)}$ 是否为最优解，可从表 2-3 中最后一行得到非基变量 x_1 和 x_2 的检验数 $\sigma_1 = 7$ 和 $\sigma_2 = 15$ 均大于零，故 $\boldsymbol{X}^{(0)}$ 不是最优解。

因为 $\max\{\sigma_1, \sigma_2\} = \max\{7, 15\} = 15$，所以取 x_2 为入基变量，并把变量 x_2 所在列称为"主列"。

又因为 $\theta = \min\left\{\dfrac{b_i}{a_{i2}} \mid a_{i2} > 0\right\} = \min\{6/1, 8/2, 3/1\} = 3$，所以取 x_5 为出基变量，并把变量 x_5 所在的行称为"主行"。主行和主列交叉处的数称为"主元素"，即表 2-3 中带有符号"[ ]"的数。

以 [1] 为主元素，用高斯消去法（即初等行变换法）进行第一次迭代运算，使主列 $\begin{bmatrix}1\\2\\1\end{bmatrix}$ 变为 $\begin{bmatrix}0\\0\\1\end{bmatrix}$，其他数字也作相应的变化，并重新求出检验数，得第一次迭代后的单纯形表，如表 2-4 所示。

表 2-4

C_B	X_B	c_j	7	15	0	0	0	b	θ
		x_1	x_2	x_3	x_4	x_5		
0	x_3	1	0	1	0	-1	3	3/1
0	x_4	[1]	0	0	1	-2	2	2/1
15	x_2	0	1	0	0	1	3	—
	σ_j	7	0	0	0	-15	45	

由表 2-4 可得：
$$X^{(1)} = (0, 3, 3, 2, 0)^T, \ z_1 = 45$$

由于 $\sigma_1 = 7 > 0$，故取 x_1 为入基变量。又因为 $\theta = \min\{3/1, 2/1, \sim\} = 2$，故取 x_4 为出基变量。

按第一次迭代同样方法，找到主行、主列、主元素后，进行第二次迭代，得到单纯形表，如表 2-5 所示。

表 2-5

C_B	X_B	c_j	7	15	0	0	0	b	θ
		x_1	x_2	x_3	x_4	x_5		
0	x_3	0	0	1	-1	1	1	
7	x_1	1	0	0	1	-2	2	
15	x_2	0	1	0	0	1	3	
	σ_j	0	0	0	-7	-1	59	

由表 2-5 可得：
$$X^{(2)} = (2, 3, 1, 0, 0)^T, \ z_2 = 59$$

这时，非基变量的检验数均不大于零，故 $X^{(2)}$ 为最优解，$z_2 = 59$ 为最优值。实际计算时，在写法上还可进一步简化。

例 2-10 用单纯形法解：
$$\max z = 6x_1 + 2x_2 + 10x_3 + 8x_4$$

$$\text{s. t.} \begin{cases} 5x_1 + 6x_2 - 4x_3 - 4x_4 \leqslant 20 \\ 3x_1 - 3x_2 + 2x_3 + 8x_4 \leqslant 25 \\ 4x_1 - 2x_2 + x_3 + 3x_4 \leqslant 10 \\ x_1, x_2, x_3, x_4 \geqslant 0 \end{cases}$$

解：引入松弛变量 x_5、x_6、x_7，化为规范型：

$$\max z = 6x_1 + 2x_2 + 10x_3 + 8x_4$$

$$\text{s. t.} \begin{cases} 5x_1 + 6x_2 - 4x_3 - 4x_4 + x_5 = 20 \\ 3x_1 - 3x_2 + 2x_3 + 8x_4 + x_6 = 25 \\ 4x_1 - 2x_2 + x_3 + 3x_4 + x_7 = 10 \\ x_1, x_2, \cdots, x_7 \geqslant 0 \end{cases}$$

运算过程如表 2-6 所示。

表 2-6

c_j		6	2	10	8	0	0	0	b	θ
C_B	X_B	x_1	x_2	x_3	x_4	x_5	x_6	x_7		
0	x_5	5	6	−4	−4	1	0	0	20	—
0	x_6	3	−3	2	8	0	1	0	25	25/2
0	x_7	4	−2	[1]	3	0	0	1	10	10/1
σ_j		6	2	10	8	0	0	0	0	
0	x_5	21	−2	0	8	1	0	4	60	—
0	x_6	−5	[1]	0	2	0	1	−2	5	5/1
10	x_3	4	−2	1	3	0	0	1	10	—
σ_j		−34	22	0	−22	0	0	−10	100	
0	x_5	11	0	0	12	1	2	0	70	
2	x_2	−5	1	0	2	0	1	−2	5	
10	x_3	−6	0	1	7	0	2	−3	20	
σ_j		76	0	0	−66	0	−22	34	210	

根据前面所讲的无最优解判别定理，因为存在一个 $\sigma_7 = 34 > 0$，且所有 $a_{i7} \leqslant 0$，故本题无最优解。

前面所讲的单纯形法，是针对求最大值问题而言的。对于求最小值问题，可以按前面章节所介绍的方法转化为求最大值问题，然后再来求解。为了方便起见，我们也可以直接对最小值问题求解，只要将最优性检验和入基变量的确定法则作相应的改变就行了，如表 2-7 所示。

表 2-7

法则＼问题	最大值	最小值
最优性检验	所有非基变量的检验数 $\sigma_j \leqslant 0$	所有非基变量的检验数 $\sigma_j \geqslant 0$
入基变量的确定	若 $\max\{\sigma_j \mid \sigma_j > 0\} = \sigma_k$，则取 x_k 为入基变量	若 $\min\{\sigma_j \mid \sigma_j < 0\} = \sigma_k$，则取 x_k 为入基变量
出基变量的确定	若 $\theta = \min\left\{\dfrac{b_i}{a_{ik}} \mid a_{ik} > 0\right\} = \dfrac{b_l}{a_{lk}}$，则取 x_l 为出基变量（i 为所有基变量的下标）	

单纯形法求解最大值问题的步骤可归纳如下：

（1）将一般线性规划问题化为标准型后，进一步化为规范型，必要时需要用人工变量法。人工变量法就是指在一般情况下，线性规划问题化为标准型以后不一定是规范型，这时可以人为地增加一些非负变量，将标准型化为规范型。这样的非负变量不同于决策变量和松弛变量，我们把它们称为人工变量。

增加了人工变量以后的线性规划问题，已经不是原来的问题了。因此，它的解不一定是我们所需要的解。人工变量法的关键就是通过一定的方法，在最终所得的最优解中，使所有人工变量的取值为零，从而回到原来的问题。

（2）找出初始可行基，确定初始基可行解，建立初始单纯形表。

（3）若所有非基变量的检验数 $\sigma_j \leqslant 0$，则已得到最优解，停止计算。否则转到下一步。

（4）在所有正的检验数中，若有一个 σ_k 对应的系数列向量 $\boldsymbol{P}_k \leqslant 0$，则此线性规划问题无最优解，停止计算。否则转入下一步。

（5）若在所有正的检验数中，最大的一个为 σ_k，则取 x_k 为入基变量。

（6）根据 θ 法则确定出基变量。

（7）进行迭代运算，求得新的单纯形表和新的基本可行解，然后转到第（3）步。

求解最小值问题的步骤，只要将上述步骤作相应的改变即可。

思政融合

对规则与边界的认知：

单纯性方法的实质是在可行域范围之内进行跳跃式求解的过程。结合做人做事的规则和边界问题，理解"国有国法，家有家规"，以及明朝万历年间首辅张居正的"天下之事，不难于立法，而难于法之必行；不难于听言，而难于言之必行。"

2.4 单纯形法的进一步讨论（大 M 法和二阶段法）

一个线性规划问题要用单纯形法来求解，首先要求化为规范型，然后才能在此基础上进行迭代。有时会用到人工变量法。

给出线性规划问题的标准型：

$$\max z = c_1 x_1 + c_2 x_2 + \cdots + c_n x_n$$

$$\text{s. t.} \begin{cases} a_{11} x_1 + a_{12} x_2 + \cdots + a_{1n} x_n = b_1 \\ a_{21} x_1 + a_{22} x_2 + \cdots + a_{2n} x_n = b_2 \\ \cdots \\ a_{m1} x_1 + a_{m2} x_2 + \cdots + a_{mn} x_n = b_m \\ x_1, x_2, \cdots, x_n \geqslant 0 \end{cases} \quad (\text{I})$$

系数矩阵中不含 m 个线性无关的单位列向量。因此，这个标准型不是规范型。现引入人工变量 $x_{n+1}, x_{n+2}, \cdots, x_{n+m}$，将它变为规范型：

$$\max z = c_1 x_1 + c_2 x_2 + \cdots + c_n x_n$$

$$\text{s. t.} \begin{cases} a_{11} x_1 + a_{12} x_2 + \cdots + a_{1n} x_n + x_{n+1} = b_1 \\ a_{21} x_1 + a_{22} x_2 + \cdots + a_{2n} x_n + x_{n+2} = b_2 \\ \cdots \\ a_{m1} x_1 + a_{m2} x_2 + \cdots + a_{mn} x_n + x_{n+m} = b_m \\ x_1, x_2, \cdots, x_{n+m} \geqslant 0 \end{cases}$$

它的初始基本可行解为 $(0, 0, \cdots, 0, b_1, b_2, \cdots, b_m)^{\mathrm{T}}$，要求经过多次迭代以后，最终使所有人工变量取值为零。为达到这个目的，下面要介绍两种方法：大 M 法和二阶段法。

2.4.1 大 M 法

所谓的大 M 法，就是在约束方程中加入人工变量后，对于每一个人工变量 x_k，在目标函数中增加一项"$-M \cdot x_k$"（M 是充分大的正数），构成一个新的目标函数，只要有一个人工变量取正值，则新的目标函数就不可能取得最大值，故可用这种方法来迫使所有人工变量的取值为零。

于是，我们构造辅助线性规划问题：

$$\max w = c_1 x_1 + c_2 x_2 + \cdots + c_n x_n - M x_{n+1} - \cdots - M x_{n+m}$$

$$\text{s. t.} \begin{cases} a_{11} x_1 + a_{12} x_2 + \cdots + a_{1n} x_n + x_{n+1} = b_1 \\ a_{21} x_1 + a_{22} x_2 + \cdots + a_{2n} x_n \qquad\quad + x_{n+2} = b_2 \\ \cdots \\ a_{m1} x_1 + a_{m2} x_2 + \cdots + a_{mn} x_n \qquad\qquad\qquad + x_{n+m} = b_m \\ x_1, x_2, \cdots, x_{n+m} \geqslant 0 \end{cases} \quad (\text{II})$$

当辅助问题（II）取得最优解，且所有人工变量取值为零时，在问题（II）的最优解中去掉人工变量部分，余下部分就是问题（I）的最优解。

例 2-11 用大 M 法求解：

$$\max z = 3 x_1 - x_2 - x_3$$

$$\text{s. t.} \begin{cases} x_1 - 2 x_2 + x_3 \leqslant 11 \\ -4 x_1 + x_2 + 2 x_3 \geqslant 3 \\ -2 x_1 + x_3 = 1 \\ x_1, x_2, x_3 \geqslant 0 \end{cases}$$

解：引进松弛变量 x_4、x_5，化为标准型：

$$\max z = 3x_1 - x_2 - x_3$$
$$\text{s.t.} \begin{cases} x_1 - 2x_2 + x_3 + x_4 = 11 \\ -4x_1 + x_2 + 2x_3 - x_5 = 3 \\ -2x_1 + x_3 = 1 \\ x_1, x_2, x_3, x_4, x_5 \geqslant 0 \end{cases}$$

为了化为规范型，在后面两个约束方程中分别引进人工变量 x_6 和 x_7，构造辅助问题：

$$\max w = 3x_1 - x_2 - x_3 - Mx_6 - Mx_7$$
$$\text{s.t.} \begin{cases} x_1 - 2x_2 + x_3 + x_4 = 11 \\ -4x_1 + x_2 + 2x_3 - x_5 + x_6 = 3 \\ -2x_1 + x_3 + x_7 = 1 \\ x_1, x_2, x_3, x_4, x_5, x_6, x_7 \geqslant 0 \end{cases}$$

求解过程如表 2-8 所示。

表 2-8

C_B	X_B	c_j	3	-1	-1	0	0	$-M$	$-M$	b
			x_1	x_2	x_3	x_4	x_5	x_6	x_7	
0	x_4		1	-2	1	1	0	0	0	11
$-M$	x_6		-4	1	2	0	-1	1	0	3
$-M$	x_7		-2	0	[1]	0	0	0	1	1
σ_j			$3-6M$	$-1+M$	$-1+3M$	0	$-M$	0	0	$-4M$
0	x_4		3	-2	0	1	0	0	-1	10
$-M$	x_6		0	[1]	0	0	-1	1	-2	1
-1	x_3		-2	0	1	0	0	0	1	1
σ_j			1	$-1+M$	0	0	$-M$	0	$1-3M$	$-1-M$
0	x_4		[3]	0	0	1	-2	2	-5	12
-1	x_2		0	1	0	0	-1	1	-2	1
-1	x_3		-2	0	1	0	0	0	1	1
σ_j			1	0	0	0	-1	$1-M$	$-1-M$	-2
3	x_1		1	0	0	1/3	$-2/3$	2/3	$-5/3$	4
-1	x_2		0	1	0	0	-1	1	-2	1
-1	x_3		0	0	1	2/3	$-4/3$	4/3	$-7/3$	9
σ_j			0	0	0	$-1/3$	$-1/3$	$\frac{1}{3}-M$	$\frac{2}{3}-M$	2

得到辅助问题的最优解：

$$(4, 1, 9, 0, 0, 0, 0)^T$$

人工变量 x_6 和 x_7 均取值为零，去掉人工变量部分，得原线性规划问题的最优解：

$$(4,1,9,0,0)^T$$

如果辅助问题的最优解中含有取值为正的人工变量，则原线性规划问题无可行解。

例 2-12 用大 M 法解：
$$\max z = 3x_1 + 2x_2$$
$$\text{s.t.} \begin{cases} 2x_1 + x_2 \leqslant 2 \\ 3x_1 + 4x_2 \geqslant 12 \\ x_1, x_2 \geqslant 0 \end{cases}$$

解：引入松弛变量 x_3、x_4 和人工变量 x_5，得辅助问题：
$$\max w = 3x_1 + 2x_2 - Mx_5$$
$$\text{s.t.} \begin{cases} 2x_1 + x_2 + x_3 = 2 \\ 3x_1 + 4x_2 - x_4 + x_5 = 12 \\ x_1, x_2, \cdots, x_5 \geqslant 0 \end{cases}$$

求解过程如表 2-9 所示。

表 2-9

C_B	X_B	c_j	3	2	0	0	$-M$	b
			x_1	x_2	x_3	x_4	x_5	
0	x_3		2	[1]	1	0	0	2
$-M$	x_5		3	4	0	-1	1	12
	σ_j		$3+3M$	$2+4M$	0	$-M$	0	$-12M$
2	x_2		2	1	1	0	0	2
$-M$	x_5		-5	0	-4	-1	1	4
	σ_j		$-1-5M$	0	$-2-4M$	$-M$	0	$4-4M$

得辅助问题最优解：
$$(0,2,0,0,4)^T, \max w = 4 - 4M$$

由于人工变量 $x_5 = 4 > 0$，故原问题可以证明无可行解。事实上，若原问题有可行解 $(x_1, x_2, x_3, x_4)^T$，则辅助问题一定有可行解 $(x_1, x_2, x_3, x_4, 0)^T$，对应辅助问题的目标函数值 $w = 3x_1 + 2x_2 > 4 - 4M$，这与 $\max w = 4 - 4M$ 矛盾。

还有一种情况，如果要求目标函数的最小值，这时只需要对每一个人工变量 x_k，在新的目标函数中增加一项"$+M \cdot x_k$"即可。以下来举例说明这种情况的计算方法。

例 2-13 用大 M 法解线性规划问题：
$$\min z = 3x_1 + 2x_2 - x_3$$
$$\text{s.t.} \begin{cases} x_1 + x_2 + x_3 \leqslant 6 \\ x_1 - x_3 \geqslant 3 \\ x_2 - x_3 \geqslant 3 \\ x_1, x_2, x_3 \geqslant 0 \end{cases}$$

解：引进松弛变量 x_4、x_5、x_6 和人工变量 x_7、x_8，建立辅助问题：
$$\min w = 3x_1 + 2x_2 - x_3 + Mx_7 + Mx_8$$

$$\text{s.t.}\begin{cases} x_1+x_2+x_3+x_4=6 \\ x_1-x_3-x_5+x_7=3 \\ x_2-x_3-x_6+x_8=3 \\ x_1,x_2,\cdots,x_8\geqslant 0 \end{cases}$$

用单纯形法求解，如表 2-10 所示。

表 2-10

	c_j	3	2	−1	0	0	0	M	M	
C_B	X_B	x_1	x_2	x_3	x_4	x_5	x_6	x_7	x_8	b
0	x_4	1	1	1	1	0	0	0	0	6
M	x_7	1	0	−1	0	−1	0	1	0	3
M	x_8	0	[1]	−1	0	0	−1	0	1	3
	σ_j	−M+3	−M+2	2M−1	0	M	M	0	0	6M
0	x_4	1	0	2	1	0	1	0	−1	3
M	x_7	[1]	0	−1	0	−1	0	1	0	3
2	x_2	0	1	−1	0	0	−1	0	1	3
	σ_j	−M+3	0	M+1	0	M	2	0	M+2	3M+6
0	x_4	0	0	3	1	1	1	−1	−1	0
3	x_1	1	0	−1	0	−1	0	1	0	3
2	x_2	0	1	−1	0	0	−1	0	1	3
	σ_j	0	0	4	0	3	2	M−3	M−2	15

得原问题的最优解：

$$(3,3,0,0,0,0)^T, \min z=15$$

2.4.2 二阶段法

二阶段法是分两个阶段来求解线性规划问题（Ⅰ）的方法。第一阶段构造辅助问题，从而求得问题（Ⅰ）的一个基本可行解，同时将问题（Ⅰ）化为规范型；第二阶段从求得的基本可行解出发，进行迭代运算，求得问题（Ⅰ）的最优解。

第一阶段，构造辅助问题：

$$\min w = x_{n+1}+x_{n+2}+\cdots+x_{n+m}$$

$$\text{s.t.}\begin{cases} a_{11}x_1+a_{12}x_2+\cdots+a_{1n}x_n+x_{n+1}=b_1 \\ a_{21}x_1+a_{22}x_2+\cdots+a_{2n}x_n+x_{n+2}=b_2 \\ \cdots \\ a_{m1}x_1+a_{m2}x_2+\cdots+a_{mn}x_n+x_{n+m}=b_m \\ x_1,x_2,\cdots,x_{n+m}\geqslant 0 \end{cases} \quad (\text{Ⅲ})$$

然后用单纯形法解辅助问题（Ⅲ）。若得到 $\min w=0$，则最优解中所有人工变量的取值为零，只要从最优解中去掉人工变量部分，余下部分就是问题（Ⅰ）的一个初始基本可行解；若得到 min $w>0$，则最优解的人工变量中至少有一个取值大于零，这时可以证明问题（Ⅰ）无可行解。反之，若问题（Ⅰ）有可行解 $(x_1,x_2,\cdots,x_n)^T$，则 $(x_1,x_2,\cdots,x_n,0,\cdots,0)^T$ 是问题（Ⅲ）的可行解，其对应的目标函数值 $w=0$，这与 min $w>0$ 矛盾。

第二阶段，在第一阶段求得问题（Ⅰ）的一个基本可行解以后，将第一阶段最终单纯形表中的人工变量部分去掉，并将目标函数的系数换成问题（Ⅰ）的目标函数的系数，然后用单纯形法继续求解。

例 2-14 用二阶段法求解：

$$\max z = 3x_1 - x_2 - x_3$$

$$\text{s.t.} \begin{cases} x_1 - 2x_2 + x_3 \leqslant 11 \\ -4x_1 + x_2 + 2x_3 \geqslant 3 \\ -2x_1 + x_3 = 1 \\ x_1, x_2, x_3 \geqslant 0 \end{cases}$$

解：引进松弛变量 x_4、x_5，化为标准型：

$$\max z = 3x_1 - x_2 - x_3$$

$$\text{s.t.} \begin{cases} x_1 - 2x_2 + x_3 + x_4 = 11 \\ -4x_1 + x_2 + 2x_3 - x_5 = 3 \\ -2x_1 + x_3 = 1 \\ x_1, x_2, x_3, x_4, x_5 \geqslant 0 \end{cases}$$

第一阶段，引进人工变量 x_6、x_7，构造辅助问题：

$$\min w = x_6 + x_7$$

$$\text{s.t.} \begin{cases} x_1 - 2x_2 + x_3 + x_4 = 11 \\ -4x_1 + x_2 + 2x_3 - x_5 + x_6 = 3 \\ -2x_1 + x_3 + x_7 = 1 \\ x_1, x_2, \cdots, x_7 \geqslant 0 \end{cases}$$

用单纯形法求解辅助问题，如表 2-11 所示。

表 2-11

C_B	X_B	c_j	0	0	0	0	0	1	1	b
			x_1	x_2	x_3	x_4	x_5	x_6	x_7	
0	x_4		1	-2	1	1	0	0	0	11
1	x_6		-4	1	2	0	-1	1	0	3
1	x_7		-2	0	[1]	0	0	0	1	1
	σ_j		6	-1	-3	0	1	0	0	4
0	x_4		3	-2	0	1	0	0	-1	10
1	x_6		0	[1]	0	0	-1	1	-2	1
0	x_3		-2	0	1	0	0	0	1	1
	σ_j		0	-1	0	0	1	0	3	1

续表

C_B	X_B	c_j	0	0	0	0	0	1	1	b
			x_1	x_2	x_3	x_4	x_5	x_6	x_7	
0	x_4		3	0	0	1	−2	2	−5	12
0	x_2		0	1	0	0	−1	1	−2	1
0	x_3		−2	0	1	0	0	0	1	1
	σ_j		0	0	0	0	0	1	0	0

得辅助问题的最优解：

$$(0, 1, 1, 12, 0, 0, 0)^T, \min w = 0$$

所以 $(0, 1, 1, 12, 0)^T$ 是原问题的一个初始基本可行解。

第二阶段，将表 2-11 最终表中人工变量 x_6、x_7 的两列去掉，并将目标函数 x_1、x_2、x_3、x_4、x_5 的系数分别换成 3、−1、−1、0、0，得表 2-12。

表 2-12

C_B	X_B	c_j	3	−1	−1	0	0	b
			x_1	x_2	x_3	x_4	x_5	
0	x_4		[3]	0	0	1	−2	12
−1	x_2		0	1	0	0	−1	1
−1	x_3		−2	0	1	0	0	1
	σ_j		1	0	0	0	−1	−2
3	x_1		1	0	0	1/3	−2/3	4
−1	x_2		0	1	0	0	−1	1
−1	x_3		0	0	1	2/3	−4/3	9
	σ_j		0	0	0	−1/3	−1/3	2

得原问题的最优解：

$$(4, 1, 9, 0, 0)^T, \max z = 2$$

例 2-15 用二阶段法解：

$$\max z = x_1 + x_2$$
$$\text{s. t.} \begin{cases} x_1 - x_2 \geq 1 \\ -3x_1 + x_2 \geq 3 \\ x_1, x_2 \geq 0 \end{cases}$$

解：引入剩余变量 x_3、x_4，化为标准型：

$$\max z = x_1 + x_2$$
$$\text{s. t.} \begin{cases} x_1 - x_2 - x_3 = 1 \\ -3x_1 + x_2 - x_4 = 3 \\ x_1, x_2, x_3, x_4 \geq 0 \end{cases}$$

第一阶段，引入人工变量 x_5、x_6，构造辅助问题：

$$\min w = x_5 + x_6$$

$$\text{s.t.} \begin{cases} x_1 - x_2 - x_3 + x_5 = 1 \\ -3x_1 + x_2 - x_4 + x_6 = 3 \\ x_1, x_2, \cdots, x_6 \geq 0 \end{cases}$$

求解过程见表 2-13。

表 2-13

	c_j	0	0	0	0	1	1	
C_B	X_B	x_1	x_2	x_3	x_4	x_5	x_6	b
1	x_5	1	−1	−1	0	1	0	1
1	x_6	−3	1	0	−1	0	1	3
	σ_j	2	0	1	1	0	0	

所有非基变量的检验数非负，得到辅助问题的最优解：

$$\boldsymbol{X}^* = (0, 0, 0, 0, 1, 3)^{\text{T}}$$

但将该解代入问题原来的约束条件中检验，可知该解不满足原约束条件，说明该解不是原问题的可行解。那么，这种现象又应该如何解释呢？这就需要对线性规划问题解的各种情况进行讨论了。

思政融合

> 对"捷径"的认知：
> 大 M 方法和二阶段法没有优劣、繁简之分：大 M 方法和二阶段法都可以算出结果，但是无解时用二阶段法快，有最优解时用大 M 方法好。究竟谁优谁劣？最后的结果无法预知，因此没有预设的捷径，我们能够做的是做好前期工作，一步一个脚印，朝既定的目标前进。

一个线性规划问题的解可能有三种情况。

1. 有最优解

（1）有可行解，且有唯一最优解（目标函数的等值线与可行域最后交于一点）；

（2）有可行解，且有无穷多个最优解（目标函数的等值线与可行域最后的交点多于一点）。

唯一最优解与无穷多个最优解的情况如下：

若最终单纯形表非基变量的检验数都小于零，则线性规划问题有唯一的最优解。

若最终单纯形表中存在某个非基变量，其检验数等于零，则该线性规划问题有无穷多个最优解。

线性规划问题：

$$\min z = -x_1 - 2x_2$$

· 35 ·

$$\begin{cases} x_1 + x_3 = 4 \\ x_2 + x_4 = 3 \\ x_1 + 2x_2 + x_5 = 8 \\ x_j \geq 0, j = 1,2,3,4,5 \end{cases}$$

解：本题的目标函数是求极小化的线性函数。

可以令

$$z' = -z = x_1 + 2x_2$$

则：

$$\min z = -x_1 - 2x_2 \Rightarrow \max z' = x_1 + 2x_2$$

这两个线性规划问题具有相同的可行域和最优解，只是目标函数相差一个符号而已，计算过程如表 2-14 所示。

表 2-14

			c_j	1	2	0	0	0	
C_B	X_B	b	x_1	x_2	x_3	x_4	x_5	θ
0	x_3	4	1	0	1	0	0	—
0	x_4	3	0	[1]	0	1	0	3/1
0	x_5	8	1	2	0	0	1	8/2
	σ_j		1	2	0	0	0	0
0	x_3	4	1	0	1	0	0	4/1
2	x_2	3	0	1	0	1	0	—
0	x_5	2	[1]	0	0	-2	1	2/1
	σ_j		1	0	0	-2	0	6
0	x_3	2	0	0	1	2	-1	2/2
2	x_2	3	0	1	0	1	0	3/1
1	x_1	2	1	0	0	-2	1	—
	σ_j		0	0	0	-1	0	8

最优解：

$$X^* = (2、3、2、0、0)^T$$

最优值：

$$\max z' = 8, \min z = -8$$

2. 无最优解

(1) 有可行解，但无最优解（目标函数的等值线与可行域无最后的交点）；

(2) 无可行解，因而无最优解（约束条件互相矛盾，无公共区域）。

3. 无界解

无界解是指线性规划问题有可行解，但是在可行域目标函数值是无界的，因而达不到有限最优值。因此，线性规划问题不存在最优解。例如线性规划问题：

$$\max z = 2x_1 + 3x_2$$
$$\text{s.t.} \begin{cases} -3x_1 + 2x_2 \leqslant 1 \\ x_1 - 2x_2 \leqslant 1 \\ x_1, x_2 \geqslant 0 \end{cases}$$

其可行域如图 2-7 所示。易见，无论表示目标函数的直线沿目标函数值增加的方向如何移动，总与可行域有交点，永远达不到相切的位置，故该问题是无界解。从这个例子可见，若线性规划问题为无界解，则该问题可能缺乏必要的约束条件。

又如以下例题：
$$\max z = -2x_1 + 2x_2 + x_3$$
$$\text{s.t.} \begin{cases} 3x_1 - 2x_2 - 2x_3 \leqslant 1 \\ -2x_1 + x_2 - x_3 \geqslant -4 \\ x_1, x_2, x_3 \geqslant 0 \end{cases}$$

首先将线性规划标准化：

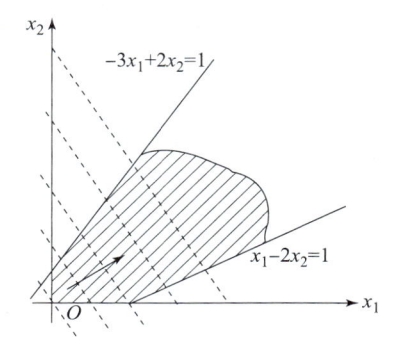

图 2-7

$$\max z = -2x_1 + 2x_2 + x_3$$
$$\text{s.t.} \begin{cases} 3x_1 - 2x_2 - 2x_3 + x_4 = 1 \\ 2x_1 - x_2 + x_3 + x_5 = 4 \\ x_j \geqslant 0, j = 1, \cdots, 5 \end{cases}$$

很明显可以以 x_4、x_5 作为初始基变量，得到初始单纯形表，如表 2-15 所示。

表 2-15

C_B	c_j		−2	2	1	0	0	b
	X_B		x_1	x_2	x_3	x_4	x_5	
0	x_4		3	−2	−2	1	0	1
0	x_5		2	−1	1	0	1	4
	σ_j		−2	2	1	0	0	

此时，x_2 的检验数大于 0，还没有得到最优解。但是我们以 x_2 作为换入变量，x_2 所在列的所有系数都小于 0，此时该线性规划存在无界解。

单纯形法是一个反复迭代的过程，这一过程通常都会在有限步终止，或者得到问题的最优解，或者可以判别最优解不存在。但在个别情况可能出现迭代过程的循环。可以证明，若各基可行解中，基变量的值都不等于零，则单纯形法将在有限步终止，也就是不会出现迭代过程循环的现象。只有当基可行解中某个基变量取值等于零时，才有可能出现循环，这样的基可行解称为退化的基可行解。在线性规划的单纯形法计算中出现退化基可行解的现象就称为退化。

在线性规划的求解过程中，退化是一种比较常见的现象。例如在用最小比值 θ 来确定换出变量时，可能会存在两个或两个以上的比值同时达到最小的情况，通常选择其中一个来确定换出变量，这样在下一步的迭代中就会出现基变量取值等于零的情况，从而出现了退化。虽然退化比较常见，但实际上很少会出现循环。因此在多数情况下，不需要理会退化现象。1955 年，Beale 给出了一个例子：

$$\max z = -\frac{3}{4}x_1 + 15x_2 - \frac{1}{2}x_3 + 6x_4$$

$$\text{s. t.} \begin{cases} \frac{1}{4}x_1 - 6x_2 - x_3 + 9x_4 \leqslant 0 \\ \frac{1}{2}x_1 - 9x_2 - \frac{1}{2}x_3 + 3x_4 \leqslant 0 \\ x_3 \leqslant 1 \\ x_1, x_2, x_3, x_4 \geqslant 0 \end{cases}$$

在用单纯形法求解这个线性规划问题时，很明显，出现了退化，并且在迭代6次后又回到了初始单纯形表，即出现了退化，因此迭代过程失效。

为了避免出现循环，1974年勃兰特（Bland）提出了一个简便有效的规则：

（1）在存在多个检验数 $\sigma_j > 0$ 时，始终对应地选择下标值最小的变量为换入变量；

（2）当计算比值 θ 时出现两个或两个以上的最小值，则始终选择下标值最小的为换出变量。

但需注意，按勃兰特规则进行迭代时可能会降低迭代的效率，且由于出现循环的概率很小，因此多数情况无须使用勃兰特规则。

2.5 改进的单纯形法

回顾单纯形法的计算过程，从初始单纯形表经过多次迭代，最后得到最终表，每经过一次迭代，都要计算一个单纯形表，计算量很大。可是我们用单纯形法求解的最终目的是求得问题的最优解，而在迭代过程中出现的一系列单纯形表中的某些数据的计算实际上是多余的。在利用计算机进行计算时，为了节省计算机的存储量和计算量，需要对单纯形法进行改进，来达到减少存储量和计算量的目的。此外，改进单纯形法的每次迭代，可直接从原始数据出发，这样可以减少计算的累积误差。改进单纯形法还能加深对单纯形法的理解以及便于对偶理论的研究。

2.5.1 矩阵形式的单纯形法

从线性规划问题的标准型出发，即考虑线性规划问题：

$$\max z = \boldsymbol{CX}$$

$$\text{s. t.} \begin{cases} \boldsymbol{AX} = \boldsymbol{b} \\ \boldsymbol{X} \geqslant \boldsymbol{0} \end{cases} \tag{2-12}$$

其中：

$$\boldsymbol{C} = (c_1, c_2, \cdots, c_n)$$

$$\boldsymbol{A} = \begin{pmatrix} a_{11} & a_{12} & \cdots & a_{1n} \\ a_{21} & a_{22} & \cdots & a_{2n} \\ \vdots & \vdots & & \vdots \\ a_{m1} & a_{m2} & \cdots & a_{mn} \end{pmatrix} = (\boldsymbol{P}_1, \boldsymbol{P}_2, \cdots, \boldsymbol{P}_n)$$

$$P_j = \begin{bmatrix} a_{1j} \\ a_{2j} \\ \vdots \\ a_{mj} \end{bmatrix} \quad (j=1, 2, \cdots, n)$$

$$X = \begin{bmatrix} x_1 \\ x_2 \\ \vdots \\ x_n \end{bmatrix}, b = \begin{bmatrix} b_1 \\ b_2 \\ \vdots \\ b_m \end{bmatrix}, 0 = \begin{bmatrix} 0 \\ 0 \\ \vdots \\ 0 \end{bmatrix}$$

对任意一个可行基 B，为了确定起见，不妨假设 $B = (P_1, P_2, \cdots, P_m)$，相应地，将 A、X、C 用分块矩阵表示为

$$A = (B, N), \quad N = (P_{m+1}, \cdots, P_n)$$
$$C = (C_B, \cdots, C_N), \quad C_B = (c_1, c_2, \cdots, c_m), \quad C_N = (c_{m+1}, \cdots, c_n)$$

$$X = \begin{bmatrix} X_B \\ X_N \end{bmatrix}, \quad X_B = \begin{bmatrix} x_1 \\ x_2 \\ \vdots \\ x_m \end{bmatrix}, \quad X_N = \begin{bmatrix} x_{m+1} \\ \vdots \\ x_n \end{bmatrix}$$

这时问题（2-12）可表示为

$$\max z = (C_B, C_N) \begin{bmatrix} X_B \\ X_N \end{bmatrix}$$

$$\text{s. t.} \begin{cases} (B, N) \begin{bmatrix} X_B \\ X_N \end{bmatrix} = b \\ X_B \geqslant 0, X_N \geqslant 0 \end{cases}$$

即

$$\max z = C_B X_B + C_N X_N$$

$$\text{s. t.} \begin{cases} BX_B + NX_N = b \\ X_B \geqslant 0, X_N \geqslant 0 \end{cases} \tag{2-13}$$

将方程（2-13）两端乘 B^{-1}，得：

$$X_B = B^{-1}b - B^{-1}NX_N \tag{2-14}$$

将式（2-14）代入式（2-13）的目标函数，得到目标函数 z 用非基变量的表达式：

$$z = C_B B^{-1} b - C_B B^{-1} N X_N + C_N X_N = C_B B^{-1} b + (C_N - C_B B^{-1} N) X_N \tag{2-15}$$

由式（2-14），当 $X_N = 0$ 时，$X_B = B^{-1}b$，得关于可行基 B 的基本可行解：

$$X = \begin{bmatrix} X_B \\ 0 \end{bmatrix} = \begin{bmatrix} B^{-1}b \\ 0 \end{bmatrix} \tag{2-16}$$

由式（2-15）得基本可行解 X 对应的目标函数值：

$$z = C_B B^{-1} b \tag{2-17}$$

及非基变量的检验数向量：

$$\sigma_N = C_N - C_B B^{-1} N \tag{2-18}$$

由式（2-18）可检验基本可行解 X 是不是最优解，以及当 X 不是最优解时确定入基变量 x_k。然后求出主列 $B^{-1}P_k$，并按 θ 法则确定出基变量，继续进行迭代。

由以上讨论可见，在用单纯形法求解线性规划问题（2-12）时，有很多数据的计算是

多余的，实际需要计算的数据如下：

(1) 由式（2-16）知，为了求得关于可行基 B 的基本可行解 X，需要计算 $B^{-1}b$。

(2) 为了检验上述基本可行解 X 是不是最优解，需要计算检验数向量：
$$\sigma_N = C_N - C_B B^{-1} N$$

(3) 若上述基本可行解 X 不是最优解，则当非基变量 x_k 的检验数 $\sigma_k > 0$ 时，取 x_k 为入基变量。此时为了确定出基变量，需要计算主列 $B^{-1}P_k$。

容易看出，B、N、b、C_N、C_B、P_k 均是原始数据。因此，计算上述数据的关键就是要求出可行基 B 的逆矩阵 B^{-1}。

2.5.2 改进单纯形法的步骤

(1) 确定初始可行基 B，并求出 B 的逆矩阵 B^{-1}。通常取单位矩阵 I 为初始可行基，这时 $B = B^{-1} = I$。

(2) 求出
$$X_B = B^{-1}b = B^{-1}\begin{bmatrix} b_1 \\ b_2 \\ \vdots \\ b_m \end{bmatrix} = \begin{bmatrix} b'_1 \\ b'_2 \\ \vdots \\ b'_m \end{bmatrix}$$

得到关于 B 的基本可行解：
$$X = \begin{bmatrix} X_B \\ X_N \end{bmatrix} = \begin{bmatrix} B^{-1}b \\ 0 \end{bmatrix}$$

(3) 求出 $\sigma_N = C_N - C_B B^{-1} N$。若 $\sigma_N \leqslant 0$，则停止计算，上述基本可行解 X 为最优解。否则转到（4）。

(4) 若存在非基变量 x_j 的检验数 $\sigma_j > 0$，且 $B^{-1}P_j \leqslant 0$，则停止计算，问题（2-12）无最优解。否则，若 $\sigma_k = \max\{\sigma_j \mid \sigma_j > 0\}$，则取 x_k 为入基变量。

(5) 求出主列：
$$B^{-1}P_k = B^{-1}\begin{bmatrix} a_{1k} \\ a_{2k} \\ \vdots \\ a_{mk} \end{bmatrix} = \begin{bmatrix} a'_{1k} \\ a'_{2k} \\ \vdots \\ a'_{mk} \end{bmatrix}$$

(6) 按 θ 法则求出：
$$\theta = \min_i \left\{ \frac{b'_i}{a'_{ik}} \,\middle|\, a'_{ik} > 0 \right\} = \frac{b'_l}{a'_{lk}} \quad (l \text{ 为基变量的下标})$$

这时，取 x_l 为出基变量，从而可以得到新的可行基 $\overline{B}$，再返回到（1）。

例 2-16 用改进单纯形法求解：
$$\max z = 2x_1 + x_2$$
$$\text{s. t.} \begin{cases} x_1 + x_2 \leqslant 5 \\ -x_1 + x_2 \leqslant 0 \\ 6x_1 + 2x_2 \leqslant 21 \\ x_1, x_2 \geqslant 0 \end{cases}$$

解：引入松弛变量 x_3、x_4、x_5，化为标准型：

$$\max z = 2x_1 + x_2$$

$$\text{s. t.} \begin{cases} x_1 + x_2 + x_3 = 5 \\ -x_1 + x_2 + x_4 = 0 \\ 6x_1 + 2x_2 + x_5 = 21 \\ x_1, x_2, x_3, x_4, x_5 \geqslant 0 \end{cases}$$

原始数据为

$$\boldsymbol{C} = (2, 1, 0, 0, 0)$$

$$\boldsymbol{A} = \begin{bmatrix} 1 & 1 & 1 & 0 & 0 \\ -1 & 1 & 0 & 1 & 0 \\ 6 & 2 & 0 & 0 & 1 \end{bmatrix} = (\boldsymbol{P}_1, \boldsymbol{P}_2, \boldsymbol{P}_3, \boldsymbol{P}_4, \boldsymbol{P}_5), \boldsymbol{b} = \begin{bmatrix} 5 \\ 0 \\ 21 \end{bmatrix}$$

$$\boldsymbol{P}_1 = \begin{bmatrix} 1 \\ -1 \\ 6 \end{bmatrix}, \boldsymbol{P}_2 = \begin{bmatrix} 1 \\ 1 \\ 2 \end{bmatrix}, \boldsymbol{P}_3 = \begin{bmatrix} 1 \\ 0 \\ 0 \end{bmatrix}, \boldsymbol{P}_4 = \begin{bmatrix} 0 \\ 1 \\ 0 \end{bmatrix}, \boldsymbol{P}_5 = \begin{bmatrix} 0 \\ 0 \\ 1 \end{bmatrix}$$

选取初始可行基为

$$\boldsymbol{B}_0 = (\boldsymbol{P}_3, \boldsymbol{P}_4, \boldsymbol{P}_5) = \begin{bmatrix} 1 & 0 & 0 \\ 0 & 1 & 0 \\ 0 & 0 & 1 \end{bmatrix}$$

第一次迭代：

$$\boldsymbol{B}_0^{-1} = \begin{bmatrix} 1 & 0 & 0 \\ 0 & 1 & 0 \\ 0 & 0 & 1 \end{bmatrix}$$

$$\boldsymbol{X}_{\boldsymbol{B}_0} = \boldsymbol{B}_0^{-1} \boldsymbol{b}_0 = \begin{bmatrix} 1 & 0 & 0 \\ 0 & 1 & 0 \\ 0 & 0 & 1 \end{bmatrix} \begin{bmatrix} 5 \\ 0 \\ 21 \end{bmatrix} = \begin{bmatrix} 5 \\ 0 \\ 21 \end{bmatrix}$$

得初始基本可行解：

$$\boldsymbol{X}^{(0)} = (0, 0, 5, 0, 21)^{\mathrm{T}}$$

检验数向量：

$$\boldsymbol{\sigma}_{\boldsymbol{N}_0} = \boldsymbol{C}_{\boldsymbol{N}_0} - \boldsymbol{C}_{\boldsymbol{B}_0} \boldsymbol{B}_0^{-1} \boldsymbol{N}_0 = (2, 1) - (0, 0, 0) \begin{bmatrix} 1 & 0 & 0 \\ 0 & 1 & 0 \\ 0 & 0 & 1 \end{bmatrix} \begin{bmatrix} 1 & 1 \\ -1 & 1 \\ 6 & 2 \end{bmatrix} =$$

$$(2, 1) - (0, 0) = (2, 1)$$

即 $\max\{\sigma_1, \sigma_2\} = \max\{2, 1\} = 2$，故取 x_1 为入基变量，主列：

$$\boldsymbol{B}_0^{-1} \boldsymbol{P}_1 = \begin{bmatrix} 1 & 0 & 0 \\ 0 & 1 & 0 \\ 0 & 0 & 1 \end{bmatrix} \begin{bmatrix} 1 \\ -1 \\ 6 \end{bmatrix} = \begin{bmatrix} 1 \\ -1 \\ 6 \end{bmatrix}$$

则 $\theta = \min\left\{\dfrac{5}{1}, \sim, \dfrac{21}{6}\right\} = \dfrac{21}{6}$，故取 x_5 为出基变量，从而得到新的可行基：

$$\boldsymbol{B}_1 = (\boldsymbol{P}_3, \boldsymbol{P}_4, \boldsymbol{P}_1) = \begin{bmatrix} 1 & 0 & 1 \\ 0 & 1 & -1 \\ 0 & 0 & 6 \end{bmatrix}$$

第二次迭代：

$$\boldsymbol{B}_1^{-1} = \begin{bmatrix} 1 & 0 & 1 \\ 0 & 1 & -1 \\ 0 & 0 & 6 \end{bmatrix}^{-1} = \begin{bmatrix} 1 & 0 & -1/6 \\ 0 & 1 & 1/6 \\ 0 & 0 & 1/6 \end{bmatrix}$$

$$\boldsymbol{X}_{B_1} = \boldsymbol{B}_1^{-1} \boldsymbol{b}_1 = \begin{bmatrix} 1 & 0 & -1/6 \\ 0 & 1 & 1/6 \\ 0 & 0 & 1/6 \end{bmatrix} \begin{bmatrix} 5 \\ 0 \\ 12 \end{bmatrix} = \begin{bmatrix} 3/2 \\ 7/2 \\ 7/2 \end{bmatrix}$$

得到关于基 B_1 的基本可行解：

$$\boldsymbol{X}^{(1)} = (7/2,\ 0,\ 3/2,\ 7/2,\ 0)^{\mathrm{T}}$$

检验数向量：

$$\boldsymbol{\sigma}_{N_1} = \boldsymbol{C}_{N_1} - \boldsymbol{C}_{B_1} \boldsymbol{B}_1^{-1} \boldsymbol{N}_1 = (1,0) - (0,0,2) \begin{bmatrix} 1 & 0 & -1/6 \\ 0 & 1 & 1/6 \\ 0 & 0 & 1/6 \end{bmatrix} \begin{bmatrix} 1 & 0 \\ 1 & 0 \\ 2 & 1 \end{bmatrix}$$

$$= (1,0) - (0,0,1/3) \begin{bmatrix} 1 & 0 \\ 1 & 0 \\ 2 & 1 \end{bmatrix} = (1,0) - (2/3, 1/3) = (1/3, -1/3)$$

$\sigma_2 = 1/3 > 0$，故取 x_2 为入基变量，主列为

$$\boldsymbol{B}_1^{-1} \boldsymbol{P}_2 = \begin{bmatrix} 1 & 0 & -1/6 \\ 0 & 1 & 1/6 \\ 0 & 0 & 1/6 \end{bmatrix} \begin{bmatrix} 1 \\ 1 \\ 2 \end{bmatrix} = \begin{bmatrix} 2/3 \\ 4/3 \\ 1/3 \end{bmatrix}$$

$\theta = \min\left\{\dfrac{3/2}{2/3}, \dfrac{7/2}{4/3}, \dfrac{7/2}{1/3}\right\} = \dfrac{3/2}{1/3} = \dfrac{9}{4}$，故取 x_3 为出基变量，得到新的可行基：

$$\boldsymbol{B}_2 = (\boldsymbol{P}_2,\ \boldsymbol{P}_4,\ \boldsymbol{P}_1) = \begin{bmatrix} 1 & 0 & 1 \\ 1 & 1 & -1 \\ 2 & 0 & 6 \end{bmatrix}$$

第三次迭代：

按线性代数知识，可求得 B_2 的逆矩阵：

$$\boldsymbol{B}_2^{-1} = \begin{bmatrix} 1 & 0 & 1 \\ 1 & 1 & -1 \\ 2 & 0 & 6 \end{bmatrix}^{-1} = \begin{bmatrix} 3/2 & 0 & -1/4 \\ -2 & -1 & 1/2 \\ -1/2 & 0 & 1/4 \end{bmatrix}$$

$$\boldsymbol{X}_{B_2} = \boldsymbol{B}_2^{-1} \cdot \boldsymbol{b} = \begin{bmatrix} -3/2 & 0 & -1/4 \\ -2 & 1 & 1/2 \\ -1/2 & 0 & 1/4 \end{bmatrix} \begin{bmatrix} 5 \\ 0 \\ 21 \end{bmatrix} = \begin{bmatrix} 9/4 \\ 1/2 \\ 11/4 \end{bmatrix}$$

得关于可行基 B_2 的基本可行解：

$$\boldsymbol{X}^{(2)} = (11/4,\ 9/4,\ 0,\ 1/2,\ 0)^{\mathrm{T}}$$

检验数向量：

$$\boldsymbol{\sigma}_{N_2} = \boldsymbol{C}_{N_2} - \boldsymbol{C}_{B_2} \boldsymbol{B}_2^{-1} \boldsymbol{N}_2 = (0,0) - (1,0,2) \begin{bmatrix} 3/2 & 0 & -1/4 \\ -2 & 1 & 1/2 \\ -1/2 & 0 & 1/4 \end{bmatrix} \begin{bmatrix} 1 & 0 \\ 0 & 0 \\ 0 & 1 \end{bmatrix}$$

$$= (0,0) - (1/2,1/4) \begin{bmatrix} 1 & 0 \\ 0 & 0 \\ 0 & 1 \end{bmatrix} = (0,0) - (1/2,0,1/4) = (-1/2,-14)$$

此时，所有非基变量的检验数均不大于零，故 B_2 为最优基，$X^{(2)}$ 为最优解。

最优解 $X^{(2)}$ 对应的目标函数值，即最优值：

$$z = C_{B_2} B_2^{-1} b = (1,0,2) \begin{bmatrix} 3/2 & 0 & -1/4 \\ -2 & 1 & 1/2 \\ -1/2 & 0 & 1/4 \end{bmatrix} \begin{bmatrix} 5 \\ 0 \\ 21 \end{bmatrix}$$

$$= (1/2,0,1/4) \begin{bmatrix} 5 \\ 0 \\ 21 \end{bmatrix} = 31/4$$

上述例题的单纯形表也加以列出，以便学习改进单纯形法时进行比较，见表 2-16。

表 2-16

C_B	X_B	c_j					b
		2	1	0	0	0	
		x_1	x_2	x_3	x_4	x_5	
0	x_3	1	1	1	0	0	5
0	x_4	−1	1	0	1	0	0
0	x_5	[6]	2	0	0	1	21
	σ_j	2	1	0	0	0	0
0	x_3	0	[2/3]	1	0	−1/6	3/2
0	x_4	0	4/3	0	1	1/6	7/2
2	x_1	1	1/3	0	0	1/6	7/2
	σ_j	0	1/3	0	0	−1/3	7
1	x_2	0	1	3/2	0	−1/4	9/4
0	x_4	0	0	−2	1	1/2	1/2
2	x_1	1	0	−1/2	0	1/4	11/4
	σ_j	0	0	−1/2	0	−1/4	31/4

在前一节提到过，改进单纯形法每次迭代运算的关键是求出可行基 B 的逆矩阵 B^{-1}。一般来说，求逆矩阵的计算量是比较大的，尤其是当矩阵的阶数较高时更是如此。但是，如果利用相邻两次迭代的可行基逆矩阵之间的关系，则可简化运算过程，减少计算量。

设某一次迭代前的可行基为 B，迭代后的可行基为 $\overline{B}$，它们的逆矩阵分别为 B^{-1} 及 $\overline{B}^{-1}$，并假设：

$$B = (P_{i_1}, \cdots, P_{i_{r-1}}, P_{i_r}, P_{i_{r+1}}, \cdots, P_{i_m})$$

迭代时，入基变量为 x_k，出基变量为 x_{ir}，则：

$$\overline{B} = (P_{i_1}, \cdots, P_{i_{r-1}}, P_k, P_{i_{r+1}}, \cdots, P_{i_m})$$

主列为

$$B^{-1}P_k = \begin{bmatrix} a_{1k} \\ a_{2k} \\ \vdots \\ a_{mk} \end{bmatrix}$$

由于 $B^{-1}B = I$（m 阶单位矩阵），因此有：
$$B^{-1}B = B^{-1}(P_{i_1}, \cdots, P_{i_{r-1}}, P_{i_r}, P_{i_{r+1}}, \cdots, P_{i_m})$$
$$= (B^{-1}P_{i_1}, \cdots, B^{-1}P_{i_{r-1}}, B^{-1}P_{i_r}, B^{-1}P_{i_{r+1}}, \cdots, B^{-1}P_{i_m}) = I$$

另一方面：
$$B^{-1}\overline{B} = B^{-1}(P_{i_1}, \cdots, P_{i_{r-1}}, P_k, P_{i_{r+1}}, \cdots, P_{i_m})$$
$$= (B^{-1}P_{i_1}, \cdots, B^{-1}P_{i_{r-1}}, B^{-1}P_k, B^{-1}P_{i_{r+1}}, \cdots, B^{-1}P_{i_m}) = I$$

由此可见，$B^{-1}\overline{B}$ 的第 r 列中除主列 $B^{-1}P_k$ 外，其余各列均与 m 阶单位矩阵 I 相同，即：

$$B^{-1}\overline{B} = \begin{bmatrix} 1 & & & 0 & a'_{1k} & & 0 \\ & \ddots & & & \vdots & & \\ & & 1 & & a'_{r-1,k} & & \\ & & & & a'_{rk} & & \\ & & & & a'_{r+1,k} & 1 & \\ & & & & \vdots & & \ddots \\ 0 & & & & a'_{mk} & 0 & 1 \end{bmatrix} \quad \text{第 } r \text{ 列} \tag{2-19}$$

这种特殊形式矩阵的逆矩阵是不难求得的，可以验证，它的逆矩阵为

$$E_{rk} = (B^{-1}\overline{B})^{-1} = \begin{bmatrix} 1 & & & 0 & -\dfrac{a'_{1k}}{a'_{rk}} & & 0 \\ & \ddots & & & \vdots & & \\ & & 1 & & -\dfrac{a'_{r-1,k}}{a'_{rk}} & & \\ & & & & \dfrac{1}{a'_{rk}} & & \\ & & & & -\dfrac{a'_{r-1,k}}{a'_{rk}} & 1 & \\ & & & & \vdots & & \ddots \\ 0 & & & & -\dfrac{a'_{mk}}{a'_{rk}} & 0 & 1 \end{bmatrix} \quad \text{第 } r \text{ 列} \tag{2-20}$$

由式（2-20）可知，为了求 $B^{-1}\overline{B}$ 的逆矩阵 E_{rk}，只要将 $B^{-1}\overline{B}$ 的第 r 列、第 r 行元素 a'_{rk} 改为其倒数 $1/a'_{rk}$，第 r 列的其他元素均乘以 $-1/a'_{rk}$，即可得到 E_{rk}。

由式（2-20）可得：
$$E_{rk} = (B^{-1}\overline{B})^{-1} = \overline{B}^{-1} \cdot B$$

两端右乘 B^{-1}，得：
$$\overline{B}^{-1} = E_{rk}B^{-1} \tag{2-21}$$

也就是说，新基 $\overline{B}$ 的逆矩阵可以由原基 B 的逆矩阵左乘 E_{rk} 而得到。

同理，新基 $\overline{B}$ 对应的
$$X_{\overline{B}} = \overline{B}^{-1}b = E_{rk}B^{-1}b = E_{rk}X_B \tag{2-22}$$
即 $X_{\overline{B}}$ 可由 X_B 左乘 E_{rk} 而得到。

2.6 应用举例

举例说明线性规划在交通运输、经济管理等方面的应用。

例 2-17 某工厂用两种不同原料均可生产同一产品，若采用甲种原料，则每吨成本为 1 000 元，运费为 500 元，可得产品 90 千克；若采用乙种原料，则每吨成本为 1 500 元，运费为 400 元，可得产品 100 千克。如果每月原料的总成本不超过 6 000 元，运费不超过 2 000 元，见表 2-17，那么此工厂每月最多可生产多少千克产品？

表 2-17

原材料	成本/（元·吨$^{-1}$）	运费/（元·吨$^{-1}$）	产品/千克
甲	1 000	500	90
乙	1 500	400	100
最大消耗	6 000	2 000	

解：分析如下：

为了生产出最多的该产品，设分别需要甲、乙两种材料 x_1、x_2 吨，可生产 z 千克产品，列出以下数学模型：

$$\max z = 90x_1 + 100x_2$$
$$\text{s.t.} \begin{cases} 1\,000x_1 + 1\,500x_2 \leqslant 6\,000 \\ 500x_1 + 400x_2 \leqslant 2\,000 \\ x_1, x_2 \geqslant 0 \end{cases}$$

由此计算出工厂每月最多生产产品的数量。

例 2-18 某家具厂有方木料 90 立方米、五合板 600 立方米，准备加工成书桌和书橱，已知生产每张书桌要方木料 0.1 立方米、五合板 2 立方米；生产每个书橱要方木料 0.2 立方米、五合板 1 立方米。出售一张书桌可获利 80 元，出售一张书橱可获利 120 元。如表 2-18 所示。如果只安排生产书桌可获利多少？如果只安排生产书橱可获利多少？怎样安排生产可使所得利润最大？

表 2-18

产品资源	书桌/张	书橱/张	资源限额
方木料/立方米	0.1	0.2	90
五合板/立方米	2	1	600
利润/元	80	120	—

解：分析，由表 2-18 可知：

(1) 只生产书桌，将五合板用完，可生产书桌：
$$600 \div 2 = 300 \text{（张）}$$
可获利润：
$$80 \times 300 = 24\,000 \text{（元）}$$
但木料没有用完。

(2) 只生产书橱，将方木料用完，可生产书橱：
$$90 \div 0.2 = 450 \text{（张）}$$
可获利润：
$$120 \times 450 = 54\,000 \text{（元）}$$
但五合板没有用完。

提出问题：在上面两种情况下原料都没有被充分利用，造成了资源的浪费，那么该怎么安排才能使资源最大限度地得到利用且获最大利润呢。

解决方案如下：可设生产书桌 x_1 张、书橱 x_2 张、最大利润为 z，由表2-18可得：
$$\max z = 80x_1 + 120x_2$$
$$\text{s.t.} \begin{cases} 0.1x_1 + 0.2x_2 \leqslant 90 \\ 2x_1 + x_2 \leqslant 600 \\ x_1, x_2 \geqslant 0 \end{cases}$$

通过以上分析，把实际问题转化为数学里求线性目标函数的最优解问题。

例 2-19 某货轮有三个舱口，它们的载容量和载重量如表2-19所示。

表 2-19

舱号	载容量/立方米	载重量/吨
1	3 600	2 800
2	4 200	3 200
3	3 000	2 400

待运货物的品种、数量、体积、重量及运费如表2-20所示。

表 2-20

货物种类	数量/件	体积/(立方米·件$^{-1}$)	重量/(吨·件$^{-1}$)	运费/(元·件$^{-1}$)
1	500	8	6	1 500
2	1 000	4	3	800
3	600	5	4	900

为了保证航行的安全，要求各舱基本上按照确定载重量装货，2号舱对1号舱载重量的比值和2号舱对3号舱载重量的比值，允许在10%的范围内变动；3号舱对1号舱载重量的比值，允许在5%的范围内变动。试问，应如何合理的配载才能使总的运费收入达到最大？

解： 设 x_{ij} 为第 i 种货物装在第 j 号舱的件数（$i, j = 1, 2, 3$），z 为总运费收入。求 x_{ij}

($i,j=1,2,3$)，使：

$$\max z = c_1x_1 + c_2x_2 + \cdots + c_nx_n$$

$$\text{s. t.} \begin{cases} a_{11}x_1 + a_{12}x_2 + \cdots + a_{1n}x_n = b_1 \\ a_{21}x_1 + a_{22}x_2 + \cdots + a_{2n}x_n = b_2 \\ \quad\quad\quad\quad\quad\vdots \\ a_{m1}x_1 + a_{m2}x_2 + \cdots + a_{mn}x_n = b_m \\ x_1, x_2, \cdots, x_n \geqslant 0 \end{cases}$$

$$\max z = 1\,500(x_{11} + x_{12} + x_{13}) + 800(x_{21} + x_{22} + x_{23}) + 900(x_{31} + x_{32} + x_{33})$$

取得最大值。

各舱载重量的约束：

$$\begin{cases} 6x_{11} + 3x_{21} + 4x_{31} \leqslant 2\,800 \\ 6x_{12} + 3x_{22} + 4x_{32} \leqslant 3\,200 \\ 6x_{13} + 3x_{23} + 4x_{33} \leqslant 2\,400 \end{cases}$$

各舱载容量的约束：

$$\begin{cases} 8x_{11} + 4x_{21} + 5x_{31} \leqslant 3\,600 \\ 8x_{12} + 4x_{22} + 5x_{32} \leqslant 4\,200 \\ 8x_{13} + 4x_{23} + 5x_{33} \leqslant 3\,000 \end{cases}$$

货物数量的约束：

$$\begin{cases} x_{11} + x_{12} + x_{13} \leqslant 500 \\ x_{21} + x_{22} + x_{23} \leqslant 1\,000 \\ x_{31} + x_{32} + x_{33} \leqslant 600 \end{cases}$$

各舱载重量的比值：

$$\begin{cases} \dfrac{1\text{号舱的载重量}}{2\text{号舱的载重量}} = \dfrac{2\,800}{3\,200} = \dfrac{7}{8} \\ \dfrac{3\text{号舱的载重量}}{2\text{号舱的载重量}} = \dfrac{2\,400}{3\,200} = \dfrac{3}{4} \\ \dfrac{1\text{号舱的载重量}}{3\text{号舱的载重量}} = \dfrac{2\,800}{2\,400} = \dfrac{7}{6} \end{cases}$$

平衡条件的约束：

$$\begin{cases} \dfrac{7}{8}(1-0.10) \leqslant \dfrac{6x_{11} + 3x_{21} + 4x_{31}}{6x_{12} + 3x_{22} + 4x_{32}} \leqslant \dfrac{7}{8}(1+0.10) \\ \dfrac{3}{4}(1-0.10) \leqslant \dfrac{6x_{13} + 3x_{23} + 4x_{33}}{6x_{12} + 3x_{22} + 4x_{32}} \leqslant \dfrac{3}{4}(1+0.10) \\ \dfrac{7}{6}(1-0.05) \leqslant \dfrac{6x_{11} + 3x_{21} + 4x_{31}}{6x_{13} + 3x_{23} + 4x_{33}} \leqslant \dfrac{7}{6}(1+0.05) \end{cases}$$

综合以上讨论，得到该问题的数学模型如下：

$$\max z = 1\,500(x_{11} + x_{12} + x_{13}) + 800(x_{21} + x_{22} + x_{23}) + 900(x_{31} + x_{32} + x_{33})$$

$$\text{s. t.} \begin{cases} 6x_{11}+3x_{21}+4x_{31} \leqslant 2\,800 \\ 6x_{12}+3x_{22}+4x_{32} \leqslant 3\,200 \\ 6x_{13}+3x_{23}+4x_{33} \leqslant 2\,400 \\ 8x_{11}+4x_{21}+5x_{31} \leqslant 3\,600 \\ 8x_{12}+4x_{22}+5x_{32} \leqslant 4\,200 \\ 8x_{13}+4x_{23}+5x_{33} \leqslant 3\,000 \\ x_{11}+x_{12}+x_{13} \leqslant 500 \\ x_{21}+x_{22}+x_{23} \leqslant 1\,000 \\ x_{31}+x_{32}+x_{33} \leqslant 600 \\ \dfrac{7}{8}(1-0.10) \leqslant \dfrac{6x_{11}+3x_{21}+4x_{31}}{6x_{12}+3x_{22}+4x_{32}} \leqslant \dfrac{7}{8}(1+0.10) \\ \dfrac{3}{4}(1-0.10) \leqslant \dfrac{6x_{13}+3x_{23}+4x_{33}}{6x_{12}+3x_{22}+4x_{32}} \leqslant \dfrac{3}{4}(1+0.10) \\ \dfrac{7}{6}(1-0.05) \leqslant \dfrac{6x_{11}+3x_{21}+4x_{31}}{6x_{13}+3x_{23}+4x_{33}} \leqslant \dfrac{7}{6}(1+0.05) \\ x_{ij} \geqslant 0 \quad (i,\ j=1,\ 2,\ 3) \end{cases}$$

2.7 Excel 的应用

电子表格软件 Excel 是用于创建和维护电子表格的应用软件，电子表格实际上就是一个数据库，对数据的各种操作同样适用于电子表格，因此很多线性规划问题可以借助 Excel 来求解。

下面我们以一个简单的线性规划例子来说明如何在 Excel 中建立线性规划模型并求解。

例 2－20 用 Excel 软件求解下列线性规划数学模型。

$$\max z = 3x_1 + 4x_2$$

$$\text{s. t.} \begin{cases} x_1 + x_2 \leqslant 6 \\ x_1 + 2x_2 \leqslant 8 \\ x_2 \leqslant 3 \\ x_1, x_2 \geqslant 0 \end{cases}$$

解：

（1）启动 Excel。

打开"工具"菜单，如果没有"规划求解"，则单击"加载宏"，弹出"加载宏"窗口，在复选框中选中"规划求解"，单击"确定"按钮后返回 Excel。（这时在"工具"菜单中就会有"规划求解"。）

（2）在 Excel 中创建线性规划模型。

首先在 Excel 中建立线性规划模型，如图 2－8 所示。以"目标函数""变量""约束"作为标签，能使我们很容易地理解每一部分的意思。

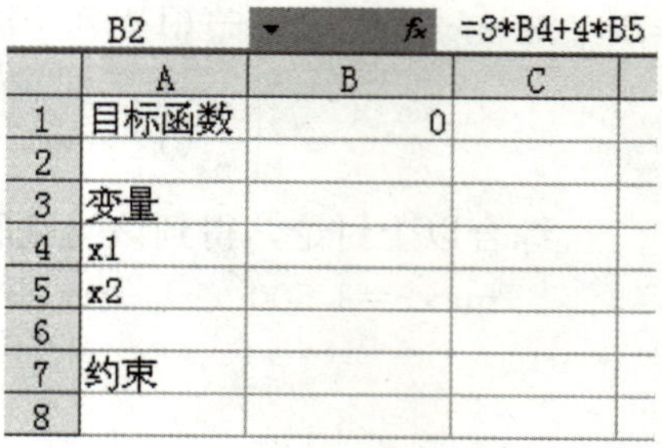

第一步：确定每个决策变量所对应的单元格的位

图 2－8

置。单元格 A4 中为"x1",单元格 A5 中为"x2"。

第二步:选择一个单元格,输入用来计算目标函数值的公式。

在单元格 B2 中输入"=3*B4+4*B5",如图 2-8 所示。

第三步:选择单元格,输入公式,计算每个约束条件左边的值。

在单元格 A8 中输入"=B4+B5",如图 2-9 所示。

在单元格 A9 中输入"=B4+2*B5",如图 2-10 所示。

图 2-9

图 2-10

在单元格 A10 中输入"=B5",如图 2-11 所示。

第四步:选择一个单元格,输入约束条件右边的值。

在单元格 C8 中输入"6"、C9 中输入"8"、C10 中输入"3",如图 2-12 所示。

图 2-11

图 2-12

为了便于理解,我们在 B8 到 B10 内输入标签"<="表示约束条件左右两边的关系。

(3) 使用 Excel 求解。

第一步:选择"工具"下拉菜单。

第二步:选择"规划求解"选项。

第三步:当出现"规划求解参数"对话框时(见图 2-13),在"设置目标单元格"栏中选择"B1","等于"后选择"最大值"项,在"可变单元格"栏中选择"B4:B5",然后单击"添加"按钮。

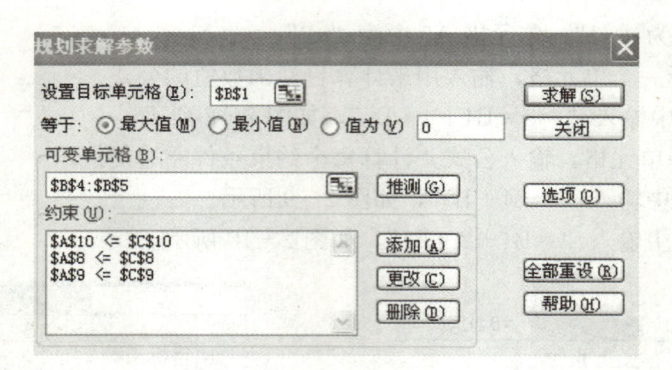

图 2-13

第四步：当弹出"添加约束"对话框时，在"单元格引用位置"框中输入"A8"，选择"≤"，在"约束值"框中输入"C8"，然后单击"确定"按钮。

再次单击"添加"按钮，当弹出"添加约束"对话框时，在"单元格引用位置"框中输入"A9"，选择"≤"，在"约束值"框中输入"C9"，然后单击"确定"按钮。

再次单击"添加"按钮，当弹出"添加约束"对话框时，在"单元格引用位置"框中输入"A10"，选择"≤"，在"约束值"框中输入"C10"，然后单击"确定"按钮。

第五步：当"规划求解参数"对话框出现时，选择"选项"。

第六步：当"规划求解参数"对话框出现时，选择"假定非负"，单击"确定"按钮。

第七步：当"规划求解参数"对话框出现时，选择"求解"。

第八步：当"规划求解参数"对话框出现时，选择"保存规划求解结果"，单击"确定"按钮。图 2-14 所示为该线性规划问题的求解过程。

图 2-14

知识总结

（1）现实生活中有很多问题可以通过构建数学模型来解决，首先要建立正确的模型，其次要有正确有效的求解方法。

（2）在图解法求解线性规划问题的基础上，通过具体例子讨论如何判断解的各种情况（有唯一最优解、有无穷多个最优解、无可行解、有可行解但无最优解）。

（3）线性规划问题需要转化成标准型来解决，具体的方法有单纯形法和改进单纯形法等。

自测练习

2.1 用图解法求解下列线性规划问题，并指出问题是具有唯一最优解、无穷多最优解、无界解还是无可行解。

(1) $\max z = x_1 + 3x_2$

s.t. $\begin{cases} 5x_1 + 10x_2 \leqslant 50 \\ x_1 + x_2 \geqslant 1 \\ x_2 \leqslant 4 \\ x_1, x_2 \geqslant 0 \end{cases}$

(2) $\min z = x_1 + 1.5x_2$

s.t. $\begin{cases} x_1 + 3x_2 \geqslant 3 \\ x_1 + x_2 \geqslant 2 \\ x_1, x_2 \geqslant 0 \end{cases}$

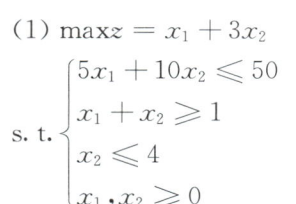

(3) $\max z = 2x_1 + 2x_2$

s.t. $\begin{cases} x_1 - 3x_2 \geqslant -1 \\ -0.5x_1 + x_2 \leqslant 2 \\ x_1, x_2 \geqslant 0 \end{cases}$

(4) $\max z = x_1 + x_2$

s.t. $\begin{cases} x_1 - x_2 \geqslant 0 \\ 3x_1 - x_2 \leqslant -3 \\ x_1, x_2 \geqslant 0 \end{cases}$

2.2 将下列线性规划问题化为标准型。

(1) $\max z = 2x_1 + 3x_2$

s.t. $\begin{cases} x_1 + x_2 \leqslant 3 \\ 2x_1 - x_2 \geqslant 1 \\ x_1 \geqslant 0 \end{cases}$

(2) $\min z = -3x_1 + 4x_2 - 2x_3 + 5x_4$

s.t. $\begin{cases} 4x_1 - x_2 + 2x_3 - x_4 = -2 \\ x_1 + x_2 + 2x_3 - x_4 \leqslant 14 \\ -2x_1 + 3x_2 - x_3 + 2x_4 \geqslant 2 \\ x_1, x_2, x_3 \geqslant 0 \end{cases}$

2.3 用图解法解下列线性规划问题。

(1) $\max z = 3x_1 + 2x_2$

s.t. $\begin{cases} 4x_1 + 2x_2 \leqslant 8 \\ 2x_1 + 4x_2 \leqslant 8 \\ x_1, x_2 \geqslant 0 \end{cases}$

(2) $\max z = 3x_1 - 2x_2$

s.t. $\begin{cases} x_1 + x_2 \leqslant 1 \\ 2x_1 + 3x_2 \geqslant 6 \\ x_1, x_2 \geqslant 0 \end{cases}$

2.4 用单纯形法求解下列线性规划问题。

(1) $\max z = 10x_1 + 5x_2$

s.t. $\begin{cases} 4x_1 + 5x_2 \leqslant 100 \\ 5x_1 + 2x_2 \leqslant 80 \\ x_1, x_2 \geqslant 0 \end{cases}$

(2) $\max z = -6x_1 + 3x_2 - 3x_3$

s.t. $\begin{cases} 2x_1 + x_2 \leqslant 8 \\ -4x_1 - 2x_2 + 3x_3 \leqslant 14 \\ x_1 - 2x_2 + x_3 \leqslant 18 \\ x_1, x_2, x_3 \geqslant 0 \end{cases}$

2.5 用大 M 法解下列线性规划问题。

(1) $\max z = 5x_1 + 3x_2 + 2x_3 + 4x_4$

s.t. $\begin{cases} 5x_1 + x_2 + x_3 + 8x_4 = 10 \\ 2x_1 + 4x_2 + 3x_3 + 2x_4 = 10 \\ x_1, x_2, x_3, x_4 \geqslant 0 \end{cases}$

(2) $\max z = 10x_1 + 15x_2 + 12x_3$

s.t. $\begin{cases} 5x_1 + 3x_2 + x_3 \leqslant 9 \\ -5x_1 + 6x_2 + 15x_3 \leqslant 15 \\ 2x_1 + x_2 + x_3 \geqslant 5 \\ x_1, x_2, x_3 \geqslant 0 \end{cases}$

2.6 用二阶段法求解。

(1) $\max z = 3x_1 - x_2$

s.t. $\begin{cases} 2x_1 + x_2 \geqslant 2 \\ x_1 + 3x_2 \leqslant 3 \\ x_2 \leqslant 4 \\ x_1, x_2 \geqslant 0 \end{cases}$

(2) $\max z = x_1 + 5x_2 + 3x_3$

s.t. $\begin{cases} x_1 + 2x_2 + x_3 = 3 \\ 2x_1 - x_2 = 4 \\ x_1, x_2, x_3 \geqslant 0 \end{cases}$

2.7 用改进单纯形法求解下列线性规划问题:

$$\max z = 5x_1 + 8x_2 + 7x_3 + 4x_4 + 6x_5$$
$$\text{s. t.} \begin{cases} 2x_1 + 3x_2 + 3x_3 + 2x_4 + 2x_5 \leqslant 20 \\ 3x_1 + 5x_2 + 4x_3 + 2x_4 + 4x_5 \leqslant 30 \\ x_j \geqslant 0 \quad (j = 1, 2, \cdots, 5) \end{cases}$$

2.8 某钢铁公司有三个铁矿,日产矿石分别为 5 000 t、3 000 t 和 1 000 t。该公司有四个炼钢厂,每天所需的矿石量分别为 4 000 t、25 000 t、1 000 t 和 15 000 t。这三个铁矿与四个炼钢厂的距离见表 2-21。问该公司如何安排运输既能满足各炼钢厂的需要,又能使每吨的千米数最小。

表 2-21   km

铁矿	炼钢厂			
	B_1	B_2	B_3	B_4
A_1	16	30	41	50
A_2	34	30	32	45
A_3	55	40	24	33

第 3 章　线性规划对偶理论及其应用

知识要点

了解线性规划对偶问题的概念、理论及经济意义；掌握线性规划的对偶单纯形法；掌握线性规划的灵敏度分析。

核心概念

对偶规划（Dual Linear Program）
对偶定理（Dual Theorems）
影子价格（Shadow Price）
对偶单纯形法（Dual Simplex Method）
灵敏度分析（Sensitivity Analysis）

典型案例

公司甲要加工两种产品Ⅰ、Ⅱ，需要使用两种原材料及某专用生产设备等三种资源，分别记为 A、B、C。生产这两种产品的单位资源消耗、这些资源的每周可使用量及单位产品可获利润见表 3-1。

表 3-1

资源	Ⅰ	Ⅱ	每周可使用量
A/千克	1	2	5
B/吨	2	1	4
C/百工时	4	3	9
单位产品利润/万元	3	2	

问甲公司每周应生产产品Ⅰ与产品Ⅱ各多少单位，才能使每周的获利达到最大？

如果此时有另一家公司乙由于订单较多，希望收购甲公司的各种资源以扩大自己的生产能力，那么甲公司的资源该如何定价呢？

3.1 线性规划对偶问题的提出

线性规划有一个有趣的特性，就是对于任何一个求极大的线性规划问题都存在一个与其匹配的求极小的线性规划问题，并且这一对线性规划问题的解之间还存在着密切的关系。线性规划的这个特性称为对偶性，这不仅仅是数学上具有的理论问题，也是实际问题内在的经济联系在线性规划中的必然反映。

在这一节里，将从经济意义上研究线性规划的对偶问题，通过对对偶问题的研究，从不同的角度对线性规划问题进行分析，从而利用有限的数据得出更广泛的结果，间接获得更多有用的信息，为企业经营决策提供更多的科学依据。另外，还将利用对偶性质给出求解线性规划问题的新方法——对偶单纯形法。

3.1.1 对偶问题的提出

对于典型案例中，如果是甲公司使用两种原材料（A、B）和一种专用设备（C）生产两种产品（Ⅰ、Ⅱ）以获得最大生产利润，则可以建立如下生产计划的线性规划（LP1）。

LP1：
$$\max z = 3x_1 + 2x_2$$
$$\text{s.t.} \begin{cases} x_1 + 2x_2 \leqslant 5 \\ 2x_1 + x_2 \leqslant 4 \\ 4x_1 + 3x_2 \leqslant 9 \\ x_1, x_2 \geqslant 0 \end{cases}$$

增加松弛变量 x_3，x_4，x_5，化为标准型求解，得到最终单纯形表（见表 3-2）。

表 3-2

	基变量	3	2	0	0	0	
C_B	X_B	x_1	x_2	x_3	x_4	x_5	b
0	x_3	0	0	1	5/2	-3/2	3/2
3	x_1	1	0	0	3/2	-1/2	3/2
2	x_2	0	1	0	-2	1	1
σ_j		0	0	0	-1/2	-1/2	13/2

从单纯形表知，最优生产计划是分别生产两种产品 1.5 和 1 个单位，企业最大利润是 6.5 万元。

现在从另一个角度来讨论该问题。

如果乙公司收购甲公司的各种资源以扩大自己的生产能力，那么甲公司的资源该如何定价呢？

现在假设 A、B、C 三种资源的单位定价分别为 y_1、y_2、y_3，则生产一个单位的产品Ⅰ所需的 1 个单位的 A、2 个单位的 B、4 个单位的 C 全部售出所得为：$y_1 + 2y_2 + 4y_3$，但甲自己生产可获得利润 3 万元。因此，对于产品Ⅰ，如果 $y_1 + 2y_2 + 4y_3 < 3$，则甲公司会自己

生产，而不愿转让资源。按照同样的分析，对于产品Ⅱ，如果 $2y_1+y_2+3y_3<2$，则甲公司会自己生产，而不愿转让资源。

同时，乙公司希望付出的总资金 $w=5y_1+4y_2+9y_3$ 最少。因此，站在乙公司的角度，我们可以得到如下的线性规划：

LP2：
$$\min w = 5y_1 + 4y_2 + 9y_3$$
$$\text{s.t.} \begin{cases} y_1 + 2y_2 + 4y_3 \geq 3 \\ 2y_1 + y_2 + 3y_3 \geq 2 \\ y_1, y_2, y_3 \geq 0 \end{cases}$$

这里 LP1 和 LP2 来自同一个产品—资源消耗系数矩阵表，因此，本质上它们是同一个问题的两个不同的侧面。我们把 LP1 叫作原规划，把 LP2 叫作 LP1 的对偶规划（Dual Linear Program）。

对 LP2 求解，可得到最优解为
$$y_1 = 0, y_2 = 0.5, y_3 = 0.5$$

从上面的分析可知，新得到的对偶规划是一个很重要的线性规划，它对问题的分析又深入了一步，为减少管理工作的盲目性提供了更多的科学依据。原问题与对偶规划是相互对应的，它们从不同的角度对企业的经营管理问题进行分析研究，相互之间存在着密切的关系，这些关系我们将从下一节中看到。

思政融合

哲学方法论的认知：
对偶问题的提出，反映了一个事物两个不同思考角度的性质。"事物都是一分为二的"，这是辩证唯物主义在运筹规划领域的最好体现。

3.1.2 对偶问题的形式

1. 对称形式的对偶问题

LP1 是一个形如式（3-1）的线性规划，它具有两个特点：
（1）约束方程是"$\leq$"；
（2）决策变量 $\boldsymbol{X} \geq 0$。

我们称这样的线性规划为规范形式的线性规划，而 LP2 是一个形如（3-2）的线性规划。

原问题：
$$\max z = \boldsymbol{CX}$$
$$\text{s.t.} \begin{cases} \boldsymbol{AX} \leq \boldsymbol{b} \\ \boldsymbol{X} \geq \boldsymbol{0} \end{cases} \quad (3-1)$$

对偶问题：
$$\min w = \boldsymbol{b'Y}$$
$$\text{s.t.} \begin{cases} \boldsymbol{A'Y} \geq \boldsymbol{C'} \\ \boldsymbol{Y} \geq \boldsymbol{0} \end{cases} \quad (3-2)$$

这两个规划具有如下关系：

（1）LP1 右端向量是 LP2 的目标函数系数，而 LP2 的右端向量又是 LP1 的目标函数系数；

（2）LP2 约束方程的系数矩阵是 LP1 约束方程系数矩阵的转置矩阵；

（3）原问题方程的个数等于对偶问题变量的个数；

（4）原问题是生产计划问题，目标函数追求利润的最大化；对偶问题是资源定价问题，目标函数追求购买成本的最小化。

后面规定凡是规范形式的线性规划，其对偶规划的形式就是形如（3-2）的样子。

例 3-1 求出下面线性规划的对偶规划。

$$\max z = c_1 x_1 + c_2 x_2$$
$$\text{s.t.} \begin{cases} 11x_1 + 12x_2 \leqslant b_1 \\ 21x_1 + 22x_2 \leqslant b_2 \\ x_1, x_2 \geqslant 0 \end{cases} \quad (3-3a)$$

解：按照对称形式的对偶关系，写出对偶模型为

$$\min w = b_1 y_1 + b_2 y_2$$
$$\text{s.t.} \begin{cases} 11y_1 + 21y_2 \geqslant c_1 \\ 12y_1 + 22y_2 \geqslant c_2 \\ y_1, y_2 \geqslant 0 \end{cases} \quad (3-3b)$$

2. 非对称形式的对偶问题

在前面我们定义了规范形式线型规划的对偶问题，但是实践中我们经常遇到很多不符合规范形式要求的线性规划，下面我们分别来介绍各种情况的处理办法。

（1）变量取值范围不符合非负要求的情况。

例 3-2 求出下面线性规划的对偶规划。

$$\max z = c_1 x_1 + c_2 x_2$$
$$\text{s.t.} \begin{cases} 11x_1 + 12x_2 \leqslant b_1 \\ 21x_1 + 22x_2 \leqslant b_2 \\ x_1 \geqslant 0, x_2 \leqslant 0 \end{cases} \quad (3-4a)$$

解：首先令 $x_2' = -x_2 \geqslant 0$，则线性规划（3-4a）可转化为如下规范形式的线性规划（3-4b）：

$$\max z = c_1 x_1 - c_2 x_2'$$
$$\text{s.t.} \begin{cases} 11x_1 - 12x_2' \leqslant b_1 \\ 21x_1 - 22x_2' \leqslant b_2 \\ x_1, x_2' \geqslant 0 \end{cases} \quad (3-4b)$$

然后按照规范形式的对偶规划的定义，可以写出其对偶规划（3-4c）：

$$\min w = b_1 y_1 + b_2 y_2$$
$$\text{s.t.} \begin{cases} 11y_1 + 21y_2 \geqslant c_1 \\ -12y_1 - 22y_2 \geqslant -c_2 \\ y_1, y_2 \geqslant 0 \end{cases} \quad (3-4c)$$

将其约束方程第二行左右同乘"-1"，得到原问题的对偶问题（3-4d）：

$$\min w = b_1 y_1 + b_2 y_2$$
$$\text{s. t.} \begin{cases} 11y_1 + 21y_2 \geqslant c_1 \\ 12y_1 + 22y_2 \leqslant c_2 \\ y_1, y_2 \geqslant 0 \end{cases} \tag{3-4d}$$

例 3-3 求出下面线性规划的对偶规划。

$$\max z = c_1 x_1 + c_2 x_2$$
$$\text{s. t.} \begin{cases} 11x_1 + 12x_2 \leqslant b_1 \\ 21x_1 + 22x_2 \leqslant b_2 \\ x_1 \geqslant 0, x_2 \text{ 无约束} \end{cases} \tag{3-5a}$$

解：首先令 $x_2 = x'_2 - x''_2$，x'_2、$x''_2 \geqslant 0$，则线性规划（3-5a）可转化为如下规范形式的线性规划（3-5b）：

$$\max z = c_1 x_1 + c_2 x'_2 - c_2 x''_2$$
$$\text{s. t.} \begin{cases} 11x_1 + 12x'_2 - 12x''_2 \leqslant b_1 \\ 21x_1 + 22x'_2 - 22x''_2 \leqslant b_2 \\ x_1, x'_2, x''_2 \geqslant 0 \end{cases} \tag{3-5b}$$

然后按照规范形式的对偶规划的定义写出其对偶规划（3-5c）：

$$\min w = b_1 y_1 + b_2 y_2$$
$$\text{s. t.} \begin{cases} 11y_1 + 21y_2 \geqslant c_1 \\ 12y_1 + 22y_2 \geqslant c_2 \\ -12y_1 - 22y_2 \geqslant -c_2 \\ y_1, y_2 \geqslant 0 \end{cases} \tag{3-5c}$$

将其约束方程第二行与第三行合并，得到原问题的对偶问题（3-5d）：

$$\min w = b_1 y_1 + b_2 y_2$$
$$\text{s. t.} \begin{cases} 11y_1 + 21y_2 \geqslant c_1 \\ 12y_1 + 22y_2 = c_2 \\ y_1, y_2 \geqslant 0 \end{cases} \tag{3-5d}$$

（2）约束方程不是"$\leqslant$"的情况。

例 3-4 求出下面线性规划的对偶规划。

$$\max z = c_1 x_1 + c_2 x_2$$
$$\text{s. t.} \begin{cases} 11x_1 + 12x_2 \leqslant b_1 \\ 21x_1 + 22x_2 \geqslant b_2 \\ x_1, x_2 \geqslant 0 \end{cases} \tag{3-6a}$$

解：首先将约束方程第二行左右同乘"-1"，则线性规划（3-6a）可转化为如下规范形式的线性规划（3-6b）：

$$\max z = c_1 x_1 + c_2 x_2$$
$$\text{s. t.} \begin{cases} 11x_1 + 12x_2 \leqslant b_1 \\ -21x_1 - 22x_2 \leqslant -b_2 \\ x_1, x_2 \geqslant 0 \end{cases} \tag{3-6b}$$

然后按照规范形式的对偶规划的定义写出其对偶规划（3-6c）：

$$\min w = b_1 y_1 - b_2 y'_2$$
$$\text{s.t.} \begin{cases} 11y_1 - 21y'_2 \geqslant c_1 \\ 12y_1 - 22y'_2 \geqslant c_2 \\ y_1, y'_2 \geqslant 0 \end{cases} \tag{3-6c}$$

令 $y_2 = -y'_2$，得到原问题的对偶问题（3-6d）：

$$\min w = b_1 y_1 + b_2 y_2$$
$$\text{s.t.} \begin{cases} 11y_1 + 21y_2 \geqslant c_1 \\ 12y_1 + 22y_2 \geqslant c_2 \\ y_1 \geqslant 0, y_2 \leqslant 0 \end{cases} \tag{3-6d}$$

例 3-5 求出下面线性规划的对偶规划。

$$\max z = c_1 x_1 + c_2 x_2$$
$$\text{s.t.} \begin{cases} 11x_1 + 12x_2 \leqslant b_1 \\ 21x_1 + 22x_2 = b_2 \\ x_1, x_2 \geqslant 0 \end{cases} \tag{3-7a}$$

解：首先将约束方程第二行的等式拆为两个不等式，则线性规划（3-6a）可转化为如下规范形式的线性规划（3-7b）：

$$\max z = c_1 x_1 + c_2 x_2$$
$$\text{s.t.} \begin{cases} 11x_1 + 12x_2 \leqslant b_1 \\ 21x_1 + 22x_2 \leqslant b_2 \\ -21x_1 - 22x_2 \leqslant -b_2 \\ x_1, x_2 \geqslant 0 \end{cases} \tag{3-7b}$$

然后按照规范形式的对偶规划的定义写出其对偶规划（3-7c）：

$$\min w = b_1 y_1 + b_2 y'_2 - b_2 y''_2$$
$$\text{s.t.} \begin{cases} 11y_1 + 21y'_2 - 21y''_2 \geqslant c_1 \\ 12y_1 + 22y'_2 - 22y''_2 \geqslant c_2 \\ y_1, y'_2, y''_2 \geqslant 0 \end{cases} \tag{3-7c}$$

这里 y'_2、y''_2 分别对应原问题的约束方程的第二行和第三行。然后令 $y_2 = y'_2 - y''_2$，得到原问题的对偶问题（3-7d）：

$$\min w = b_1 y_1 + b_2 y_2$$
$$\text{s.t.} \begin{cases} 11y_1 + 21y_2 \geqslant c_1 \\ 12y_1 + 22y_2 \geqslant c_2 \\ y_1 \geqslant 0, y_2 \text{ 无约束} \end{cases} \tag{3-7d}$$

比较线性规划（3-3a）、（3-4a）、（3-5a）、（3-6a）、（3-7a）及它们的对偶规划，我们发现原规划与对偶规划永远满足 3.1.2 所说的关系。继续比较（3-3a）、（3-4a）、（3-5a）与它们的对偶规划，我们发现随着原规划决策变量取值范围的变化，带来了对偶规划约束方程符号方向的变化；比较（3-3a）、（3-6a）、（3-7a）与它们的对偶规划，我们发现随着原规划约束方程符号方向的变化，带来了对偶规划决策变量取值范围的变化。

总结后，我们得出如下口诀："方程对变量，变量对方程；正常对正常，不正常对不正常；变量正常是非负，方程正常看目标（max≤，min≥）。"为了语言的通俗化，变量、方程符号的形式与规范形式相同的情况，称为正常。下面我们以一个例题说明该口诀的使用方法。

例 3-6 求出下面线性规划的对偶规划。

$$\max z = 2x_1 + x_2 + 3x_3 + 5x_4 \tag{3-8a}$$

$$\text{s. t.} \begin{cases} x_1 + 2x_2 - 3x_3 + x_4 \geqslant 5 & (3-8b) \\ 3x_1 - x_2 + 2x_3 - x_4 \leqslant 9 & (3-8c) \\ 2x_1 - 2x_2 + 4x_3 - x_4 = -4 & (3-8d) \\ x_1 \geqslant 0, x_2 \leqslant 0, x_3 \text{ 无约束}, x_4 \geqslant 0 & \end{cases}$$

解：首先根据 3.1.2 所说的关于原问题与对偶问题的关系可以得出：
（1）对偶问题的目标函数追求最小；
（2）对偶问题目标函数的系数为 (5, 9, -4)；
（3）对偶问题的右端向量为 (2, 1, 3, 5)；
（4）对偶问题的约束方程系数矩阵为

$$\boldsymbol{A}^{\mathrm{T}} = \begin{pmatrix} 1 & 3 & 2 \\ 2 & -1 & -2 \\ -3 & 2 & 4 \\ 1 & -1 & -1 \end{pmatrix}$$

由以上分析可得出线性规划的对偶规划为

$$\min w = 5y_1 + 9y_2 - 4y_3 \tag{3-9a}$$

$$\text{s. t.} \begin{cases} y_1 + 3y_2 + 2y_3 \geqslant 2 & (3-9b) \\ 2y_1 - y_2 - 2y_3 \leqslant 1 & (3-9c) \\ -3y_1 + 2y_2 + 4y_3 = 3 & (3-9d) \\ y_1 - y_2 - y_3 \geqslant 5 & (3-9e) \\ y_1 \leqslant 0, y_2 \geqslant 0, y_3 \text{ 无约束} & \end{cases}$$

此时约束方程符号的方向和决策变量的取值范围应该还没有确定，我们来运用口诀求解。首先考虑约束方程的符号方向，根据"方程对变量，变量对方程"可知，对偶问题不等式符号的方向由原问题的决策变量取值范围确定，即第一个约束方程（3-9b）符号的方向由 x_1 的取值范围确定。因为 x_1 非负，属于正常情况，所以（3-9b）符号应该正常。对偶问题目标函数为求最小值，正常为"$\geqslant$"，所以（3-9b）的符号应为"$\geqslant$"；因为 $x_2 \leqslant 0$，与 x_1 的取值范围正好相反，所以（3-9c）的符号与（3-9b）相反，应该为"$\leqslant$"；又因为 x_3 无约束，对应（3-9d）的符号既不能为"$\geqslant$"，也不能为"$\leqslant$"，故只能为"$=$"；因为 x_4 的取值范围与 x_1 相同，所以（3-9e）的符号应与（3-9b）相同，为"$\geqslant$"。

下面我们来运用口诀求出对偶变量的取值范围。决策变量的取值范围取决于原问题约束方程的符号方向，y_1 的取值范围由原问题第一个约束方程（3-8b）的符号方向决定。原问题目标函数为求最大值，正常符号方向为"$\leqslant$"，而方程（3-8b）的符号为"$\geqslant$"，不正常，所以 y_1 的取值范围不正常。而变量正常情况为非负，即 $y_1 \leqslant 0$；方程（3-8c）的符号与方程（3-9b）相反，即 $y_2 \geqslant 0$；而方程（3-8d）的符号为"$=$"，故对应的 y_3 只能无约束。

我们也可以根据表 3-3 中给出的原问题与对偶问题的对应关系，直接由原问题写出对偶问题；或者将对偶问题看成原问题，再写出其对偶问题（即原问题）。

表 3-3

原问题（对偶问题）	对偶问题（原问题）
目标函数 max	目标函数 min
变量 $\begin{cases} n 个 \\ \geqslant 0 \\ \leqslant 0 \\ 无约束 \end{cases}$ 目标函数中变量的系数	$\begin{cases} n 个 \\ \geqslant \\ \leqslant \\ = \end{cases}$ 约束条件 约束条件右端项
约束条件 $\begin{cases} m 个 \\ \leqslant \\ \geqslant \\ = \end{cases}$ 约束条件右端项	$\begin{cases} m 个 \\ \geqslant 0 \\ \leqslant 0 \\ 无约束 \end{cases}$ 变量 目标函数中变量的系数

3.2 对偶问题的基本性质

线性规划与其对偶问题本质上是一个问题的两个不同侧面，因此二者之间有着紧密的联系。下面我们将介绍它们之间的一些性质。

3.2.1 对称性定理

线性规划对偶问题的对偶问题是原问题。

证明：

$$\max z = CX \\ \text{s.t.} \begin{cases} AX \leqslant b \\ X \geqslant 0 \end{cases} \xrightarrow{\text{对偶定义}} \min w = b'Y \\ \text{s.t.} \begin{cases} A'Y \geqslant C' \\ Y \geqslant 0 \end{cases}$$

令 $z = -z'$；约束方程左右同乘以"-1"

令 $w' = -w$；约束方程左右同乘以"-1"

$$\min z' = -CX \\ \text{s.t.} \begin{cases} -AX \geqslant -b \\ X \geqslant 0 \end{cases} \xleftarrow{\text{对偶定义}} \max w' = -b'Y \\ \text{s.t.} \begin{cases} -A'Y \leqslant -C' \\ Y \geqslant 0 \end{cases}$$

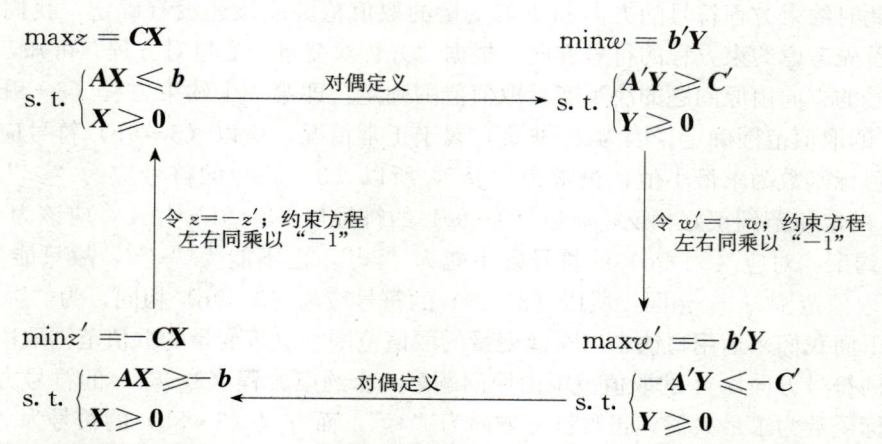

从上面的变化情况自然可以看出，原问题经过两次对偶变化又回到了自身，所以说对偶关系是一种等价关系。若一个问题是原问题，则另外一个就是对偶问题。如果我们把对偶问

题称为原问题,则原问题就可以称为它的对偶问题。

3.2.2 弱对偶性定理

如果 X、Y 分别是原问题和对偶问题的一个可行解,则其对应的原问题的目标函数值不大于对偶问题的目标函数值,即 $CX \leqslant b'Y$。

证明:因为 X、Y 分别是原问题与其对偶问题的可行解,即

$$\begin{cases} AX \leqslant b \\ X \geqslant 0 \end{cases} \quad \begin{cases} A'Y \geqslant C' \\ Y \geqslant 0 \end{cases}$$

所以 $CX = X'C' \leqslant X'A'Y = (AX)'Y \leqslant b'Y$。

因为原问题的目标函数值代表了自行组织生产可以获得的利润,对偶问题目标函数值代表资源出售获得的金额,显然资源出售获得的金额要不低于自行组织生产获得的利润,出售方才可能接受。弱对偶性定理对此有着很好的经济解释。

3.2.3 最优性定理

如果 $\overline{X}$ 是原问题的可行解,$\overline{Y}$ 是其对偶问题的可行解,且 $C\overline{X} = b'\overline{Y}$,则 $\overline{X}$、$\overline{Y}$ 分别是原问题和对偶问题的最优解。

证明:假设 X^*、Y^* 分别是原问题与对偶问题的最优解,则显然它们也是各自的可行解,故由弱对偶性定理得:

$$CX^* \leqslant b'\overline{Y} = C\overline{X}$$

然而根据最优解的定义:

$$C\overline{X} \leqslant CX^*$$

有:

$$C\overline{X} = CX^*$$

因而 $\overline{X}$ 是原问题的最优解。

同理,可证 $\overline{Y}$ 也是其对偶问题的最优解。

3.2.4 强对偶性定理(或称对偶定理)

如果原问题存在最优解 X^*,则其对偶问题一定具有最优解 Y^*,且 $CX^* = b'Y^*$。

如果原问题存在最优解 X^*,假设其对应的基是 B,即 $X_B^* = B^{-1}b$,$X_N^* = 0$。令 $Y^* = (C_B B^{-1})'$,则 Y^* 可满足对偶问题的约束条件,且此时:

$$CX^* = (C_B, C_N)(X_B^*, X_N^*)' = C_B X_B^* = C_B B^{-1} b = (Y^*)'b = b'Y^*$$

关于 Y^* 满足对偶问题约束条件的证明比较复杂,需要有良好的线性代数基础,而且证明较为烦琐,故此处省略。此定理同时告诉我们,运用单纯形算法求解线性规划,当原问题求得最优解时,松弛变量的检验数乘上"-1"即对偶问题的最优解 $C_B B^{-1}$。该结论在本章"3.1.1 对偶问题的提出"部分我们对本章的典型案例进行分析时,已经得到了验证。

思政融合

对信息共享、高效合作的认知：
强对偶定理反映了买卖方双方最佳的博弈点其实是在信息透明情况下各自双方的最佳利益点，因此避免内耗的最好方式是避免信息孤岛，构建高效的文明社会最好的方法是开诚布公、信息共享。

3.2.5 互补松弛定理

前面在讨论线性规划及其对偶规划时，我们都是使用矩阵形式。为了便于描述及证明互补松弛定理，下面我们先给出其代数形式。

原问题：
$$\max z = \sum_{j=1}^{n} c_j x_j$$
$$\text{s.t.} \begin{cases} \sum_{j=1}^{n} a_{ij} x_j \leqslant b_i & (i=1,2,\cdots,m) \\ x_j \geqslant 0 & (j=1,2,\cdots,n) \end{cases}$$

对偶问题：
$$\min w = \sum_{i=1}^{m} b_i y_i$$
$$\text{s.t.} \begin{cases} \sum_{i=1}^{m} a_{ji} y_i \geqslant c_j, j=1,2,\cdots,n \\ y_i \geqslant 0, i=1,2,\cdots,m \end{cases}$$

首先我们对"松"和"弛"给予解释。

(1) 约束条件 $\sum_{j=1}^{n} a_{ij} x_j \leqslant b_i$ 分为两种情况：

① 当 $\sum_{j=1}^{n} a_{ij} x_j < b_i$ 时，称为约束条件比较松弛；

② 当 $\sum_{j=1}^{n} a_{ij} x_j = b_i$ 时，称为约束条件比较紧。

(2) 对偶变量 $y_i \geqslant 0$ 分为两种情况：

① 当 $y_i > 0$ 时，称为变量比较松弛；

② 当 $y_i = 0$ 时，称为变量比较紧。

互补松弛定理：假设 $\hat{X}$、$\hat{Y}$ 分别是原问题和对偶问题的最优解，则：

如果 $\hat{y}_i > 0$，则 $\sum_{j=1}^{n} a_{ij} \hat{x}_j = b_i$；反之，如果 $\sum_{j=1}^{n} a_{ij} \hat{x}_j < b_i$，则 $\hat{y}_i = 0$。

如果 $\hat{x}_j > 0$，则 $\sum_{i=1}^{m} a_{ij} \hat{y}_i = c_j$；反之，如果 $\sum_{i=1}^{m} a_{ij} \hat{y}_i > c_j$，则 $\hat{x}_j = 0$。

证明：因为 $\hat{X}$、$\hat{Y}$ 分别是原问题和对偶问题的最优解，则显然也是可行解。故：
$$C\hat{X} = \hat{X}'C' \leqslant \hat{X}'A'\hat{Y} = (A\hat{X})'\hat{Y} \leqslant b'\hat{Y}$$

由强对偶定理知，$C\hat{X}=b'\hat{Y}$，也即上述不等式的左右两侧严格相等，故中间的不等号也要取严格等号，即$(A\hat{X})'\hat{Y}=b'\hat{Y}$，所以：

$$0 = b'\hat{Y} - (A\hat{X})'\hat{Y} = (b-A\hat{X})'\hat{Y} = \sum_{i=1}^{m}\left[\hat{y}_i\left(b_i - \sum_{j=1}^{n} a_{ij}\hat{x}_{ij}\right)\right]$$

因为$\hat{y}_i \geqslant 0$，$b_i - \sum_{j=1}^{n} a_{ij}\hat{x}_{ij} \geqslant 0$，故$\hat{y}_i\left(b_i - \sum_{j=1}^{n} a_{ij}\hat{x}_{ij}\right) \geqslant 0$。而$\sum_{i=1}^{m}\left[\hat{y}_i\left(b_i - \sum_{j=1}^{n} a_{ij}\hat{x}_{ij}\right)\right] = 0$，所以对于所有$i$，都有$\hat{y}_i\left(b_i - \sum_{j=1}^{n} a_{ij}\hat{x}_{ij}\right) = 0$，即如果$\hat{y}_i > 0$，则$\sum_{j=1}^{n} a_{ij}\hat{x}_j = b_i$；如果$\sum_{j=1}^{n} a_{ij}\hat{x}_j < b_i$，则$\hat{y}_i = 0$。

同理可证：如果$\hat{x}_j > 0$，则$\sum_{i=1}^{m} a_{ij}\hat{y}_i = c_j$；反之，如果$\sum_{i=1}^{m} a_{ij}\hat{y}_i > c_j$，则$\hat{x}_j = 0$。

通俗地讲，互补松弛定理是指变量同其对偶问题的约束方程之间至多只能够有一个取松弛的情况；当其中一个取松弛的情况时，另外一个比较紧，即取严格等号。

例 3-7 已知 LP1 和 LP2 为一组对偶规划，且 LP1 的最优解为$\hat{X}=(1.5, 1)'$。试运用互补松弛定理求出对偶问题最优解$\hat{Y}$。

原问题（LP1）
$$\max z = 3x_1 + 2x_2$$
$$\text{s. t.} \begin{cases} x_1 + 2x_2 \leqslant 5 \\ 2x_1 + x_2 \leqslant 4 \\ 4x_1 + 3x_2 \leqslant 9 \\ x_1, x_2 \geqslant 0 \end{cases}$$

对偶问题（LP2）
$$\min w = 5y_1 + 4y_2 + 9y_3$$
$$\text{s. t.} \begin{cases} y_1 + 2y_2 + 4y_3 \geqslant 3 \\ 2y_1 + y_2 + 3y_3 \geqslant 2 \\ y_1, y_2, y_3 \geqslant 0 \end{cases}$$

解：将$\hat{X}=(1.5, 1)'$代入 LP1 的第一个约束方程，得到：

$$x_1 + 2x_2 = 3.5 < 5$$

因为原问题的约束方程取严格不等式，故$y_1 = 0$；又因为$x_1 > 0, x_2 > 0$，两个变量严格大于零，故对偶问题的两个约束方程取严格等式：

$$\begin{cases} y_1 + 2y_2 + 4y_3 = 3 \\ 2y_1 + y_2 + 3y_3 = 2 \end{cases}$$

联立求解得：

$$y_1 = 0, y_2 = 0.5, y_3 = 0.5$$

注意，LP1 问题单纯形算法的最优单纯形表（见表 3-2）中松弛变量检验数为（0，-0.5，-0.5），这进一步验证了原问题与对偶问题本质上是同一个问题。在我们求解原问题的同时，也找到了对偶问题的最优解。在单纯形表中，原问题的松弛变量对应对偶问题的决策变量，对偶问题的剩余变量对应原问题的决策变量。这些互相对应的变量如果在一个问题的解中是基变量，则在另一问题的解中是非基变量。将这两个解代入各自的目标函数中有$z = w$。

对于例 3-7 中，用单纯形法求得两个问题的最终单纯形表分别见表 3-4 和表 3-5。

表 3-4

		原问题变量		原问题松弛变量			
基变量		3	2	0	0	0	b
C_B	X_B	x_1	x_2	x_3	x_4	x_5	
0	x_3	0	0	1	5/2	−3/2	3/2
3	x_1	1	0	0	3/2	−1/2	3/2
2	x_2	0	1	0	−2	1	1
σ_j		0	0	0	−1/2	−1/2	13/2

对偶问题的剩余变量: y_4, y_5
对偶问题变量: y_1, y_2, y_3

表 3-5

		对偶问题变量			对偶问题剩余变量		
基变量		5	4	9	0	0	b
C_B	Y_B	y_1	y_2	y_3	y_4	y_5	
4	y_2	−5/2	1	0	−3/2	2	1/2
9	y_3	3/2	0	1	1/2	−1	1/2
σ_j		3/2	0	0	3/2	0	13/2

原问题松弛变量: x_3, x_4, x_5
原问题变量: x_1, x_2

从表 3-4 和表 3-5 中可以清楚看出两个问题变量之间的对应关系，同时根据上述对偶问题的性质，我们只需要求解其中一个问题，即可从最优解的单纯形表中得到另一个问题的最优解：

（1）对于最大化问题，其最终表检验数的相反数是对偶问题最优解。
（2）对于最小化问题，其最终表检验数是对偶问题最优解。

3.3 影子价格

3.3.1 影子价格的概念

本章引入对偶变量时，对其的解释是各种经济资源的定价。上节在甲公司的案例中，$y_1=0$，$y_2=0.5$，$y_3=0.5$，即 A 资源的定价为 0，B 和 C 资源设备的定价都是 0.5。但是一种资源的价格为 0，这明显不符合实际情况。这里的价格称为影子价格（Shadow Price），它与通常所说的市场价格是不同的，其是根据资源在生产中做出的贡献而做出的估价，反映了资源对于企业的紧缺程度、利润贡献程度等，并不能反映资源的生产成本及其在外部市场的紧缺程度。

3.3.2 影子价格的经济含义

(1) 资源的市场价格随资源供需发生变化，但相对比较稳定，而它的影子价格则有赖于资源的利用情况。企业生产任务、产品结构等发生变化，资源的影子价格也会随之改变。

(2) 影子价格是边际利润。

$$z = \boldsymbol{CX} = \boldsymbol{b'Y} = \sum_{i=1}^{m} b_i y_i = w$$

从上式中我们可以看到，$w = z$ 代表了企业生产的总利润；b_i 代表了第 i 种资源的拥有量；$\frac{\partial w}{\partial b_i} = y_i$，说明资源增加 1 个单位，企业总利润可以增加 y_i 个单位。所以如果资源的市场价格低于 y_i，就要买进。典型案例中，三种资源的价格为 0、0.5、0.5，说明增加 A 资源，总利润不增加；分别增加 1 单位的 B 资源或者 C 资源，可使总利润增加 0.5。如果此时甲公司想购买资源扩大生产，则当 B 资源或者 C 资源的市场价格低于 0.5 时可以买进。

如果资源 i 有剩余，即 $\sum_{j=1}^{n} a_{ij} x_{ij} < b_i$，则根据互补松弛定理 $y_i = 0$，也即增加这种资源拥有量，利润不会增加。典型案例中，现有 A 资源 5 单位，已用资源为 $x_1 + 2x_2 = 3.5 < 5$，因原有资源没有用完，故再增加 A 资源也不会增加总利润。

如果资源 i 的影子价格大于 0，即 $y_i > 0$，则根据互补松弛定理，$\sum_{j=1}^{n} a_{ij} x_{ij} = b_i$，也即资源没有剩余。在典型案例中，资源 A 剩余 1.5 个单位（$x_3 = 1.5$），没有被充分利用，其影子价格为 0；资源 B、C 的影子价格为 0.5>0，说明这两种资源都没有剩余（$x_4 = x_5 = 0$），都在生产中消耗完毕。

(3) 影子价格是机会成本。

第 i 种资源减少 1 单位，企业的总利润就减少 y_i。所以如果其他企业要购买该种资源，给出的价格高于 y_i，就要考虑卖出。同时，如果新产品（第 $n+1$ 种）对 m 种资源的单位消耗量为 $\boldsymbol{P}_{n+1} = (a_{1,n+1}, a_{2,n+1}, \cdots, a_{m,n+1})'$，则其机会成本为 $\sum_{i=1}^{m} a_{i,n+1} y_i$。如果其利润大于机会成本，则可以投产；否则，不可以。

对于原有产品 j，其机会成本为 $\sum_{i=1}^{m} a_{ij} y_i$。如果该产品已经生产，即 $x_j > 0$，则根据互补松弛定理，$\sum_{i=1}^{m} a_{ij} y_i = c_j$，也即产品机会成本等于利润；如果该产品机会成本大于利润，即 $\sum_{i=1}^{m} a_{ij} y_i > c_j$，则根据互补松弛定理，$x_j = 0$，即该产品不生产。在典型案例中，两种产品都有生产（$x_1 = 1.5, x_2 = 1$），产品 I 的机会成本为 $(1, 2, 4) \times (0, 0.5, 0.5)' = 3 = c_1$，产品 II 的机会成本为 $(2, 1, 3) \times (0, 0.5, 0.5)' = 2 = c_2$。

(4) 单纯形法，即在目前的基可行解中检验所有的非基变量，看哪种资源能够在增加使用量的情况下提出一个更有利的使用方式，以增加目标函数的利润。当不存在此类非基变量时，便得到了最优解，这就是单纯形法中各个检验数的经济意义。

一般来讲，对线性规划问题的求解是确定资源的最优分配方案，而对于对偶问题的求解则是确定对资源的恰当估计,这种估计直接涉及资源的最有效利用。如在一个大公司内部,可借助资源的影子价格确定一些内部结算价格,以便控制有效资源的使用和考核下属企业经营的好坏。又如在社会上可对一些最紧缺的资源,借助影子价格,规定使用这种资源 1 单位时必须上交的利润额,以控制一些经济效益低的企业自觉地节约使用紧缺资源,使有限资源发挥更大的经济效益。

思政融合

> **对中国共产党英明领导的认识:**
>
> 比较影子价格和市场价格的差异,可以对中国特色社会主义建设做拓展:我国经济已经由高速增长阶段转为高质量发展阶段,正处在转变发展方式、优化经济结构、转化增长动力的公关期。建设现代化经济体系是跨越关口的迫切要求和我国发展的战略目标。

3.4 对偶单纯形法

3.4.1 对偶单纯形法的基本思想

学完对偶问题的基本定理后,我们可以重新审视单纯形表计算的实质。用单纯形法得到原问题的一个基可行解的同时,在检验数行得到对偶问题的一个基解,并且将两个解分别代入各自的函数时其值相等。我们知道,单纯形法计算的基本思想是在保持原问题为可行解(这时一般其对偶问题为非可行解)的基础上,通过迭代,增大目标函数,当对偶问题的解也为可行解时,就达到了目标函数的最优值。所谓对偶单纯形法(Dual Simplex Method)则是将单纯形法应用于对偶问题的计算,基本思想是在保持对偶问题为可行解(这时一般问题为非可行解)的基础上,通过迭代,减小目标函数,当原问题也达到可行解时,即得到了目标函数的最优值。

3.4.2 对偶单纯形法的主要步骤

适用情况:LP 问题标准化后不含初始基变量,但将某些约束条件两端乘以"-1"后,即可找出初始基变量;或者在单纯形的计算过程中,发现 b 列存在小于零的数。

对满足上述条件的 LP 问题,对偶单纯形法的步骤如下:

(1) 建立初始对偶单纯形表。

(2) 检查 b 列的数据是否非负。若全部非负,则使用一般单纯形法继续求解;若有小于零的分量 b_j,并且 b_j 所在行各系数 $a_{ij} \geqslant 0$,则原规划没有可行解,停止计算;若 $b_j \leqslant 0$,并且存在 $a_{ij} \leqslant 0$,则转到下一步。

(3) 确定出基变量:取 b 列最小负数对应的变量 x_l 为出基变量。

(4) 确定入基变量:用检验数 σ_j 去除换出变量行的对应负系数 a_{lj}($a_{lj} < 0$),即计算:

$$\theta = \min\left\{\frac{\sigma_j}{a_{lj}} \mid a_{lj} < 0\right\} = \frac{\sigma_k}{a_{lk}}$$

在除得的商 θ 中选取其中最小者对应的变量 x_k 为入基变量。

（5）主元旋转运算，然后回到步骤（2）。

下面举例说明对偶单纯形法的计算步骤。

例 3-8 用对偶单纯形法求解如下的 LP 问题。

$$\min w = 15y_1 + 5y_2 + 11y_3$$

$$\text{s.t.} \begin{cases} 3y_1 + 2y_2 + 2y_3 \geq 5 \\ 5y_1 + y_2 + 2y_3 \geq 4 \\ y_1, y_2, y_3 \geq 0 \end{cases}$$

解：添加松弛变量以后的标准型：

$$\max w' = -15y_1 - 5y_2 - 11y_3$$

$$\text{s.t.} \begin{cases} 3y_1 + 2y_2 + 2y_3 - y_4 = 5 \\ 5y_1 + y_2 + 2y_3 - y_5 = 4 \\ y_1, y_2, y_3, y_4, y_5 \geq 0 \end{cases}$$

标准化后不含初始基变量，但将约束条件两边乘以 -1 后，则可以找出初始基变量，因此约束条件转化为

$$\begin{cases} -3y_1 - 2y_2 - 2y_3 + y_4 = -5 \\ -5y_1 - y_2 - 2y_3 + y_5 = -4 \\ y_1, y_2, y_3, y_4, y_5 \geq 0 \end{cases}$$

取 y_4、y_5 为初始基变量，有如下初始单纯形表（见表 3-6）。

表 3-6

基变量		-15	-5	-11	0	0	b
C_B	Y_B	y_1	y_2	y_3	y_4	y_5	
0	y_4	-3	$[-2]$	-2	1	0	-5
0	y_5	-5	-1	-2	0	1	-4
σ_j		-15	-5	-11	0	0	0

检查 b 列的数据，全部是负数，因此使用对偶单纯形法计算。选择 b 列最小数 -5 对应的行变量 y_4 为出基变量。

在表 3-6 中，基变量 y_4 所在的行有三个 a_{lj} 取负值，其值分别为 -3、-2 和 -2，它们对应的检验数分别为 -15、-5、-11。于是计算：

$$\theta = \min\left\{\frac{-15}{-3}, \frac{-5}{-2}, \frac{-11}{-2}\right\} = \frac{-5}{-2} = \frac{\sigma_2}{a_{12}}$$

则 y_2 为入基变量。主元素为 $a_{12} = -2$，对表 3-6 进行一次主元旋转交换迭代即得到表 3-7。

表 3-7

基变量		−15	−5	−11	0	0	
C_B	Y_B	y_1	y_2	y_3	y_4	y_5	b
−5	y_2	3/2	1	1	−1/2	0	5/2
0	y_5	[−7/2]	0	−1	−1/2	1	−3/2
	σ_j	−15/2	0	−6	−5/2	0	25/2

在表 3-7 中，b 列的 $b_2 = -3/2 < 0$，故 y_5 为出基变量，又因为

$$\theta = \min\left\{\frac{-15/2}{-7/2}, \frac{-6}{-1}, \frac{-5/2}{-1/2}\right\} = \frac{-15/2}{-7/2} = \frac{\sigma_1}{a_{21}}$$

故 y_5 是进基变量，主元为 −7/2。对表 3-7 再作单纯形的主元旋转交换变换，得到表 3-8。由于 b 列全部非负，σ_j 全部是非正数，故它就是最优表。

最优解为：$y_1 = 3/7$，$y_2 = 13/7$，$y_3 = y_4 = y_5 = 0$，最优值 $w = 110/7$。

表 3-8

基变量		−15	−5	−11	0	0	
C_B	Y_B	y_1	y_2	y_3	y_4	y_5	b
−5	y_2	0	1	4/7	−5/7	3/7	13/7
−15	y_1	1	0	2/7	1/7	−2/7	3/7
	σ_j	0	0	−27/7	−10/7	−15/7	110/7

3.5 灵敏度分析

灵敏度分析是对偶理论中极为重要的一个工具，用来分析当各种技术经济参数发生变化时最优解的变化情况，并快速求出新的最优解。

在前面的讨论中，线性规划模型的确定是以 a_{ij}、b_i、c_j 为已知常数作为基础的，但在实际问题中，这些数据本身不仅很难准确得到，而且往往还要受到诸如市场价格波动、资源供应量变化、企业的技术改造等因素的影响。因此，很自然地要提出这样的问题，当这些数据有一个或多个发生变化时，对已找到的最优解或最优基会产生怎样的影响；或者说这些数据在什么范围内变化，已找到的最优解或最优基不变；以及在原最优解或最优基不再是最优基时，如何用最简单的方法求出新的最优解或最优基。这就是灵敏度分析所要研究的问题。

在第 2 章同学们都已经感觉到了单纯形算法计算的烦琐，那么当我们按照原有参数求出最优解后，如果目标函数系数、右端向量或者消耗系数矩阵发生改变，则重新运用单纯形算法求解，但这样做既麻烦又没有必要。因为前面已经讲到，单纯形法的迭代计算式从一组基向量变换为另一组基向量，表中每步迭代得到的数字只随基向量的不同选择而改变，因此有可能把个别参数的变化直接在计算得到最优解的单纯形表上反映出来。这样就不需要从头计

算，而直接对计算得到最优解的单纯形表进行审查，看一些数字变化后是否满足最优解的条件，如果不满足的话，再从这个表开始进行迭代计算，求得最优解。

下面我们依然以开篇的典型案例为例来讲解五种形式的灵敏度分析。

3.5.1 目标函数系数 c_j 变化

目标函数系数 c_j 的变化，仅仅带来检验数 σ 的变化，对最优单纯形表的右端向量 $\boldsymbol{B}^{-1}\boldsymbol{b}$ 和系数矩阵 $\boldsymbol{B}^{-1}\boldsymbol{N}$ 没有影响。

首先计算变化后的 $\bar{\sigma}_N = \bar{\boldsymbol{C}} - \bar{\boldsymbol{C}}_B \boldsymbol{B}^{-1} \boldsymbol{N}$，基变量检验数 $\sigma_B = 0$。如果检验数仍然满足 $\sigma \leq 0$，则最优解不变；否则，继续进行单纯形迭代。

例 3-9 甲公司市场部门进过调查，发现产品Ⅱ的市场价格需要下调 1 万元，产品Ⅰ、Ⅱ的单位利润变为 (3, 1)，请问最优生产计划如何变化？

解：当 $\boldsymbol{C} = (3, 2)$ 变为 $\bar{\boldsymbol{C}} = (3, 1)$ 时，表 3-2 变为表 3-9。

表 3-9

C_B	基变量 X_B	3 x_1	1 x_2	0 x_3	0 x_4	0 x_5	b
0	x_3	0	0	1	5/2	−3/2	3/2
3	x_1	1	0	0	3/2	−1/2	3/2
1	x_2	0	1	0	−2	[1]	1
	σ_j	0	0	0	−5/2	1/2	11/2

此时 $\bar{\sigma}_5 = 0 - 0 \times (-3/2) - 3 \times (-1/2) - 1 \times 1 = 1/2 > 0$，说明原最优解不是新问题的最优解，所以选择 x_5 作为进基变量、x_2 作为出基变量，进行单纯形迭代，得单纯形表 3-10。

表 3-10

C_B	基变量 X_B	3 x_1	1 x_2	0 x_3	0 x_4	0 x_5	b
0	x_3	0	3/2	1	−1/2	0	3
3	x_1	1	1/2	0	1/2	0	2
0	x_5	0	1	0	−2	1	1
	σ_j	0	−1/2	0	−3/2	0	6

此时 $\sigma \leq 0$，所以得到新的最优生产计划为产品Ⅰ生产 2 件，产品Ⅱ不生产，此时总利润上升为 6 万元。

例 3-10 假设产品Ⅱ的价格不变，请问产品Ⅰ的利润在什么范围内波动时，最优生产计划不变？

解：假设 c_1 由 3 变为 $3 + \lambda$，则基变量检验数不变，非基变量检验数变为 $\bar{\sigma}_4 = \dfrac{-1-3\lambda}{2}$，$\bar{\sigma}_5 = \dfrac{\lambda - 1}{2}$。欲使最优生产计划不变，需：

$$\begin{cases}\dfrac{-1-3\lambda}{2}\leqslant 0\\\dfrac{\lambda-1}{2}\leqslant 0\end{cases}\Rightarrow\begin{cases}\lambda\geqslant-\dfrac{1}{3}\\\lambda\leqslant 1\end{cases}$$

所以当 $\lambda\in\left[-\dfrac{1}{3},1\right]$，即 $c_1\in\left[\dfrac{8}{3},4\right]$ 时，最优生产计划不变。

3.5.2　约束条件右端向量 b 的变化

当右端向量 b 发生变化时，对检验数、系数矩阵没有影响，但会造成基变量 X_B 取值的变化。首先计算 $\Delta X_B = B^{-1}\Delta b$，如果 $\bar{X}_B = X_B + \Delta X_B$ 仍然非负，则它就是新的最优解（此时最优基不变，但最优解数字变化）；否则进行对偶单纯形迭代。B^{-1} 来自原最优单纯形表中松弛变量对应的列。

例 3 - 11　甲公司仓库盘点时发现，资源 B 的每周使用量可以增加到 5 t，请制订新的最优生产计划。

解： $\Delta b=\begin{pmatrix}5\\5\\9\end{pmatrix}-\begin{pmatrix}5\\4\\9\end{pmatrix}=\begin{pmatrix}0\\1\\0\end{pmatrix}$，$\Delta X_B = B^{-1}\Delta b = \begin{pmatrix}1 & 5/2 & -3/2\\0 & 3/2 & -1/2\\0 & -2 & 1\end{pmatrix}\times\begin{pmatrix}0\\1\\0\end{pmatrix}=\begin{pmatrix}5/2\\3/2\\-2\end{pmatrix}$

$$\bar{X}_B = X_B + \Delta X_B = \begin{pmatrix}3/2\\3/2\\1\end{pmatrix}+\begin{pmatrix}5/2\\3/2\\-2\end{pmatrix}=\begin{pmatrix}4\\3\\-1\end{pmatrix}$$

因为 $x_2=-1<0$，所以需要进行对偶单纯形迭代，由表 3-2 得到表 3-11。

表 3 - 11

	基变量	3	2	0	0	0	b
C_B	X_B	x_1	x_2	x_3	x_4	x_5	
0	x_3	0	0	1	5/2	-3/2	4
3	x_1	1	0	0	3/2	-1/2	3
2	x_2	0	1	0	[-2]	1	-1
	σ_j	0	0	0	-1/2	-1/2	7

因为 $x_2=-1<0$，所以需要令 x_2 为出基。拿检验数所在行除以出基变量所在行，以商最小的列对应的元素作为主元素（这里正数和零不能作为主元素）。本题中第三行只有 $a_{34}=-2<0$，所以选择 a_{34} 作为主元素、x_4 为入基变量，进行对偶迭代。迭代后得到表 3-12。

表 3 - 12

	基变量	3	2	0	0	0	b
C_B	X_B	x_1	x_2	x_3	x_4	x_5	
0	x_3	0	5/4	1	0	-1/4	11/4
3	x_1	1	3/4	0	0	1/4	9/4
0	x_4	0	-1/2	0	1	-1/2	1/2
	σ_j	0	-1/4	0	0	-1/4	27/4

现在基变量 $X_B > 0$，且仍然保持检验数 $\sigma \leqslant 0$，所以找到了新的最优生产计划，产品 Ⅰ 生产 9/4 件，产品 Ⅱ 不生产，总利润为 27/4 万元。

3.5.3 增加一种新产品

如果公司增加了一种新的产品，假设该产品的消耗系数为 P_j，单位利润为 c_j，首先计算该产品的机会成本 YP_j。如果机会成本大于单位利润，则不生产；否则，在原最优单纯形表中增加新列 $\bar{P}_j = B^{-1} P_j$，并继续迭代。

例 3-12 甲公司研发部门开发了一种新产品Ⅲ，单位产品对 A、B、C 三种资源的消耗系数为 $(3, 0, 2)'$，该产品单位利润为 2 万元。问产品Ⅲ是否应该生产？如果生产，各产品生产量是多少？

解：产品Ⅲ机会成本为

$$Y \times P_6 = (0, 1/2, 1/2) \times \begin{pmatrix} 3 \\ 0 \\ 2 \end{pmatrix} = 1$$

该产品的检验数 $\sigma_6 = 2 - 1 = 1 > 0$，所以应该生产。

$$\bar{P}_6 = B^{-1} P_6 = \begin{pmatrix} 1 & 5/2 & -3/2 \\ 0 & 3/2 & -1/2 \\ 0 & -2 & 1 \end{pmatrix} \times \begin{pmatrix} 3 \\ 0 \\ 2 \end{pmatrix} = \begin{pmatrix} 0 \\ -1 \\ 2 \end{pmatrix}$$

将上述数据代入表 3-2 得到表 3-13。

表 3-13

C_B	基变量 X_B	3 x_1	2 x_2	0 x_3	0 x_4	0 x_5	2 x_6	b
0	x_3	0	0	1	5/2	−3/2	0	3/2
3	x_1	1	0	0	3/2	−1/2	−1	3/2
2	x_2	0	1	0	−2	1	[2]	1
σ_j		0	0	0	−1/2	−1/2	1	13/2
0	x_3	0	0	1	[5/2]	−3/2	0	3/2
3	x_1	1	1/2	0	1/2	0	0	2
2	x_6	0	1/2	0	−1	1/2	1	1/2
σ_j		0	−5/2	0	1/2	−1	0	7
0	x_4	0	0	2/5	1	−3/5	0	3/5
3	x_1	1	1/2	−1/5	0	3/10	0	17/10
2	x_6	0	1/2	2/5	−1	−1/10	1	11/10
σ_j		0	−1/2	−1/5	0	−7/10	0	73/10

新的最优生产计划是产品 Ⅰ 和产品 Ⅲ 分别生产 $\frac{17}{10}$ 件和 $\frac{11}{10}$ 件，产品 Ⅱ 不生产，总利润为

$\frac{73}{10}$ 万元。

3.5.4 增加一个新的约束条件

增加一个新的约束条件后，可行域被缩小。所以如果原最优解满足新的约束条件，则它就是新问题的最优解；如果不满足，则把新的约束方程加在原最优单纯形表的下面，并添加松弛变量构造基变量。

例 3-13 甲公司生产部门发现生产除了受到 A、B、C 三种资源的约束外，还要受到资源 D 的约束。资源 D 周可用量为 6，生产单位产品Ⅰ、Ⅱ对资源 D 的消耗分别为 7/2 和 2。请制订新的最优生产计划。

解：根据题意，需要在原问题后面增加新约束 $\frac{7}{2}x_1 + 2x_2 \leqslant 6$。将原最优生产计划 $(x_1, x_2) = (3/2, 1)$ 代入该约束方程得：

$$\frac{7}{2}x_1 + 2x_2 = 29/4 > 6$$

即不满足新约束条件。

将约束方程添加松弛条件得：

$$\frac{7}{2}x_1 + 2x_2 + x_6 = 6$$

将此约束方程添加到表 3-2 的下面，得表 3-14。

表 3-14

C_B	基变量 X_B	3 x_1	2 x_2	0 x_3	0 x_4	0 x_5	0 x_6	b	行序
0	x_3	0	0	1	5/2	−3/2	0	3/2	(1)
3	x_1	1	0	0	3/2	−1/2	0	3/2	(2)
2	x_2	0	1	0	−2	1	0	1	(3)
0	x_6	7/2	2	0	0	0	1	6	(4)
	σ_j	0	0	0	−1/2	−1/2	0	13/2	

此时基变量 x_3、x_1、x_2、x_6 所在的列不是单位矩阵 I 的形式。为了构造单位矩阵，我们用（4）行减去（2）行的 7/2 倍，再减去（3）行的 2 倍，得表 3-15。

表 3-15

C_B	基变量 X_B	3 x_1	2 x_2	0 x_3	0 x_4	0 x_5	0 x_6	b
0	x_3	0	0	1	5/2	−3/2	0	3/2
3	x_1	1	0	0	3/2	−1/2	0	3/2
2	x_2	0	1	0	−2	1	0	1
0	x_6	0	0	0	[−5/4]	−1/4	1	−5/4
	σ_j	0	0	0	−1/2	−1/2	0	13/2

现在基变量 $x_6=-5/4<0$，令其作为出基变量。因为 $\frac{-1/2}{-5/4}=2/5<2=\frac{-1/2}{-1/4}$，所以选择 x_4 作为进基变量。对偶迭代后得表 3-16。

表 3-16

C_B	基变量 X_B	3 x_1	2 x_2	0 x_3	0 x_4	0 x_5	0 x_6	b
0	x_3	0	0	1	0	[−2]	2	−1
3	x_1	1	0	0	0	−4/5	6/5	0
2	x_2	0	1	0	0	7/5	−8/5	3
0	x_4	0	0	0	1	1/5	−4/5	1
σ_j		0	0	0	0	−2/5	−2/5	5
0	x_5	0	0	−1/2	0	1	−1	1/2
3	x_1	1	0	−2/5	0	0	2/5	2/5
2	x_2	0	1	7/10	0	0	−1/5	23/10
0	x_4	0	0	1/10	1	0	−3/5	9/10
σ_j		0	0	−1/5	0	0	−4/5	24/5

现在 $X_B>0$ 且 $\sigma<0$，所以新的最优生产计划是产品Ⅰ和产品Ⅱ分别生产 2/5 件和 23/10 件，总利润为 24/5 万元。

3.5.5 约束条件系数 a_{ij} 的变化

有时随着生产技术的改变，某一个 a_{ij} 可能会变为 $\bar{a}_{ij}$，这时我们可以假设新增产品 j'，同时删除了产品 j。新增产品 j' 的消耗系数为 $P_{j'}=(a_{1j},a_{2j},\cdots a_{i-1,j},\bar{a}_{i,j},a_{i+1,j},\cdots,a_{mj})'$，其单位利润仍为 c_j。被删除的产品 j 如果直接从最优单纯形表中删除，则可能造成混乱，同时为了避免生产该产品，我们将其利润调整为 $-\infty$（此处的思路其实就是第 2 章的大 M 法），而且新产品 j' 对应的列在原最优单纯形表中就变为 $\boldsymbol{B}^{-1}\boldsymbol{P}_{j'}$，然后重新计算检验数并继续迭代即可。

例 3-14 甲公司经过技术革新，将生产产品Ⅰ对资源 C 的单位消耗量从 4 变为 2，即 $\boldsymbol{P}_1=(1,2,4)'$ 变为 $\boldsymbol{P}_{1'}=(1,2,2)'$。请求出新的最优生产计划。

解：$\bar{\boldsymbol{P}}_{1'}=\boldsymbol{B}^{-1}\boldsymbol{P}_{1'}=\begin{pmatrix}1 & 5/2 & -3/2 \\ 0 & 3/2 & -1/2 \\ 0 & -2 & 1\end{pmatrix}\times\begin{pmatrix}1 \\ 2 \\ 2\end{pmatrix}=\begin{pmatrix}3 \\ 2 \\ -2\end{pmatrix}$，且令 $c_1=3-1\,000=-997$（足够小即可，为了减少计算工作量，此处用 −997 代替 −∞）。将 $\boldsymbol{P}_{1'}^2$ 插入表 3-2 得表 3-17。

表 3-17

基变量		−997	3	2	0	0	0	b
C_B	X_B	x_1	x'_1	x_2	x_3	x_4	x_5	
0	x_3	0	[3]	0	1	5/2	−3/2	3/2
−997	x_1	1	2	0	0	3/2	−1/2	3/2
2	x_2	0	−2	1	0	−2	1	1
	σ_j	0	2 001	0	0	2 999/2	−1 001/2	2 987/2
3	x'_1	0	1	0	1/3	5/6	−1/2	1/2
−997	x_1	1	0	0	−2/3	−1/6	[1/2]	1/2
2	x_2	0	0	1	2/3	−1/3	0	2
	σ_j	0	0	0	−667	−168	500	493

此时，$\sigma_5 > 0$，选择其作为进基变量、x_1 作为出基变量，进行迭代。因为 x_1 所代表的产品实际上已经不存在，所以出基后我们再也不想让其进基，故迭代后可直接将其所在列删除，以减少计算工作量。迭代后得到表 3-18。

表 3-18

基变量		3	1	0	0	0	b
C_B	X_B	x'_1	x_2	x_3	x_4	x_5	
3	x'_1	1	0	−1/3	2/3	0	1
0	x_5	0	0	−4/3	−1/3	1	1
2	x_2	0	1	2/3	−1/3	0	2
	σ_j	0	0	−1/3	−4/3	0	7

因为 $\sigma < 0$，故新的最优生产计划是产品 Ⅰ、Ⅱ 分别生产 1 单位和 2 单位，总利润为 7 万元。

思政融合

对持续学习、可持续发展的认知：

在最优化方法中经常利用灵敏度分析来研究原始数据不准确或发生变化时最优解的稳定性。通过灵敏度分析还可以决定哪些参数对系统或模型有较大的影响，从而引出对持续学习、持续发展的理解和认识。

知识总结

（1）首先引入了线性规划的对偶问题，分析线性规划问题和对偶问题的特征及在形式上相互转换的规则。线性规划与其对偶问题有深刻的内在联系，对偶性定理说明了它们的关系。

(2) 影子价格是对偶问题中引入的重要概念。影子价格有多种经济含义，并在现实经济生活中得到应用。

(3) 对偶单纯形法是把单纯形法思想和对偶思想相结合的方法，其求解步骤与单纯形法有一定的对应关系。对偶单纯形法有明确的适用范围，是单纯形法的重要补充。

(4) 线性规划模型中的各个系数在现实生活中可能发生变化。因此，需要分析当这些系数发生变化时对原问题解的最优性和可行性的影响，灵敏度分析主要包括五个类别，每个类别都有明确的现实经济意义。

自测练习

3.1 写出下列线性规划的对偶规划。

(1) $\max z = 3x_1 + 2x_3 - 4x_4$

s.t. $\begin{cases} 2x_1 - x_2 + x_3 + 3x_4 \geqslant -3 \\ 3x_1 + 2x_2 - x_3 + x_4 \leqslant 8 \\ x_1 - x_2 + 2x_4 = 5 \\ x_1 \geqslant 0, x_2 \leqslant 0, x_3 、 x_4 \text{ 无约束} \end{cases}$

(2) $\min z = 5x_1 + 2x_2 - 3x_3$

s.t. $\begin{cases} 2x_1 - 3x_2 + 4x_3 \geqslant -2 \\ x_1 + 2x_2 + 3x_3 = 3 \\ 3x_1 + 3x_2 + x_3 \leqslant 5 \\ x_1 \leqslant 0, x_2 \text{ 无约束}, x_3 \geqslant 0 \end{cases}$

3.2 给出如下线性规划问题。

$$\max z = 2x_1 - x_2 + x_3$$

s.t. $\begin{cases} x_1 + 3x_2 + x_3 \leqslant 6 \\ -x_1 + 2x_2 \leqslant 4 \\ x_j \geqslant 0, (j = 1, 2, 3) \end{cases}$

要求：

(1) 写出其对偶问题；

(2) 已知原问题最优解为 $X^* = (6, 0, 0)$，试运用互补松弛定理求出对偶问题的最优解。

3.3 用对偶单纯形法求解下列线性规划问题。

(1) $\min z = 4x_1 + 12x_2 + 18x_3$

s.t. $\begin{cases} x_1 + 3x_3 \geqslant 3 \\ 2x_2 + 2x_3 \geqslant 5 \\ x_1, x_2, x_3 \geqslant 0 \end{cases}$

(2) $\min z = 5x_1 + 2x_2 + 4x_3$

s.t. $\begin{cases} x_1 + 2x_2 + x_3 \geqslant 3 \\ 2x_1 - x_2 + 3x_3 \geqslant 4 \\ x_1, x_2, x_3 \geqslant 0 \end{cases}$

3.4 有一个求利润最大的生产计划问题，其最优单纯形表见表 3-19。

表 3-19

C_B	基变量 X_B	c_1 x_1	c_2 x_2	0 x_3	0 x_4	0 x_5	b
c_2	x_2	0	1	1/2	−1/2	0	2
c_1	x_1	1	0	−1/8	3/8	0	3/2
0	x_5	0	0	1	−2	1	4
	σ_j	0	0	−1/4	−1/4	0	

其中，x_3、x_4、x_5 为松弛变量，试根据表 3-19 回答下述问题：

(1) 哪种资源有剩余？剩余量是多少？

(2) 三种资源的影子价格分别为多少？

(3) 在保持最优基不变的情况下，若要扩大某种资源的数量，则应扩大哪一个？最多扩大多少？并求出新的目标函数值。

(4) 求使最优基不变的 c_1、c_2 的取值范围。

3.5 线性规划：
$$\max z = 10x_1 + 5x_2$$
$$\begin{cases} 3x_1 + 4x_2 \leq 9 \\ 5x_1 + 2x_2 \leq 8 \\ x_1, x_2 \geq 0 \end{cases}$$

用单纯形法求得的最终单纯形表见表 3-20。

表 3-20

X_B	b	x_1	x_2	x_3	x_4
x_2	3/2	0	1	5/14	−3/14
x_1	1	1	0	−1/7	2/7
		0	0	−5/14	−25/14

(1) 若价值系数 $c_1=13$，该问题的最优解如何改变。

(2) 当右端项由 $\begin{bmatrix}9\\8\end{bmatrix}$ 变为 $\begin{bmatrix}8\\9\end{bmatrix}$ 时，该问题的最优解如何变化。

3.6 某厂生产 A、B、C 三种产品，其所需劳动力、材料等数据见表 3-21。

表 3-21

项目	A	B	C	可用量
劳动力	6	3	5	30
材料	3	2	4	20
产品利润/（元·件$^{-1}$）	3	1	4	

回答如下问题：

(1) 确定获利最大的产品生产计划；

(2) 产品 B 的利润上升为 3 元，求新的最优生产计划；

(3) 若设计一种新产品 D，单件劳动力消耗为 4 单位，材料消耗为 2 单位，每件可获利 3 元，问该种产品是否值得生产？如果生产，请求出新的最优生产计划。

(4) 若劳动力数量不增加，材料不足时可从市场购买。问该厂是否应购进原材料扩大生产？如果可以购买，最多可购入多少？

第 4 章　运输问题

知识要点

理解运输问题的基本概念及表上作业法的原理；掌握表上作业法，确定初始可行解、最优解的判别与改进方法；了解产销不平衡运输问题的解法。

核心概念

运输问题（Transportation Problem）
产销平衡运输问题（Balanced Transportation Problem）
产销不平衡运输问题（Unbalanced Transportation Problem）
表上作业法（Hitchock Method）
单纯形法（Simplex Method）
初始基可行解（Initial Basic Feasible Solution）
西北角规则（Northwest Corner Rule）
最小元素法（The Least Cost Rule）
沃格尔法（Vogel Method）
空格检验数（Test Number of Cell）
位势法（Potential Method）
闭回路法（Loop Method）

典型案例

某部门有 3 个生产同类产品的工厂（产地），生产的产品由 4 个销售点（销地）销售，各工厂的生产量、各销售点的销售量（假定单位均为吨）以及各工厂到各销售点的单位运价（元/吨）如表 4-1 所示。

表 4-1

运输单价/(元·吨⁻¹) 销地 产地	B₁	B₂	B₃	B₄	产量/吨
A₁	3	11	3	10	7
A₂	1	9	2	8	4
A₃	7	4	10	5	9
销量/吨	3	6	5	6	20

思考：该部门在满足各销售点需求量的前提下如何调运产品才能使总运费最少？

4.1 运输问题的典型数学模型

4.1.1 问题的提出

在生产活动或日常生活中，经常需要将物品从某些产地（供应地）运到某些销地（需求地），因而存在着如何调运使总运费最小的问题，即运输问题。

运输问题是线性规划应用最广泛的一个领域，最早是从物资调运工作中提出来的，但后来某些其他问题的模型也可转化为运输问题的形式。虽然运输问题可以采用单纯形法求解，但由于其约束条件系数矩阵的特殊结构和性质，因而可以使用比单纯形法更为有效的表上作业法求解。

思政融合

对中国交通运输成就的认知：
运输问题是运筹学中的一个重要章节，教师不仅要讲解运输问题的解法，还应让学生了解运输问题在现实生活中的应用，以及中国在运输方面取得的成就。"要想富，先修路"是中华民族一个根深蒂固的观念，道路为基础建设中的重中之重。中国高速公路里程超过美国，一跃成为世界第一。基于这样完善的道路网络、超低的运输成本，中国物流行业才能得以迅猛发展，进而孕育出了阿里巴巴、移动支付等中国新四大发明。

4.1.2 运输问题的典型数学模型

运输问题的一般提法是：设要将 m 个产地 A_1，A_2，$\cdots$，A_m 的某种物资调运至 n 个销

地 B_1，B_2，$\cdots$，B_n，各个产地的产量分别为 a_1，a_2，$\cdots$，a_m，各个销地的销量分别为 b_1，b_2，$\cdots$，b_n。已知每个 A_i 到每个 B_j 的单位运价为 c_{ij}，问应该如何调运才能使总运费最少？

设由 A_i 运给 B_j 的物资数量为 x_{ij} 个单位，为了分析问题的方便，可把以上所有数据排在一张表中，称为运输表，如表 4-2 所示。

表 4-2

单位运价 产地 \ 销地	B_1	B_2	$\cdots$	B_n	产量
A_1	x_{11} \ c_{11}	x_{12} \ c_{12}		x_{1n} \ c_{1n}	a_1
A_2	x_{21} \ c_{21}	x_{22} \ c_{22}		x_{2n} \ c_{2n}	a_2
$\vdots$	$\vdots$	$\vdots$	$\vdots$	$\vdots$	$\vdots$
A_m	x_{m1} \ c_{m1}	x_{m2} \ c_{m2}		x_{mn} \ c_{mn}	a_m
销量	b_1	b_2	$\cdots$	b_n	

如果运输问题的总产量等于总销量，即有：

$$\sum_{i=1}^{m} a_i = \sum_{j=1}^{n} b_j$$

则称该运输问题是产销平衡运输问题，其数学模型如下：

$$\min z = \sum_{i=1}^{m} \sum_{j=1}^{n} c_{ij} x_{ij}$$

$$\text{s.t.} \begin{cases} \sum_{j=1}^{n} x_{ij} = a_i & (i=1,2,\cdots,m) \\ \sum_{i=1}^{m} x_{ij} = b_j & (j=1,2,\cdots,n) \\ x_{ij} \geqslant 0 & (i=1,2,\cdots,m; j=1,2,\cdots,n) \end{cases}$$

如果运输问题的总产量不等于总销量，则称为产销不平衡运输问题。产销不平衡运输问题又分为"供大于求"和"供不应求"两类问题。所谓"供大于求"问题，其特点是 $\sum_{i=1}^{m} a_i \geqslant \sum_{j=1}^{n} b_j$，相应的模型为

$$\min z = \sum_{i=1}^{m} \sum_{j=1}^{n} c_{ij} x_{ij}$$

$$\text{s.t.} \begin{cases} \sum_{j=1}^{n} x_{ij} \leqslant a_i & (i=1,2,\cdots,m) \\ \sum_{i=1}^{m} x_{ij} = b_j & (j=1,2,\cdots,n) \\ x_{ij} \geqslant 0 & (i=1,2,\cdots,m; j=1,2,\cdots,n) \end{cases}$$

至于"供不应求"问题，其特点是 $\sum_{i=1}^{m} a_i \leqslant \sum_{j=1}^{n} b_j$，相应的模型为

$$\min z = \sum_{i=1}^{m} \sum_{j=1}^{n} c_{ij} x_{ij}$$

$$\text{s.t.} \begin{cases} \sum_{j=1}^{n} x_{ij} = a_i & (i = 1, 2, \cdots, m) \\ \sum_{i=1}^{m} x_{ij} \leqslant b_j & (j = 1, 2, \cdots, n) \\ x_{ij} \geqslant 0 & (i = 1, 2, \cdots, m; j = 1, 2, \cdots, n) \end{cases}$$

其中，运输问题含有 $m \times n$ 个变量、$m+n$ 个约束方程。运输平衡问题系数矩阵的结构比较特殊，对应变量 x_{ij} 的系数向量 $\boldsymbol{P}_{ij}$，其分量中除第 i 个和第 $m+j$ 个为 1 以外，其余均为零。

如果把前 m 个约束方程相加，得：

$$\sum_{i=1}^{m} \sum_{j=1}^{n} x_{ij} = \sum_{i=1}^{m} a_i$$

将后 n 个约束方程相加，得：

$$\sum_{i=1}^{m} \sum_{j=1}^{n} x_{ij} = \sum_{j=1}^{n} b_j$$

因为产销平衡，故有：

$$\sum_{i=1}^{m} a_i = \sum_{j=1}^{n} b_j$$

模型中只有 $m+n-1$ 个相互独立的约束方程。因此，运输问题的任一基可行解都有 $m+n-1$ 个基变量。在运输问题中，我们把解称作运输方案，将基变量对应的单元格称作数字格，将非基变量对应的单元格称作空格，因此运输问题的基可行解一定具有 $m+n-1$ 个数字格。

对运输问题，如果用单纯形法求解，应先在每个约束方程中引进一个人工变量，计算起来非常复杂，即使是 $m=3, n=4$ 这样简单的运输问题，其变量数也有 12 个。下面我们将通过表上作业法来求解运输问题。

4.2 表上作业法

表上作业法是求解运输问题的主要方法，其实质是单纯形法，也称运输单纯形法，因而具有与单纯形法相同的求解思想，但具体计算和术语有所不同，归纳如下：

（1）找出初始基可行解，即在（$m \times n$）产销平衡表上用最小元素法或沃格尔法给出 $m+n-1$ 个数字，称为数字格。它们就是初始基变量的取值。

（2）求各非基变量的检验数，即在表上计算空格的检验数，判别是否达到最优解。如已是最优解，则停止计算，否则转到下一步。

（3）确定换入变量和换出变量，找出新的基可行解。在表上用闭回路法调整。

（4）重复（2）和（3），直到得到最优解为止。

以上运算均可在表中完成，下面以典型案例来说明表上作业法的计算步骤。

由于典型案例中总产量等于总销量，所以该问题是一个产销平衡的运输问题。用 x_{ij} 表示从 A_i 到 B_j 的运量，则该问题的数学模型为

$$\min z = 3x_{11} + 11x_{12} + 3x_{13} + 10x_{14} + x_{21} + 9x_{22} + 2x_{23} + 8x_{24} + \\ 7x_{31} + 4x_{32} + 10x_{33} + 5x_{34}$$

$$\text{s. t.} \begin{cases} \sum_{j=1}^{4} x_{ij} = a_i, i = 1,2,3 \\ \sum_{i=1}^{3} x_{ij} = b_j, j = 1,2,\cdots,4 \\ x_{ij} \geqslant 0, \quad i = 1,2,3; j = 1,2,\cdots,4 \end{cases}$$

4.2.1 确定初始基可行解

确定初始基可行解的方法很多，比如西北角规则、最小元素法和沃格尔法等，其中最小元素法比沃格尔法更简便可行。下面以典型案例为例分别介绍最小元素法和沃格尔法的计算步骤。

1. 最小元素法

最小元素法的基本思想是就近供应，即应优先考虑单位运价最小（若有两个以上元素同为最小，则任取其一）的供销业务，最大限度地满足其供销量，即对所有 i 和 j，找出 $c_{i_0 j_0} = \min_{i,j}\{c_{ij}\}$，并将 $x_{i_0 j_0} = \min\{a_{i_0}, b_{j_0}\}$ 的物品量由 A_{i_0} 供应给 B_{j_0}。若 $x_{i_0 j_0} = a_{i_0}$，则产地 A_{i_0} 的可供物品已用完，以后不再继续考虑这个产地且 B_{j_0} 的需求量由 b_{j_0} 减少为 $b_{j_0} - a_{i_0}$；如果 $x_{i_0 j_0} = b_{j_0}$，则销地 B_{j_0} 的需求已全部得到满足，以后不再考虑这个销地，且 A_{i_0} 的可供量由 a_{i_0} 减少为 $a_{i_0} - b_{j_0}$。然后，在余下的产、销地的供销关系中，继续按上述方法安排调运，直至安排完所有供销任务得到一个完整的调运方案（完整的解）为止。这样就得到了运输问题的一个初始基可行解（初始调运方案）。

在典型案例表 4-1 中，因 A_2 到 B_1 的单位运价 1 最小，故首先考虑这项运输业务。由于 $\min\{a_2, b_1\} = b_1 = 3$，所以令 $x_{21} = 3$。在（A_2, B_1）格中填入数字 3，这时 A_2 的可供量变为 $a_2 - b_1 = 4 - 3 = 1$；B_1 的需求量全部得到满足，在以后运输量分配时不再考虑，故划去 B_1 列得到表 4-3。

表 4-3

单位运价 产地	销地	B_1	B_2	B_3	B_4	产量
A_1		3	11	3	10	7
A_2		1 3	9	2	8	4
A_3		7	4	10	5	9
销量		3	6	5	6	20

在运输表尚未划去的各项中再寻求最小单位运价，为 2，对应（A_2，B_3）格。由于 A_2 供应 B_1 后其供应能力变为 1，小于 $b_3 = 5$，故在格（A_2，B_3）中填入数字 1。这时 A_2 的供应能力已用尽，故划去 A_2 行得到表 4-4。

表 4-4

单位运价 销地 产地	B_1	B_2	B_3	B_4	产量
A_1	3	11	3	10	7
A_2	1 3	9	2 1	8	4
A_3	7	4	10	5	9
销量	3	6	5	6	20

继续如上进行，在（A_1，B_3）格中填入数字 4，划去 B_3 列；在（A_3，B_2）格中填入数字 6，划去 B_2 列；在（A_3，B_4）格中填入数字 3，划去 A_3 行。至此，只有（A_1，B_4）格未被划去，在其中填入数字 3，使 A_1 的可供量与 B_4 的需求量同时得到满足，并同时划去 A_1 行和 B_4 列。这时，运输表中全部格子均被划去，所有供销要求均得到满足。上述过程和结果示于表 4-5 中，表中下部和右侧带圈数字表示各列和各行划去的先后顺序。

表 4-5

单位运价 销地 产地	B_1	B_2	B_3	B_4	产量	
A_1	3	11	3 4	10 3	7	⑥
A_2	1 3	9	2 1	8	4	②
A_3	7	4 6	10	5 3	9	⑤
销量	3	6	5	6	20	
	①	④	③	⑥		

这时得到了该运输问题的一个初始解 $x_{13} = 4$，$x_{14} = 3$，$x_{21} = 3$，$x_{23} = 1$，$x_{32} = 6$，$x_{34} = 3$，其他变量全等于零，总运费（目标函数值）为 86。

这个解满足所有约束条件，其非零变量的个数为 6（等于 $m + n - 1 = 6$），不难验证，这 6 个非零变量（基变量）对应的约束条件系数列向量线性无关。

运用最小元素法求基本可行解，在迭代过程中有可能在某个格填入一个运量时需同时划去运输表的一行和一列，这时就出现了退化。在运输问题中，退化解是时常发生的。为保证

基变量的个数为 $m+n-1$ 个，退化时应在同时划去的一行或一列中的某个格中填入数字 0，表示这个格中的变量是取值为 0 的基变量。

2. 沃格尔法

与沃格尔法比较，最小元素法的缺点是：为了节省一处的费用，有时会造成在其他处要多花几倍的运费，从而使整个运输费用增加。而沃格尔法则可避免这种情况的出现，它的基本思想是：对每一个产地或销地，均可由它到各销地或到各产地的单位运价中找出最小单位运价和次小单位运价，并称这两个单位运价之差为该产地或销地的罚数，若罚数的值不大，则当不能按最小单位运价安排运输时造成的运费损失不大；反之，如果罚数的值很大，则不按最小运价组织运输会造成很大损失，故应尽量按最小单位运价安排运输。基于此，现结合典型案例说明其求解步骤如下：

首先计算运输表中每一行与每一列的次小单位运价和最小单位运价之间的差值，并分别称为行罚数（即行差）和列罚数（即列差）。将算出的行罚数填入位于运输表右侧行罚数栏左边第一列的相应格子中，列罚数填入位于运输表下边列罚数栏第一行的相应格子中（见表 4-6）。A_1、A_2 和 A_3 行的行罚数分别为 0、1 和 1；B_1、B_2、B_3 和 B_4 列的列罚数分别为 2、5、1 和 3。在这些罚数中，最大者为 5（在表 4-6 中用小圆圈示出），它位于 B_2 列。由于 B_2 列中的最小单位运价是 $c_{32}=4$，故在（A_3，B_2）格中填入尽可能大的运量 6，此时 B_2 列的需要得到满足，划去 B_2 列。

表 4-6

单位运价 销地 产地	B_1	B_2	B_3	B_4	产量	行罚数
A_1	3	11	3 5	10 2	7	0　0　0　⑦　0
A_2	1 3	9	2	8 1	4	1　1　1　6　0
A_3	7	4 6	10	5 3	9	1　2
销量	3	6	5	6		
列 罚 数	2 2 ② 	⑤ 	1 1 1 1	3 ③ 2 2 ②		

在尚未划去的各行和各列中，如上重新计算各行罚数和列罚数，并分别填入行罚数栏的第 2 列和列罚数栏的第 2 行。A_1、A_2 和 A_3 行的行罚数分别为 0、1 和 2；B_1、B_3 和 B_4 列的列罚数分别为 2、1 和 3。最大罚数等于 3，位于 B_4 列，对应最小单位运价为 5，故在（A_3，B_4）格中填入此时可能的最大调运量 3，划去 A_3 行。

按上述方法继续，依次算出每次迭代的行罚数和列罚数。根据其最大罚数值的位置在运输表中的适当格中填入一个尽可能大的运输量，并划去对应的一行或一列，直至只剩下最后一个未划去的空格，直接填入运输量，划去本行和本列。运用沃格尔法得到的初始基可行解是 $x_{13}=5$，$x_{14}=2$，$x_{21}=3$，$x_{24}=1$，$x_{32}=6$，$x_{34}=3$，其他变量的值等于零。这个解的目标函数值为 $z=85$。

显然沃格尔法得出的结果比最小元素法得出的结果要好。一般来说，沃格尔法得出的初始解质量较好，常用来作为运输问题最优解的近似解。

4.2.2 最优解的判别

最小元素法和沃格尔法给出的都是一个运输问题的基可行解，需要通过最优性检验判别该解的目标函数值是否最优，判别的方法是计算空格（非基变量）的检验数。因运输问题的目标函数是要求实现最小化，故当所有的检验数都大于或者等于零时，为最优解。下面介绍两种求空格检验数的方法：闭回路法、位势法。

1. 闭回路法

在给出调运方案的计算表上，为了求某个空格（非基变量）的检验数，先要找出它在运输表上的闭回路（以空格为起点，沿水平或垂直线向前划，当碰到一数字格时可以转90°后继续前进和转向，直至回到起始空格形成一个封闭的多边形为止）。可以证明，每个空格都唯一存在这样的一条闭回路。闭回路可以是一个简单的矩形，也可以是由水平和竖直边线组成的其他更为复杂的封闭多边形，如图 4-1 (a) ~ 图 4-1 (c) 所示。

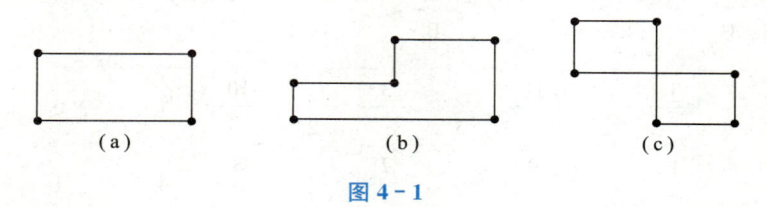

(a) (b) (c)

图 4-1

位于闭回路上的一组变量，它们与对应的运输问题约束条件的系数列向量线性相关，因而在运输问题基可行解的迭代过程中，不允许出现全部顶点由数字格构成的闭回路。也就是说，在确定运输问题的基可行解时，除要求非零变量的个数为 $m+n-1$ 个外，还要求运输表中填有数字的格不构成闭回路（当然还要满足所有约束条件）。用最小元素法和 Vogel 法得到的解都满足这些条件。

采用闭回路法对典型案例的初始可行解（如表 4-5 所示）求解检验数，步骤如下：

首先考虑表 4-5 中的空格 (A_1, B_1)，设想在现有运输方案的基础上，由产地 A_1 增加供应 1 个单位的物品给销地 B_1，为保持产销平衡，需要依次做调整：在格子 (A_2, B_1) 处减少 1 个单位，即 x_{21} 由 3 改为 2；在 (A_2, B_3) 处增加 1 个单位，即 x_{23} 由 1 改为 2；将 (A_1, B_3) 处减少 1 个单位，即 x_{13} 由 4 改为 3。这些格子除 (A_1, B_1) 为空格外，其他都是数字格。在运输表中，每一个空格总可以与一些数字格用水平线段和垂直线段交替连在一闭合回路上（见表 4-7）。按照上述设想，由产地 A_1 供给 1 个单位物品给销地 B_1，由此引起的总运费变化是 $c_{11}-c_{13}+c_{23}-c_{21}=3-3+2-1=1$，根据检验数的定义，它正是非基变量 x_{11}（或说空格 (A_1, B_1)）的检验数。

表 4 - 7

单位运价\销地\产地	B₁	B₂	B₃	B₄	产量
A₁	3	11	3　　4	10　　3	7
A₂	1　　3	9　　1	2	8	4
A₃	7	4　　6	10	5　　3	9
销量	3	6	5	6	20

按照同样的方法，可得表 4 - 7 中其他各空格（非基变量）的检验数如下：

$$\sigma_{12} = c_{12} - c_{14} + c_{34} - c_{32} = 11 - 10 + 5 - 4 = 2$$
$$\sigma_{22} = c_{22} - c_{23} + c_{13} - c_{14} + c_{34} - c_{32} = 9 - 2 + 3 - 10 + 5 - 4 = 1$$
$$\sigma_{24} = c_{24} - c_{14} + c_{13} - c_{23} = 8 - 10 + 3 - 2 = -1$$
$$\sigma_{31} = c_{31} - c_{34} + c_{14} - c_{13} + c_{23} - c_{21} = 7 - 5 + 10 - 3 + 2 - 1 = 10$$
$$\sigma_{33} = c_{33} - c_{34} + c_{14} - c_{13} = 10 - 5 + 10 - 3 = 12$$

用上述闭回路法算出的典型案例的初始调运方案（见表 4 - 7）各空格的检验数示于表 4 - 8 的检验数表中。其中，由于 $\sigma_{24} = -1 < 0$，故知表 4 - 7 中的解不是最优解，还需要进一步改进。

表 4 - 8

单位运价\销地\产地	B₁	B₂	B₃	B₄	产量
A₁	3　　①	11　　②	3　　4	10　　3	7
A₂	1　　3	9　　①	2　　1	8　　⊖1	4
A₃	7　　⑩	4　　6	10　　⑫	5　　3	9
销量	3	6	5	6	20

2. 位势法

用闭回路法判定一个运输方案是否为最优方案，需要找出所有空格的闭回路，并计算其检验数。当运输问题的产销地很多时，计算检验数的工作十分繁重。下面介绍一种较为简便的方法——位势法（也称对偶变量法）。

设 $u_1, u_2, \cdots, u_m; v_1, v_2, \cdots, v_n$ 是对应产销平衡运输问题的 $m + n$ 个约束条件的对偶变量，即对偶变量向量 $\boldsymbol{Y} = (u_1, u_2, \cdots, u_m, v_1, v_2, \cdots, v_n)$。由此可写出运输问题某

变量 x_{ij}（对应于运输表中的（A_i，B_j）格）的检验数如下：
$$\sigma_{ij}=c_{ij}-z_{ij}=c_{ij}-\boldsymbol{Y}\boldsymbol{P}_{ij}=c_{ij}-(u_1,u_2,\cdots,u_m,v_1,v_2,\cdots,v_n)\boldsymbol{P}_{ij}=c_{ij}-(u_i+v_j)$$
现设已得到了运输问题的一个基可行解，其基变量为
$$x_{i_1j_1},x_{i_2j_2},\cdots,x_{i_sj_s},s=m+n-1$$
由于基变量的检验数等于零，故对这组基变量可写出方程组：
$$\begin{cases}u_{i_1}+v_{j_1}=c_{i_1j_1}\\u_{i_2}+v_{j_2}=c_{i_2j_2}\\\quad\vdots\\u_{i_s}+v_{j_s}=c_{i_sj_s}\end{cases}$$

显然，这个方程组有 $m+n-1$ 个方程。运输表中每个产地和每个销地都对应原运输问题的一个约束条件，从而也对应各自的一个对偶变量；由于运输表中每行和每列都含有基变量，可知这样构造的方程组中含有全部 $m+n$ 个对偶变量。可以证明，上述方程组有解，且由于对偶变量数比方程数多一个，故解不唯一。为计算简便，常任意指定某一 u_i 等于零。方程组的解称为位势。

采用位势法对典型案例的初始可行解（见表 4-8）求解检验数，步骤如下：
(1) 在表 4-8 上增加一位势列 u_i 和位势行 v_j，得表 4-9。
(2) 计算位势。其中，x_{13}、x_{14}、x_{21}、x_{23}、x_{32}、x_{34} 这 6 个变量为基变量，故有 $u_i+v_j=c_{ij}$。任意指定 $u_1=0$，由此可得：
$$u_2=-1,u_3=-5,v_1=2,v_2=9,v_3=3,v_4=10$$
(3) 计算检验数。

有了位势 u_i 和 v_j 之后，即可由 $\sigma_{ij}=c_{ij}-(u_i+v_j)$ 计算各空格的检验数。本例算出的各空格的检验数见表 4-9（基变量的检验数等于 0，表 4-9 中不再列出）。

表 4-9

单位运价 销地 产地	B_1	B_2	B_3	B_4	产量	u_i
A_1	3 ①	11 ②	3 4	10 3	7	0
A_2	1 3	9 ①	2 1	8 ⊖1	4	-1
A_3	7 ⑩	4 6	10 ⑫	5 3	9	-5
销量	3	6	5	6	20	
v_j	2	9	3	10		

比较表 4-8 和表 4-9，可知用位势法（对偶变量法）与用闭回路法计算出的检验数完全相同。因 $\sigma_{24}=-1<0$，故该解不是最优解。

4.2.3 解的改进——闭回路调整法

对运输问题的一个解来说，若存在负的检验数，则说明将这个非基变量变为基变量时总运费会更小，因而这个解不是最优解，还可以进一步改进。若有两个或两个以上的负检验数，则一般选其中最小的检验数，在运输表中找出这个空格对应的闭回路 L_{ij}，在满足所有约束条件的前提下，使 x_{ij} 尽量增大并相应调整此闭回路上其他顶点的运输量，以得到另一个更好的基可行解。

解改进的具体步骤如下：

（1）以 x_{ij} 为换入变量，找出它在运输表中的闭回路。

（2）以空格（A_i，B_j）为第一个奇数顶点，沿闭回路的顺（或逆）时针方向前进，对闭回路上的顶点依次编号。

（3）在闭回路上的所有偶数顶点中，找出运输量最小（$\min\limits_{L_{ij}} x_{ji}$）的顶点（格子），以该格中的变量为换出变量。

（4）以 $\Delta=\min\limits_{L_{ij}}\{x_{ji}\}$ 为调整量，将该闭回路上所有奇数顶点处的运输量都增加 Δ，所有偶数顶点处的运输量都减去 Δ，从而得到新的运输方案。该运输方案的总运费比原运输方案少，改变量等于 $\Delta\sigma_{ij}$。

（5）再对得到的新解进行最优性检验，如不是最优解，则重复以上步骤继续进行调整，一直到得出最优解为止。

以典型案例为例，对其采用最小元素法求解的初始可行解（见表 4-5）进行改进。

在表 4-8 的检验数中，由于 $\sigma_{24}=-1<0$，故以 x_{24} 为换入变量，它对应的闭回路见表 4-10。

表 4-10

单位运价 销地 产地	B_1	B_2	B_3	B_4	产量
A_1	3	11	3 4 (+1)	10 3 (−1)	7
A_2	1 3	9	2 1 (−1)	8 (+1)	4
A_3	7	4 6	10	5 3	9
销量	3	6	5	6	20

该闭回路的偶数顶点位于格（A_1，B_4）和（A_2，B_3），由于 $\min\{x_{14},x_{23}\}=1$，故应对解做如下调整：

$$x_{24}:+1$$
$$x_{14}:-1$$

$$x_{13}: +1$$
$$x_{23}: -1$$

得到的新的基可行解为（见表 4-11）$x_{13}=5$，$x_{14}=2$，$x_{21}=3$，$x_{24}=1$，$x_{32}=6$，$x_{34}=3$，其他为非基变量。原来的基变量 x_{23} 变为非基变量，基变量的个数仍维持为 6 个。这时的目标函数值等于 85。

用位势法或闭回路法求这个新解各非基变量的检验数，结果见表 4-11。由于所有非基变量的检验数全非负，故这个解为最优解。

表 4-11

单位运价 产地\销地	B₁	B₂	B₃	B₄	产量	u_i
A₁	3 ⓪	11 ②	3 5	10 2	7	0
A₂	1 3	9 ②	2 ①	8 1	4	-2
A₃	7 ⑨	4 6	10 ⑫	5 3	9	-5
销量	3	6	5	6	20	
v_j	3	9	3	10		

对这个解来说，因 $\sigma_{11}=0$，若以 x_{11} 为换入变量可再得一解，它与上面最优解的目标函数值相等，其也是一个最优解，即典型案例的运输问题有多个最优解。

4.3 产销不平衡运输问题

4.3.1 一般产销不平衡运输问题

以上讲述的运输问题的算法是以总产量等于总销量（产销平衡）为前提的，实际上，在很多运输问题中总产量不等于总销量。这时，为了使用前述表上作业法求解，需将产销不平衡运输问题化为产销平衡运输问题。以产销不平衡中"供大于求"的问题为例，其数学模型为

$$\min z = \sum_{i=1}^{m}\sum_{j=1}^{n} c_{ij}x_{ij}$$

$$\text{s. t.} \begin{cases} \sum_{j=1}^{n} x_{ij} \leqslant a_i & (i=1,2,\cdots,m) \\ \sum_{i=1}^{m} x_{ij} = b_j & (j=1,2,\cdots,n) \\ x_{ij} \geqslant 0 & (i=1,2,\cdots,m; j=1,2,\cdots,n) \end{cases}$$

为了借助于产销平衡问题的表上作业法求解,可虚设一个销地 B_{n+1},由于实际上它不存在,因而由产地 A_i($i=1,2,\cdots,m$)调运到 B_{n+1} 的物品数量 $x_{i,n+1}$(相当于松弛变量)实际上就是就地存储在 A_i 的物品数量。就地存储的物品不经运输,故其单位运价 $c_{i,n+1}=0(i=1,2,\cdots,m)$。

若令虚设销地的销量为 b_{n+1},且

$$b_{n+1} = \sum_{i=1}^{m} a_i - \sum_{j=1}^{n} b_j$$

则数学模型变为

$$\min z = \sum_{i=1}^{m} \sum_{j=1}^{n+1} c_{ij} x_{ij}$$

$$\text{s. t.} \begin{cases} \sum_{j=1}^{n+1} x_{ij} = a_i & (i=1,2,\cdots,m) \\ \sum_{i=1}^{m} x_{ij} = b_j & (j=1,2,\cdots,n+1) \\ x_{ij} \geqslant 0 \end{cases}$$

对产销不平衡中"供不应求"问题可仿照上述问题类似处理,即增加一个虚设产地 A_{m+1},它的产量等于 $a_{m+1} = \sum_{j=1}^{n} b_j - \sum_{i=1}^{m} a_i$。同样,由于虚设产地并不存在,故求出的由它发往各个销地的物品数量 $x_{m+1,j}(j=1,2,\cdots,n)$ 实际上是各销地 B_j 所需物品的欠缺额,显然有 $c_{m+1,j}=0(j=1,2,\cdots,n)$。

例 4-1 某市有三个食品厂 A_1、A_2 和 A_3,其面包的产量分别为 8、5 和 9 个单位,有 4 个固定用户 B_1、B_2、B_3 和 B_4,其需用量分别为 4、3、5 和 6 个单位。由各食品厂到各用户的单位运价如表 4-12 所示,请确定总运费最少的调运方案。

表 4-12

单位运价 产地＼销地	B_1	B_2	B_3	B_4	产量
A_1	3	12	3	4	8
A_2	11	2	5	9	5
A_3	6	7	1	5	9
销量	4	3	5	6	22 / 18

解：由表 4-12 知，22≥18，即总产量大于总销量，所以本问题为"供大于求"产销不平衡运输问题。通过虚设销地 B_5 将其转换为产销平衡问题，表 4-12 转换为表 4-13，采用表上作业法进行求解。求解过程此处略。

表 4-13

单位运价/(万元·万吨⁻¹) 产地＼销地	B_1	B_2	B_3	B_4	B_5	产量
A_1	3	12	3	4	0	8
A_2	11	2	5	9	0	5
A_3	6	7	1	5	0	9
销量	4	3	5	6	4	22

4.3.2 带弹性需求的产销不平衡运输问题

对产销不平衡的运输问题，比如当供不应求时，决策者往往会根据实际情况规定某些销地的需求为弹性需求，即分为最低需求和最高需求。其中最低需求部分必须满足，而超出最低需求的部分可满足可不满足，这类运输问题属于带弹性需求的产销不平衡运输问题。

例 4-2 设有三个化肥厂供应四个地区的农用化肥，各化肥厂年产量（万吨）、各地区年需求量（万吨）以及从各化肥厂到各地区运送单位化肥的运价（万元/万吨）见表 4-14。试求出总运费最小的调整方案。

表 4-14

单位运价/(万元·万吨⁻¹) 化肥厂＼需求地	B_1	B_2	B_3	B_4	产量/万吨
A_1	16	13	22	17	50
A_2	14	13	19	15	60
A_3	19	20	23	—	50
最低需求/万吨	30	70	0	10	
最高需求/万吨	50	70	30	不限	

解：这是一个需求为弹性的产销不平衡运输问题，总产量为 160 万吨，四个地区的最低需求为 110 万吨，最高需求为无限。根据现有产量，地区 B_4 每年最多能分配到 60 万吨，这

样最高需求为 210 万吨，远远大于产量。为了求得平衡，在产销平衡表中虚设一个化肥厂 A_4，其年产量为 50 万吨。由于各地区的需求量包含两部分，如地区 B_1，其中 30 万吨是最低需求，故不能由虚设化肥厂 A_4 供给，令相应运价为 M（任意大正数）；而另一部分 20 万吨满足或不满足均可以，因此可以由假想化肥厂 A_4 供给，令其相应运价为 0。对需求分两种情况的地区，实际上可以按照两个地区看待。这样可以写出这个问题的产销平衡运输表（见表 4-15），再根据表上作业法计算得到最优方案表 4-16。

表 4-15

单位运价/(万元·万吨⁻¹) 化肥厂 \ 需求地	B_1	B_1'	B_2	B_3	B_4	B_4'	产量/万吨
A_1	16	16	13	22	17	17	50
A_2	14	14	13	19	15	15	60
A_3	19	19	20	23	M	M	50
A_4	M	0	M	0	M	0	50
需求量/万吨	30	20	70	30	10	50	210

表 4-16

单位运价/(万元·万吨⁻¹) 化肥厂 \ 需求地	B_1	B_1'	B_2	B_3	B_4	B_4'	产量/万吨
A_1	16	16	13 / 50	22	17	17	50
A_2	14	14	13 / 20	19	15 / 10	15 / 30	60
A_3	19 / 30	19 / 20	20 / 0	23	M	M	50
A_4	M	0	M	0 / 30	M	0 / 20	50
需求量/万吨	30	20	70	30	10	50	210

因此，化肥厂 A_3 供给 B_1 50 万吨，化肥厂 A_1 供给 B_2 50 万吨，化肥厂 A_2 供给 B_2 20 万吨，化肥厂 A_2 供给 B_4 40 万吨，总运费为 2 460 万元。

思政融合

理解社会主义核心价值观中"和谐、平等"理念：

通过讲解产销不平衡问题，导入荀子"两物齐平如横"的哲学道理：和谐是中国传统文化的基本理念，是经济社会和谐稳定、持续健康发展的重要保证；平等是公民价值取向，人人依法享有平等参与、平等发展的权利。

知识拓展

转运问题

前述运输问题产地与销地的界线非常分明，产地只供给（输出）货物，销地只需求（输入）货物，而实际上，绝对的输出与输入几乎是不存在的，最多存在的为既是产地又是销地的情形，甚至有时一地仅作为其他两地之间输入、输出的中转站，像这些类型的运输问题，称为转运问题。

转运问题的解题思路是先将其转化为平衡型运输问题，再按表上作业法求解，这一点和不平衡型运输问题是一样的。我们来看一下转运问题在这个转化中的一些假定：

(1) 求最大可能中转量 Q（Q 为大于总产量 $\sum_{i=1}^{m} a_i$ 的一个数）；

(2) 纯中转站视为输入量和输出量均为 Q 的一个产地和销地；

(3) 兼中转站的产地 A_i 视为输入量为 Q 的销地和输出量为 $Q+a_i$ 的产地；

(4) 兼中转站的销地 B_j 视为输出量为 Q 的产地和输入量为 $Q+b_j$ 的销地。

按照上述假设来完成转化，重新画出单位运价表和产销平衡表，再按表上作业法进行求解。举例从略。

知识总结

(1) 日常生产生活中经常遇到从某些产地往某些销地进行产品调拨的问题，而如何调拨才能使总运费最低的问题就是通常所说的运输问题。运输问题是线性规划应用最广泛的一个领域，其分为产销平衡问题和产销不平衡问题。

(2) 产销平衡问题通常采用表上作业法进行求解，其求解步骤是：首先采用最小元素法或沃格尔法确定初始基可行解，然后采用回路法或位势法求空格检验数进行最优解判别，如果所有空格检验数中有负数，代表该可行解不是最优解，需采用闭回路调整法进行调整，调整后再次计算空格检验数，直到所有空格检验数均为非负数，表明已求得最优解。

(3) 产销不平衡问题是通过增加松弛变量，将产销不平衡问题转化为产销平衡问题，然后再采用表上作业法进行求解。

自测练习

4.1 判别表 4-17 和表 4-18 是否是表上作业法求解的运输问题的最优解。

表 4-17

单位运价 产地＼销地	B_1	B_2	B_3	B_4	产量
A_1			6	5	11
A_2	5	4		2	11
A_3		5	3		8
销量	5	9	9	7	

表 4-18

单位运价 产地＼销地	B_1	B_2	B_3	B_4	B_5	B_6	产量
A_1					30		30
A_2	20	30					50
A_3		10	30	10		25	75
A_4					20		20
销量	20	40	30	10	50	25	

4.2 表 4-19 和表 4-20 中给出了运输问题的产销量及产地到销地间的单位运价，请用表上作业法求最优解。

表 4-19

单位运价 产地＼销地	B_1	B_2	B_3	B_4	产量
A_1	9	18	1	10	9
A_2	11	6	8	18	10
A_3	14	12	2	16	6
销量	4	9	7	5	

表 4-20

单位运价 产地＼销地	B_1	B_2	B_3	B_4	产量
A_1	3	7	6	4	5
A_2	2	4	3	2	2
A_3	4	3	8	5	6
销量	3	3	2	2	

4.3 表 4-21 给出了一个运输问题及它的一个解，试问：

(1) 表 4-21 中给出的解是否为最优解？请用位势法进行检验。

(2) 若价值系数 c_{24} 由 1 变为 3，则所给出的解是否仍为最优解？若不是，请求出最优解。

(3) 若所有价值系数均增加 1，最优解是否改变？为什么？

(4) 若所有价值系数均乘以 2，最优解是否改变？为什么？

表 4-21

单位运价 销地 产地	B_1	B_2	B_3	B_4	产量
A_1	4	1 5	4 3	6	8
A_2	1 8	2	6	1 2	10
A_3	3	7	5 3	1 1	4
销量	8	5	6	3	22

4.4 甲、乙、丙三个城市每年需要煤炭量分别为 320 万吨、250 万吨、350 万吨，由 A、B 两处煤矿负责供应，其供应量分别为 400 万吨、450 万吨。由煤矿至各城市的单位运价（万元/万吨）见表 4-22。由于需求大于供应，所以决定甲城市供应量可减少 0~30 万吨，乙城市需求量必须全部满足，丙城市供应量不少于 270 万吨。试求总运费最低的调运方案（将可供煤炭量用完）。

表 4-22

单位运价/（万元·万吨$^{-1}$） 销地 产地	甲	乙	丙
A	15	18	22
B	21	25	16

第 5 章　整数规划

知识要点

理解整数规划的概念和特点，能够建立整数规划问题的数学模型；了解整数规划的割平面法和分支界定法的基本原理，求解 0—1 规划中枚举法的基本原理；能够建立指派问题的数学模型并掌握匈牙利法的基本原理。

核心概念

整数规划（Integer Programming）
松弛问题（Slack Problem）
分支定界法（Branch and Bound Algorithm）
隐枚举法（Implicit Enumeration）
割平面法（Cutting Plane Method）
匈牙利法（Hungarian Method）
0—1 规划（0—1 Programming）
分派问题（Assignment Problem）

典型案例

1. 某公司拟用集装箱托运甲、乙两种货物，这两种货物每件的体积、重量、可获利润以及托运所受限制如表 5-1 所示。

表 5-1

货物	每件体积/立方英尺①	每件重量/百千克	每件利润/百元
甲	195	4	2
乙	273	40	3
托运限制	1 365	140	

---

① 1 立方米＝35.3 立方英尺。

甲种货物至多托运 4 件，问两种货物各托运多少件可使获得利润最大。

2. 某服务部门各时段（每 2 小时为一时段）需要的服务员人数见表 5-2。按规定，服务员连续工作 8 小时（即 4 个时段）为一班。现要求安排服务员的工作时间使服务部门服务员总数最少。

表 5-2

时段	1	2	3	4	5	6	7	8
服务员最少数目	10	8	9	11	13	8	5	3

3. 某企业在 A_1 地已有一个工厂，其产品的生产能力为 30 千箱，为了扩大生产，打算在 A_2、A_3、A_4、A_5 地中再选择几个地方建厂，已知在 A_2 地建厂的固定成本为 175 千元，在 A_3 地建厂的固定成本为 300 千元，在 A_4 地建厂的固定成本为 375 千元，在 A_5 地建厂的固定成本为 500 千元。另外，在 A_1 地工厂的产量，A_2、A_3、A_4、A_5 地建厂后的产量，销地的销量以及产地到销地的单位运价（每千箱运费）如表 5-3 所示。

（1）在满足销量的前提下，问应该在哪几个地方建厂，使得其总的固定成本和总的运输费用之和最小？

（2）如果由于政策要求必须在 A_2、A_3 地建一个厂，则应在哪几个地方建厂？

表 5-3

运输单价/元 产地 \ 销地	B_1	B_2	B_3	产量/千箱
A_1	8	4	3	30
A_2	5	2	3	10
A_3	4	3	4	20
A_4	9	7	5	30
A_5	10	4	2	40
销量/千箱	30	20	20	

案例思考：

分析上面例题的共同特点是什么？提炼问题特征，思考实际中类似问题及其解决思路。

5.1 整数规划的数学模型

5.1.1 整数规划问题的提出

在前面几章讨论的线性规划问题中，最优解可能是整数，也可能不是整数，但在某些实际问题中，例如在本章的典型案例 1 中，人数以及机器设备的台数、项目的个数等，这都要求部分或全部变量取整数。此外还有一些问题，例如典型案例 2 中，如果不要在某地建设工厂，可选用一个逻辑变量 x，令 $x=1$ 表示在该地建厂，$x=0$ 表示不在该地建厂，逻辑变量也是只允许取整数值得一类变量。我们把这一类的规划问题称为整数规划（Integer Programming，IP），整数规划是最近 20 年来发展起来的规划论中的一个分支。

整数规划中如果所有的变数都限制为（非负）整数，则称为纯整数规划（Pure Integer Programming）或称为全整数规划（All Integer Programming）；如果仅一部分变数限制为整数，则称为混合整数规划（Mixed Integer Programming）。整数规划的一种特殊情形是 **0—1 规划**，它的变数值仅限于 0 和 1，本章会讲到的指派问题就是一个 **0—1 规划**问题。下面我们以开篇的典型案例为例来看整数规划问题的模型。

对于典型案例 1：设 x_1、x_2 分别为甲、乙两种货物托运的件数，建立模型：

$$\max z = 2x_1 + 3x_2$$

$$\text{s. t.} \begin{cases} 195x_1 + 273x_2 \leqslant 1\ 365 \\ 4x_1 + 40x_2 \leqslant 140 \\ x_1 \leqslant 4 \\ x_1, x_2 \geqslant 0 \\ x_1, x_2 \text{ 为整数} \end{cases}$$

对于典型案例 2：设在第 j 时段开始时上班的服务员人数是 x_j。由于第 j 时段开始时上班的服务员将在第 $j+1$ 时段结束时下班，所以决策变量只需考虑 x_1、x_2、x_3、x_4、x_5。

该问题的数学模型为

$$\min z = x_1 + x_2 + x_3 + x_4 + x_5$$

$$\text{s. t.} \begin{cases} x_1 \geqslant 10 \\ x_1 + x_2 \geqslant 8 \\ x_1 + x_2 + x_3 \geqslant 9 \\ x_1 + x_2 + x_3 + x_4 \geqslant 11 \\ x_2 + x_3 + x_4 + x_5 \geqslant 13 \\ x_3 + x_4 + x_5 \geqslant 8 \\ x_4 + x_5 \geqslant 5 \\ x_5 \geqslant 3 \\ x_1, x_2, x_3, x_4, x_5 \geqslant 0, \text{且均为整数} \end{cases}$$

对于典型案例 3：设 x_{ij} 为从 A_i 运往 B_j 的运输量（单位：千箱）。

$$y_i = \begin{cases} 1, \text{当 } A_i \text{ 厂址被选中时}; \\ 0, \text{当 } A_i \text{ 厂址没有被选中时} \end{cases}$$

则此问题的固定成本及总运输费最小的目标可写为

$$\min z = 175y_2 + 300y_3 + 375y_4 + 500y_5 + 8x_{11} + 4x_{12} + 3x_{13} + 5x_{21} + 2x_{22} + \\ 3x_{23} + 4x_{31} + 3x_{32} + 4x_{33} + 9x_{41} + 7x_{42} + 5x_{43} + 10x_{51} + 4x_{52} + 2x_{53}$$

其中，前四项为固定投资额，后面的几项为运输费用。

对 A_1 厂来说，其产量限制的约束条件可写成：

$$x_{11} + x_{12} + x_{13} \leqslant 30$$

但是对 A_2、A_3、A_4、A_5 准备选址建设的新厂来说，只有当选为厂址建设，才会有生产量，所以它们的常量限制的约束条件写为

$$\text{s. t.} \begin{cases} x_{21} + x_{22} + x_{23} \leqslant 10y_2 \\ x_{31} + x_{32} + x_{33} \leqslant 20y_3 \\ x_{41} + x_{42} + x_{43} \leqslant 30y_4 \\ x_{51} + x_{52} + x_{53} \leqslant 40y_5 \end{cases}$$

至于满足销量的约束条件可写为

$$\text{s. t.} \begin{cases} x_{11} + x_{21} + x_{31} + x_{41} + x_{51} = 30 \\ x_{12} + x_{22} + x_{32} + x_{42} + x_{52} = 20 \\ x_{13} + x_{23} + x_{33} + x_{43} + x_{53} = 20 \end{cases}$$

5.1.2 整数规划的一般模型

整数规划是研究决策变量取整数或部分取整数的一类规划问题，它的应用非常广泛，许多著名的优化问题，如旅行商问题、背包问题、下料问题和工序安排问题等，都可以归结为整数规划问题。不考虑整数条件，由余下的目标函数和约束条件构成的规划问题称为该整数规划问题的松弛问题。若松弛问题是一个线性规划，则称该整数规划为整数线性规划。由上节的实例可以看到，整数规划的一般模型为

$$\max(\text{或 min})z = \sum_{j=1}^{n} c_j x_j$$

$$\text{s. t.} \begin{cases} \sum_{j=1}^{n} a_{ij} x_j \leqslant (\text{或} =,\text{或} \geqslant) b_i \quad (i = 1, 2, \cdots, m) \\ x_j \geqslant 0 \quad (j = 1, 2, \cdots, n) \\ x_1, x_2, \cdots, x_n \text{ 中部分或全部取整数} \end{cases}$$

整数线性规划及其松弛问题，从解的特点上来说，这之间既有密切的联系，又有本质的区别。

松弛问题作为一个线性规划问题，其可行解的集合是一个凸集，任意两个可行解的凸组合仍为可行解。整数规划问题的可行解集合是它的松弛问题可行解集合的一个子集，任意两个可行解的凸组合不一定满足整数约束条件，因而不一定仍为可行解。由于整数规划问题的可行解一定也是它的松弛问题的可行解（反之则不一定），所以前者最优解的目标函数值不会优于后者最优解的目标函数值。

在一般情况下，松弛问题的最优解不会刚好满足变量的整数约束条件，因而不是整数规划的可行解，自然就不是整数规划的最优解。此时，若对松弛问题的这个最优解中不符合整数要求的分量简单取整，则所得到的解不一定是整数规划问题的最优解，甚至也不一定是整数规划问题的可行解。通常来讲，我们不能通过简单地用对松弛问题的解四舍五入的方法来获得整数规划问题的解。

例 5-1 某厂拟用集装箱运输甲、乙两种箱式包装物品，限制条件如表 5-4 所示。问如何托运使得效用最大？

表 5-4

货品	体积/立方米	重量/千克	利润/百元
甲	2	12	40
乙	2.5	8	30
销量/千箱	25	100	

解：此问题为线性整数规划问题。设 x_1、x_2 为甲乙两种货物的托运箱数，列出数学模型：

$$\max z = 40x_1 + 30x_2$$

$$\text{s.t.} \begin{cases} 2x_1 + 2.5x_2 \leqslant 25 \\ 12x_1 + 8x_2 \leqslant 100 \\ x_1, x_2 \geqslant 0 \\ x_1, x_2 \text{ 为整数} \end{cases}$$

若暂不考虑整数条件，采用一般线性规划求解方法（图解法或者单纯形法）求得最优解为

$$x_1 = 3.5714, x_2 = 7.1429, z = 357.14$$

想求得整数解，需要考察一下对所求得的松弛问题的最优解化整取解是否可行。

（1）四舍五入。

$x_1 = 3.5714$，取 $x_1 = 4$；$x_2 = 7.1429$，取 $x_2 = 7$。此时解不满足约束条件，故不可行。

（2）舍去小数。

$x_1 = 3.5714$，取 $x_1 = 3$；$x_2 = 7.1429$，取 $x_2 = 7$。此时解为可行解，但非最优解，因为 $z = 330$。而 $x_1 = 5$，$x_2 = 5$ 也是可行解，$z = 350$，且可以证明此解也是最优解。

故上述方法不可行，必须寻求另外的求解方法。

注意：如 x_1, x_2 为很大的正数，这种取舍不会影响很大，解亦可行（逼近最优解），甚至就是最优解。

根据整数规划问题的特征，在求解问题上自然形成了两个基本的途径：一个是先忽略整数要求，按照连续情况求解，然后对解进行整数处理。虽然我们已经通过上面的例子说明了其不足之处，但由于缺乏更好的方法，所以此方法仍是一种可参考的思路。另一个是基于考虑：离散情况下的解大多是有限的，因此找出所有的解，再进行比较，称为穷举法或者枚举法。

枚举法在实际中常常也是行不通的，因为这个有限的数量往往大得惊人，在允许的时限内无法把它们全部求出，更不要说比较了。例如，**0－1 规划中的背包问题**，设有 60 个变量，其可能的解有 $20^{60} = 1.6529 \times 10^{18}$ 个，如果用计算机每秒处理 1 亿个数据，则需要 360 多年。

5.2 分支定界法

整数线性规划模型是一类特殊的线性规划模型，但用单纯形法得到的最优解往往不能保

证其一定是整数,故有必要对其进行讨论。不同的算法通常只适合于不同类型的问题,尤其是一些特殊结构的问题。本节给出的分支定界法是目前求整数规划模型的一种常用的方法。

分支定界法是一种隐枚举法或部分枚举法,它对枚举法进行了改进,通过"分支"和"定界"两个关键步骤使搜索效率得以提高。

(1) 分支。

如果整数规划松弛问题的最优解满足整数要求,那么该最优解就是整数规划问题的最优解;若整数规划松弛问题的最优解不满足整数要求,那么假设 $x_i = \bar{b}_i$ 不是整数,记 $[\bar{b}_i]$ 为不超过 $\bar{b}_i$ 的最大整数。例如,$x_i = 3.6$,则 $[\bar{b}_i] = 3$;$x_i = -2.4$,则 $[\bar{b}_i] = -3$。构造两个约束条件:$x_i \leqslant [\bar{b}_i]$ 和 $x_i \geqslant [\bar{b}_i] + 1$,分别将其并入原松弛问题中,从而形成两个分支,称它们为两个后继问题。两个后继问题的可行域中包含原整数规划问题的所有可行解,而在原松弛问题的可行域中,满足 $[\bar{b}_i] < x_i < [\bar{b}_i] + 1$ 的一部分区域在以后的求解过程中被遗弃了,但这并不会"损失"掉整数规划的任何可行解,所以尽管相对原松弛问题而言,两个后继问题的可行域变小了,但不会影响整数规划问题的解。根据需要,各后继问题可以类似地产生自己的分支,即自己的后继问题。如此不断继续,可行域不断缩小,直到获得整数规划的最优解。这个过程就是"分支"。

(2) 定界。

在分支过程中,如果某个后继问题恰巧获得整数规划问题的一个可行解,那么我们可以把它的目标函数值设置为一个"界限",作为衡量处理其他分支的一个依据。因为整数规划问题的可行解集是其松弛问题可行解集的一个子集,前者最优解的目标函数值不会优于后者最优解的目标函数值,所以对于那些相应松弛问题最优解的目标函数值比上述"界限"值差的后继问题,就可以剔除而不再考虑了。当然,如果在以后的分支过程中出现了更好的"界限",则可以它来取代原来的界限,这样可以提高定界的效果。

"分支"为整数规划最优解的出现创造了条件,而"定界"则可以提高搜索的效率。经验表明,在可能的情况下,根据对实际问题的了解,事先选择一个合理的"界限"可以提高分支定界法的搜索效率。下面举例加以说明。

例 5-2 求解以下整数规划。

$$\max z = 3x_1 + 2x_2$$

$$\text{s. t.} \begin{cases} 2x_1 + 3x_2 \leqslant 14 \\ 4x_1 + 2x_2 \leqslant 18 \\ x_1, x_2 \geqslant 0, 且 x_1, x_2 取整数 \end{cases}$$

解:记整数规划问题为 IP,它的松弛问题为 LP。如图 5-1 所示,S 为 LP 的可行域,黑点表示整数点。用单纯形法解 LP,得最优解 $x_1 = 3.25$,$x_2 = 2.5$,即点 A,$\max z = 14.75$。

LP 的最优解不符合整数要求,可任选一个变量,如选择 $x_1 = 3.25$ 进行分支。由于最接近 3.25 的整数是 3 和 4,故可以构造两个约束条件:

$$x_1 \leqslant 3 \quad (5-1a)$$

$$x_1 \geqslant 4 \quad (5-1b)$$

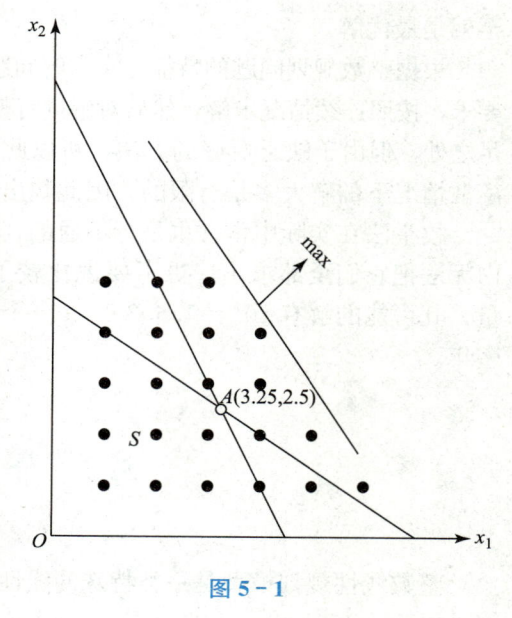

图 5-1

将式（5-1a）和式（5-1b）分别并入松弛问题（LP）中，得到两个分支，即后继问题 LP1 和 LP2，其分别由 LP 及式（5-1a）和 LP 及式（5-1b）组成。图 5-2 中 S_1 和 S_2 分别为 LP1 和 LP2 的可行域，不连通的域 $S_1 \cup S_2$ 中包含了整数规划问题 IP 的所有可行解，S 中被舍去的部分不包含 IP 的任何可行解。

解 LP1，最优解为 $x_1 = 3, x_2 = 8/3$，即点 B，$\max z = 14\frac{1}{3}$。

点 B 仍不符合整数要求，再解 LP2。LP2 的最优解为 $x_1 = 4, x_2 = 1$，即点 C，$\max z = 14$。点 C 符合整数要求，故 LP2 无须再分支，且把 14 作为新的"界限"，凡是目标函数的最优值比 14 小的分支，均可剔除掉。由于（LP1）目标函数的最优值 $14\frac{1}{3}$ 大于 LP2 目标函数的最优值 14，所以 LP1 仍然必须继续分支。因 B 点 $x_1 = 3, x_2 = 8/3$，故可构造两个约束条件：

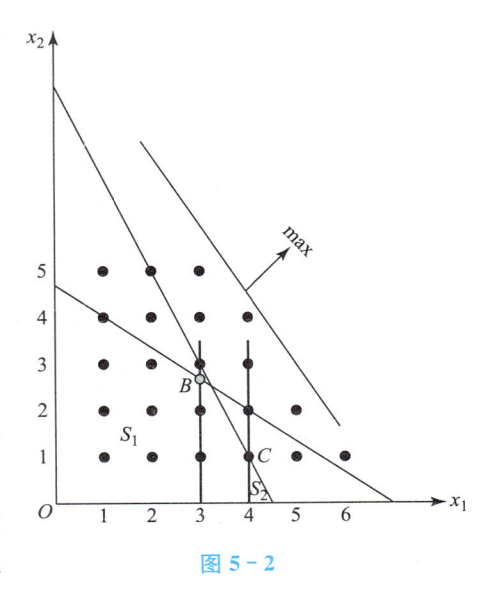

$$x_2 \leqslant 2 \tag{5-1c}$$
$$x_2 \geqslant 3 \tag{5-1d}$$

将式（5-1c）和式（5-1d）分别并入松弛问题 LP1，形成两个新的分支，即 LP1 的后继问题 LP11 和 LP12，其分别由 LP1 及式（5-1c）和 LP1 及式（5-1d）组成。在图 5-3 中，LP11 的可行域为 S_{11}，LP12 的可行域为 S_{12}。

解 LP11，最优解为 $x_1 = 2.5, x_2 = 3$，即点 D，$\max z = 13.5$，小于"界限"14，该分支可以被剔除掉，无须再继续分支。再解 LP12，LP12 的最优解为 $x_1 = 3, x_2 = 2$，即点 E，$\max z = 13$，小于"界限"14，该分支也可以被剔除掉，如图 5-3 所示。综上所述，整数规划问题 IP 的解为 $x_1 = 4, x_2 = 1$，即 C 点，$\max z = 14$。

上述分支定界法求解的过程可用图 5-4 来表示。

用分支定界法求解整数规划问题的一般步骤可归纳为以下几步：

图 5-2

图 5-3

步骤1：称整数规划问题为问题 A，它的松弛问题为问题 B，以 Z_b 表示问题 A 目标函数的初始界（如已知问题 A 的一个可行解，则可取它的目标函数值为 Z_b）。对于最大化问题 A，Z_b 为下界；对于最小化问题 A，Z_b 为上界。解问题 B。

步骤2：如问题 B 无可行解，则问题 A 也无可行解；如问题 B 的最优解符合问题 A 的整数要求，则它就是问题 A 的最优解。对于这两种情况，求解过程到此结束。如问题 B 的最优解存在，但不符合问题 A 的整数要求，则转到步骤3。

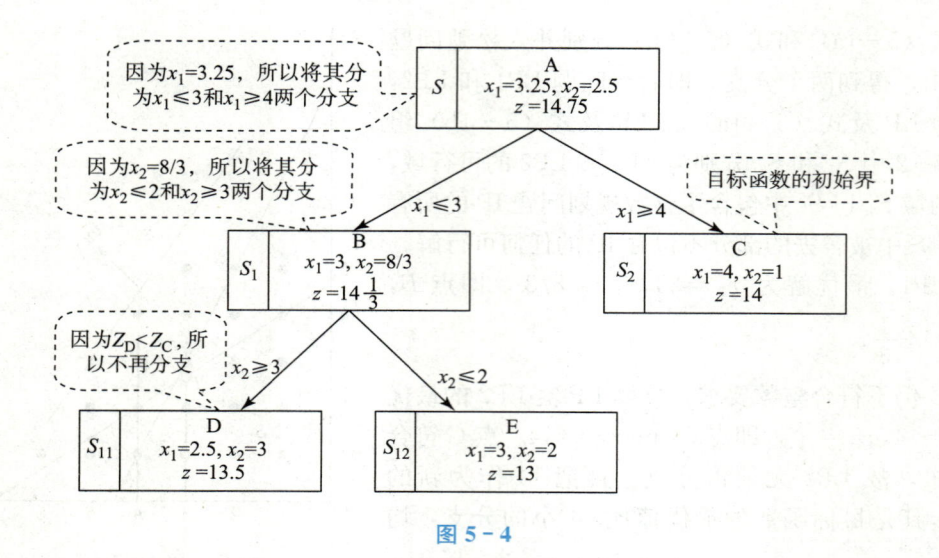

```
           ┌─────────────────┐
因为x₁=3.25,所以将其分 ···→│ S  x₁=3.25, x₂=2.5│
为x₁≤3和x₁≥4两个分支      │    z=14.75      │
                          └─────────────────┘
                            ╱           ╲
                         x₁≤3          x₁≥4       目标函数的初始界
                          ╱               ╲
因为x₂=8/3,所以将其分  ┌──────────────┐  ┌──────────────┐
为x₂≤2和x₂≥3两个分支  │S₁  B x₁=3,x₂=8/3│  │S₂  C x₁=4,x₂=1│
                      │    z=14⅓      │  │    z=14      │
                      └──────────────┘  └──────────────┘
                         ╱        ╲
因为Z_D<Z_C,所以     x₂≥3       x₂≤2
不再分支              ╱           ╲
              ┌──────────────┐  ┌──────────────┐
              │S₁₁ D x₁=2.5,x₂=3│  │S₁₂ E x₁=3,x₂=2│
              │    z=13.5     │  │    z=13      │
              └──────────────┘  └──────────────┘
```

图 5-4

步骤 3：对问题 B，任选一个不符合整数要求的变量进行分支。设 $x_j = \bar{b}_j$，且设 $[\bar{b}_j]$ 为不超过 $\bar{b}_j$ 的最大整数。对问题 B 增加下面两个约束条件中的一个：$x_j \leqslant [\bar{b}_j]$ 和 $x_j \geqslant [\bar{b}_j] + 1$，从而形成两个后继问题。解这两个后继问题，转到步骤 4。

步骤 4：考察所有后继问题，如其中有某几个存在最优解，且其最优解满足问题 A 的整数要求，则以它们中最优的目标函数值和界 Z_b 作比较。若最优的目标函数值比界 Z_b 更优，则以其取代原来的界，作为新的界，并称相应的后继问题为问题 C。否则，原来的界 Z_b 不变，转到步骤 5。

步骤 5：不属于 C 的后继问题中，称存在最优解且其目标函数值比界 Z_b 更优的后继问题为待检查的后继问题。

若不存在待检查的后继问题，则当问题 C 存在时，问题 C 的最优解就是问题 A 的最优解；当问题 C 不存在时，和界 Z_b 对应的可行解就是问题 A 的最优解。Z_b 即问题 A 最优解的目标函数值，求解到此结束。

若存在待检查的后继问题，则选择其中目标函数值最优的一个后继问题，改称其为问题 B。回到步骤 3。

分支定界法对解纯整数规划和混合整数规划问题都适用。其优点是：以非整数线性规划最优解为树根、最优目标值为上界，按决策变量整数值分支，探索到目标函数值最优的整数解为止，因此其比枚举法有效。但是该方法也存在以下缺点：分支越多，要求解的子问题就越多，且子问题的约束条件也不断增多，计算量也随之增加，对于多变量的大型整数规划问题，求解过程非常烦琐和费时。

思政融合

掌握认知过程的方法论：
分支定界法从根本上讲是一种由抽象到具体、由远及近、步步为营的解题思路。对任何事物的认知和探寻都不可能是一蹴而就，这是一个循序渐进的过程，在这个过程中，我们要不急不躁，以界限为出发点和目标，逐步逼近、抽丝剥茧。

5.3 割平面法

5.3.1 割平面法的基本思想

割平面法（Cutting Plane Method）的基本思想是：在求解整数规划问题时，先不考虑整数要求，即把它当作线性规划问题求解，如得到的最优解为整数解，那么这个解也是整数规划的最优解；否则，设法在问题中增加一个适当的约束条件（称为割平面），把包含这个非整数最优解的一部分可行域从原来的可行域中割去，但不割去任何一个整数可行解。如此进行，直至得到的新可行域的某个有整数坐标的极点恰好是问题的最优解为止。这个方法是由 R. E. Gomory 于 1958 年首先提出的，所以又称为 Gomory 割平面法。

现在，我们从理论上对割平面法加以说明。

设基变量 x'_i 在其松弛问题的最终单纯形表中对应 b'_i，则从最终单纯形表中提取 x'_i 行的方程式为

$$x_i + \sum_{j \in N} a'_{ij} x_j = b'_i \tag{5-2a}$$

式中，a'_{ij} 和 b'_i 均取自上述最终单纯形表。

注意：对于任一有理数 a，将其分为两部分，可表示为

$$a = [a] + a'$$

式中：$[a]$ 为不超过 a 的最大整数；a' 是一非负真分数。

例如：

$$a = 2\frac{1}{5} \Rightarrow [a] = 2, \; a' = \frac{1}{5}$$

$$a = -1\frac{1}{2} \Rightarrow [a] = -2, \; a' = \frac{1}{2}$$

$$a = 3 \Rightarrow [a] = 3, \; a' = 0$$

照上述方法办理，考虑一般情况，现将系数 a'_{ij} 与右侧常数 b'_i 分为整数和非负真分数两部分，即：

$$\begin{cases} a'_{ij} = [a'_{ij}] + f(a'_{ij}) \\ b'_i = [b'_i] + f(b'_i) \end{cases} \tag{5-2b}$$

其中，符号 [·] 表示不超过数"·"的最大整数；$f(·)$ 表示数"·"的非负真分数部分。

将式（5-2b）代入式（5-2a）中，得：

$$\sum_{j \in N} f(a'_{ij}) x_j - f(b'_i) = [b'_i] - x_i - \sum_{j \in N} [a'_{ij}] x_j \tag{5-2c}$$

当要求解为非负整数时，式（5-2c）的右端为整数。又 $0 < f(b'_i) < 1$ 且 $f(b'_i) \geq 0$，故上式右端为非负整数，从而应有：

$$\sum_{j \in \overline{N}} f(a'_{ij}) x_j \geq f(b'_i) \tag{5-2d}$$

现引入松弛变量 s_i，得：

$$\sum_{j \in N} f(a'_{ij}) x_j - s_i = f(b'_i), \quad s_i \geq 0 \tag{5-2e}$$

式（5-2d）导出的为 Gomory 约束，式（5-2e）为 Gomory 切割方程。

由于在切割方程中 s_i 前面为负号，而 $f(b'_i)$ 常常为正，故在把它加入松弛问题的最终单纯形表进行求解时，大多采用对偶单纯形法。需要指出的是，由于条件（5-2e）仅是得出整数解的必要条件，故不能保证一次切割即可达到整数解，往往需要多次迭代。此外，若松弛问题的某一最优解有多个分数分量，则对每一分数分量均可导出一切割方程。这时，我们往往优先使用其中较"强"的一个，以切去可行域较大的部分。为简单起见，常可直接选用具有较大分数部分的变量所对应的切割方程为割平面。还要指出一点，切割方程并不是只有式（5-2e）这一种形式。

5.3.2 割平面法的计算步骤

(1) 解纯整数规划问题的松弛问题。若松弛问题没有可行解，则纯整数规划问题也没有可行解，停止；若松弛问题的最优解 X^n 为整数解，则 X^n 即原问题纯整数规划问题的最优解，停止。否则转到下一步。

(2) 写出割平面方程。

选取 X^n 的一个非整数分量 x_i（通常取分数部分最大的基变量，也可任选），由单纯形表的最终表得方程：

$$x_i + \sum_{j \in \overline{N}} a'_{ij} x_j = b'_i$$

并由此写出割平面方程（5-2e）：

$$\sum_{j \in \overline{N}} f(a'_{ij}) x_j - s_i = f(b'_i), \quad s_i \geqslant 0$$

(3) 把割平面方程（5-2e）加到最终表中，用对偶单纯形法进行迭代，若得出的最优解为整数解，则它就是整数规划问题的最优解，停止；否则，返回第（2）步继续迭代。

下面再用一个例子说明割平面法的运用。

例 5-3 用割平面法解

$$\max z = 6x_1 + 4x_2$$

$$\text{s.t.} \begin{cases} 2x_1 + 4x_2 \leqslant 13 \\ 2x_1 + x_2 \leqslant 7 \\ x_1, x_2 \geqslant 0 \\ x_1, x_2 \text{ 为整数} \end{cases}$$

解：先不考虑整数条件，解此问题的松弛问题。为此，在两个约束不等式中分别引入松弛变量 x_3 和 x_4，通过单纯形法迭代，得最终单纯形表（见表 5-5）。

表 5-5

	c_j	6	4	0	0	b_i
C_B	X_B	x_1	x_2	x_3	x_4	
4	x_2	0	1	$\frac{1}{3}$	$-\frac{1}{3}$	2
6	x_1	1	0	$-\frac{1}{6}$	$\frac{2}{3}$	$\frac{5}{2}$
	σ_j	0	0	$-\frac{1}{3}$	$-\frac{8}{3}$	

由于 $x_1 = \frac{5}{2}$ 不是整数，为求原问题的最优解，考虑表 5-5 中的 x_1 行：

$$x_1 - \frac{1}{6}x_3 + \frac{2}{3}x_4 = \frac{5}{2}$$

将其分解成：

$$x_1 + \left(-1 + \frac{5}{6}\right)x_3 + \left(0 + \frac{2}{3}\right)x_4 = 2 + \frac{1}{2}$$

引入剩余变量 x_5，得 Gomory 切割方程：

$$\frac{5}{6}x_3 + \frac{2}{3}x_4 - x_5 = \frac{1}{2}$$

或

$$-\frac{5}{6}x_3 - \frac{2}{3}x_4 + x_5 = -\frac{1}{2} \tag{5-3a}$$

将式（5-3a）加入表 5-5 中，用对偶单纯形法进行迭代，迭代过程见表 5-6。

表 5-6

C_B	c_j X_B	1 x_1	1 x_1	0 x_3	0 x_4	0 x_5	b_i
4	x_2	0	1	1/3	−1/3	0	2
6	x_1	1	0	−1/6	2/3	0	5/2
0	x_5	0	0	[−5/6]	−2/3	1	−1/2
	σ_j	0	0	−1/3	−8/3	0	
	σ_j/a_{ij}			2/5	4		
4	x_2	0	1	0	−3/5	2/5	9/5
6	x_1	1	0	0	4/5	−1/5	26/10
0	x_3	0	0	1	4/5	−6/5	3/5
	σ_j	0	0	0	−12/5	−2/5	

得到的最优解仍不是整数解，还需用割平面法继续迭代。注意到 $b'_i(i=1,2,3)$ 都不是整数，我们取 b'_i 的分数部分最大者所对应的变量为退出变量，因为 $\max\left(\frac{4}{5}, \frac{6}{10}, \frac{3}{5}\right) = \frac{4}{5}$，故取变量 x_2。表 5-6 最终的 x_2 行为

$$x_2 - \frac{3}{5}x_4 + \frac{2}{5}x_5 = \frac{9}{5}$$

引入剩余变量 x_6，得 Gomory 切割方程：

$$\frac{2}{5}x_4 + \frac{2}{5}x_5 - x_6 = \frac{4}{5}$$

或

$$-\frac{2}{5}x_4 - \frac{2}{5}x_5 + x_6 = -\frac{4}{5} \tag{5-3b}$$

将割平面方程（5-3b）加入表 5-6 的最终表中，再用对偶单纯形法进行迭代，迭代过程及所得最优解如表 5-7 所示。

表 5-7

C_B	X_B	c_j	6	4	0	0	0	0	b_i
			x_1	x_1	x_3	x_4	x_5	x_6	
4	x_2		0	1	0	$-3/5$	2/5	0	9/5
6	x_1		1	0	0	4/5	$-1/5$	0	26/10
0	x_3		0	0	1	4/5	$-6/5$	0	3/5
0	x_6		0	0	0	$-2/5$	$[-2/5]$	1	$-4/5$
	σ_j		0	0	0	$-12/5$	$-2/5$	0	
4	x_2		0	1	0	-1	0	1	1
6	x_1		1	0	0	1	0	$-1/2$	3
0	x_3		0	0	1	2	0	-3	3
0	x_5		0	0	0	1	1	$-5/2$	2
	σ_j		0	0	0	-2	0	-1	22

至此，已得到了原问题的（整数）最优解：$X^n = (x_1, x_2)^T = (3, 1)^T$，最优目标函数值 $z^n = 22$。

5.4 0—1 型整数规划

5.4.1 0—1 型整数规划的建模方法

在整数规划问题中，**0—1 型整数规划**则是其中较为特殊的一类情况，它要求决策变量的取值仅为 0 或 1。**0—1 变量**作为逻辑变量，常被用来表示系统是否处于某个特定状态，或者决策时是否取某个特定方案。例如：

$$x = \begin{cases} 1, & \text{当决策取方案 P 时;} \\ 0, & \text{当决策不取方案 P 时} \end{cases} \quad (\text{即取}\overline{P}\text{时})$$

当问题含有多项要素，而每项要素皆有两种选择时，可用一组 **0—1 变量**来描述。一般 **0—1 型整数规划**的数学模型如下：

目标函数：

$$\max(\min) z = c_1 x_1 + c_2 x_2 + \cdots + c_n x_n$$

约束条件：

$$\text{s.t.} \begin{cases} a_{11} x_1 + a_{12} x_2 + \cdots + a_{1n} x_n \leqslant (\geqslant, =) b_1 \\ a_{21} x_1 + a_{22} x_2 + \cdots + a_{2n} x_n \leqslant (\geqslant, =) b_2 \\ \vdots \\ a_{m1} x_1 + a_{m2} x_2 + \cdots + a_{mn} x_n \leqslant (\geqslant, =) b_m \\ x_1, x_2, \cdots, x_n = 0 \text{ 或 } 1 \end{cases}$$

在应用中，有时会遇到变量可以取多个整数值的问题，这时利用 **0—1 变量**是二进制变

量的性质，可以用一组 **0－1** 变量来取代该变量。例如，变量 x 可取 0 与 9 之间的任意整数时，可令
$$x = 2^0 x_0 + 2^1 x_1 + 2^2 x_2 + 2^3 x_3 \leqslant 9$$
其中，x_0, x_1, x_2, x_3 皆为 **0－1** 变量。

0－1 变量不仅广泛应用于科学技术问题，在实际问题的讨论中，**0－1** 型整数规划模型也对应着大量最优决策的活动与安排讨论，我们将列举一些模型范例，以说明这个事实。

例 5－4 某食品公司计划在市区的东、西、南、北四区建立销售门市部，目前有 10 个位置 $A_i (i = 1, 2, 3, \cdots, 10)$ 可供选择，考虑到各地区居民的消费水平及居民居住密集程度，规定：

东区在 A_1、A_2、A_3 三个点中最多选择两个；

西区在 A_4、A_5 两个点中至少选择一个；

南区在 A_6、A_7 两个点中至少选择一个；

北区在 A_8、A_9、A_{10} 三个点中至少选择两个。

A_i 各点的设备投资及每年可获利润由于地点不同都是不一样的，预测情况如表 5－8 所示。

表 5－8　　　　　　　　　　　　　　　　　　　　　　　　　　万元

位置	A_1	A_2	A_3	A_4	A_5	A_6	A_7	A_8	A_9	A_{10}
投资额	100	120	150	80	70	90	80	140	160	180
利润	36	40	50	22	20	30	25	48	58	61

投资总额不能超过 720 万元，问选择哪几个销售点可使年利润为最大？

解：设 **0－1** 变量 $x_i = \begin{cases} 1, \text{当 } A_i \text{ 点被选用;} \\ 0, \text{当 } A_i \text{ 点不被选用。} \end{cases}$

这样我们可以建立如下的数学模型：
$$\max z = 36x_1 + 40x_2 + 50x_3 + 22x_4 + 20x_5 + 30x_6 + 25x_7 + 48x_8 + 58x_9 + 61x_{10}$$
约束条件：
$$\text{s.t.} \begin{cases} 100x_1 + 120x_2 + 150x_3 + 80x_4 + 70x_5 + 90x_6 + 80x_7 + 140x_8 + 160x_9 + 180x_{10} \leqslant 720 \\ x_1 + x_2 + x_3 \leqslant 2 \\ x_4 + x_5 \geqslant 1 \\ x_6 + x_7 \geqslant 1 \\ x_8 + x_9 + x_{10} \geqslant 2 \\ x_i \geqslant 0 \text{ 且 } x_i \text{ 为 0－1 变量}, i = 1, 2, 3, \cdots, 10 \end{cases}$$

例 5－5 有三种资源被用于生产三种产品，资源量、产品单件可变费用及售价、资源单耗量及组织三种产品生产的固定费用见表 5－9。要求制订一个生产计划，使总收益最大。

表 5-9

单耗量＼产品＼资源	Ⅰ	Ⅱ	Ⅲ	资源量
A	2	4	8	500
B	2	3	4	300
C	1	2	3	100
单件可变费用	4	5	6	
固定费用	100	150	200	
单价售价	8	10	12	

解：总收益等于销售收入减去生产上述产品的固定费用和可变费用之和。建模碰到的困难主要是事前不能确切知道某种产品是否生产，因而不能确定相应的固定费用是否发生。下面借助 **0—1** 变量解决这个困难。

设 x_j 是第 j 种产品的产量，$j=1,2,3$。再设

$$y_j = \begin{cases} 1, & \text{若生产第 } j \text{ 种产品（即 } x_j > 0) \\ 0, & \text{若不生产第 } j \text{ 种产品（即 } x_j = 0) \end{cases} \quad (j=1,2,3)$$

则问题的整数规划模型为

$$\max z = 4x_1 + 5x_2 + 6x_3 - 100y_1 - 150y_2 - 200y_3$$

$$\text{s.t.} \begin{cases} 2x_1 + 4x_2 + 8x_3 \leqslant 500 \\ 2x_1 + 3x_2 + 4x_3 \leqslant 300 \\ x_1 + 2x_2 + 3x_3 \leqslant 100 \\ x_1 \leqslant M_1 y_1 \\ x_2 \leqslant M_2 y_2 \\ x_3 \leqslant M_3 y_3 \\ x_j \geqslant 0 \text{ 且为整数}, \quad (j=1,2,3) \\ y_j = 0 \text{ 或 } 1, \quad (j=1,2,3) \end{cases}$$

其中，M_j 为 x_j 的某个上界。例如，根据第 3 个约束条件，可取 $M_1=100, M_2=50, M_3=34$。

如果生产第 j 种产品，则其产量 $x_j>0$。此时，由约束条件 $x_j \leqslant M_j y_j$ 知，$y_j=1$。因此，相应的固定费用在目标函数中将被考虑。如果不生产第 j 种产品，则其产量 $x_j=0$。此时，由约束条件 $x_j \leqslant M_j y_j$ 可知，y_j 可以为 0，也可以为 1。但 $y_j=1$ 不利于目标函数的最大化，因而在问题的最优解中必然是 $y_j=0$，从而相应的固定费用在目标函数中将不被考虑。

例 5-6 用 4 台机床加工 3 件产品。各产品的机床加工顺序以及产品 i 在机床 j 上的加工工时 a_{ij} 见表 5-10。

表 5-10

产品 1	a_{11} ⟶ a_{13} ⟶ a_{14} 机床 1　　机床 3　　机床 4
产品 2	a_{21} ⟶ a_{22} ⟶ a_{24} 机床 1　　机床 2　　机床 4
产品 3	a_{32} ⟶ a_{33} 机床 2　　　机床 3

由于某种原因，产品 2 的加工总时间不得超过 d。现要求确定各件产品在机床上的加工方案，使其在最短的时间内加工完全部产品。

解：设 x_{ij} 表示产品 i 在机床 j 上开始加工的时间（$i=1,2,3;j=1,2,3,4$）。

下面将逐步列出问题的整数规划模型。

(1) 同一件产品在不同机床上的加工顺序约束。

对于同一件产品，在下一台机床上加工的开始时间不得早于在上一台机床上加工的结束时间。

产品 1：
$$x_{11}+a_{11}\leqslant x_{13}, x_{13}+a_{13}\leqslant x_{14}$$

产品 2：
$$x_{21}+a_{21}\leqslant x_{22}, x_{22}+a_{22}\leqslant x_{24}$$

产品 3：
$$x_{32}+a_{32}\leqslant x_{33}$$

(2) 每一台机床对不同产品的加工顺序约束。

一台机床在工作中，如已开始的加工还没有结束，则不能开始另一件产品的加工。对于机床 1，有两种加工顺序：先加工产品 1，后加工产品 2；或反之。对于其他 3 台机床，情况也类似。为了容纳两种相互排斥的约束条件，对于每台机床，分别引入 **0—1** 变量：

$$y_j=\begin{cases}0,\text{先加工 }j(j=1,2,3,4)\text{ 件产品}\\1,\text{先加工另一件产品}\end{cases}$$

那么，每台机床上加工产品的顺序可用下列四组约束条件来保证。

机床 1：
$$x_{11}+a_{11}\leqslant x_{21}+My_1, x_{21}+a_{21}\leqslant x_{11}+M(1-y_1)$$

机床 2：
$$x_{22}+a_{22}\leqslant x_{32}+My_2, x_{32}+a_{32}\leqslant x_{22}+M(1-y_2)$$

机床 3：
$$x_{13}+a_{13}\leqslant x_{33}+My_3, x_{33}+a_{33}\leqslant x_{13}+M(1-y_3)$$

机床 4：
$$x_{14}+a_{14}\leqslant x_{24}+My_4, x_{24}+a_{24}\leqslant x_{14}+M(1-y_4)$$

其中，M 是一个足够大的数。

各 y_j 的意义是明显的，如当 $y_1=0$ 时，表示机床 1 先加工产品 1，后加工产品 2；当 $y_1=1$ 时，表示机床 1 先加工产品 2，后加工产品 1。

y_2, y_3, y_4 的意义类似。

（3）产品 2 的加工总时间约束。

产品 2 的开始加工时间是 x_{21}，结束加工时间是 $x_{24}+a_{24}$，故应有：

$$x_{24}+a_{24}-x_{21}\leqslant d$$

（4）目标函数的建立。

设全部产品加工完毕的结束时间为 W。

由于三件产品的加工结束时间分别为

$$x_{14}+a_{14},x_{24}+a_{24},x_{33}+a_{33}$$

故全部产品的实际加工结束时间为

$$W=\max(x_{14}+a_{14},x_{24}+a_{24},x_{33}+a_{33})$$

因此，目标函数 z 的线性表达式为

$$\min z = W$$

$$\text{s.t.}\begin{cases} W\geqslant x_{14}+a_{14} \\ W\geqslant x_{24}+a_{24} \\ W\geqslant x_{33}+a_{33} \end{cases}$$

综上所述，整数规划模型为

$$\min z = W$$

$$\text{s.t.}\begin{cases}
x_{11}+a_{11}\leqslant x_{13} \\
x_{13}+a_{13}\leqslant x_{14} \\
x_{21}+a_{21}\leqslant x_{22} \\
x_{22}+a_{22}\leqslant x_{24} \\
x_{32}+a_{32}\leqslant x_{33} \\
x_{11}+a_{11}\leqslant x_{21}+My_1 \\
x_{21}+a_{21}\leqslant x_{11}+M(1-y_1) \\
x_{22}+a_{22}\leqslant x_{32}+My_2 \\
x_{32}+a_{32}\leqslant x_{22}+M(1-y_2) \\
x_{13}+a_{13}\leqslant x_{33}+My_3 \\
x_{33}+a_{33}\leqslant x_{13}+M(1-y_3) \\
x_{14}+a_{14}\leqslant x_{24}+My_4 \\
x_{24}+a_{24}\leqslant x_{14}+M(1-y_4) \\
x_{24}+a_{24}-x_{21}\leqslant d \\
W\geqslant x_{14}+a_{14} \\
W\geqslant x_{24}+a_{24} \\
W\geqslant x_{33}+a_{33} \\
x_{11},x_{13},x_{14},x_{21},x_{22},x_{24},x_{32},x_{33},W\geqslant 0 \\
y_j=0 \text{ 或 } 1,(j=1,2,3,4)
\end{cases}$$

5.4.2　0—1 型整数规划的解法

0—1 型整数规划是一种特殊的整数规划，若含有 n 个变量，则可以产生 2^n 个可能的变量组合。当 n 较大时，由于计算量太大，采用完全枚举法解题几乎是不可能的。已有的求解

0—1 型整数规划的方法一般都属于隐枚举法。

在 2^n 个可能的变量组合中，往往只有一部分是可行解。只要发现某个变量组合不满足其中一个约束条件，就不必再去检验其他约束条件是否可行。对于可行解，其目标函数值也有优劣之分。若已发现一个可行解，则根据它的目标函数值可以产生一个过滤条件，对于目标函数值比它差的变量组合就不必再去检验它的可行性。在以后的求解过程中，每当发现比原来更好的可行解，则以此替代原来的过滤条件。上述这些做法都可以减少运算次数，使最优解能较快地被找到。

例 5-7 求解 0—1 型整数规划。

$$\max z = 2x_1 + x_2 - x_3$$

$$\text{s.t.} \begin{cases} x_1 + 3x_2 + x_3 \leqslant 2 & (1) \\ 4x_2 + x_3 \leqslant 5 & (2) \\ x_1 + 2x_2 - x_3 \leqslant 2 & (3) \\ x_1 + 4x_2 - x_3 \leqslant 4 & (4) \\ x_1, x_2, x_3 = 0 \text{ 或 } 1 \end{cases}$$

解：为提高搜索效率、减少运算量，先按照目标函数中各变量系数的大小顺序重新排列变量。对于最大化问题，按照从小到大的顺序排列，目的是使较大的目标函数值尽早出现；对于最小化问题，按照从大到小的顺序排列，目的是使较小的目标函数值尽早出现。

在表 5-11 中，各变量按照类似于二进制末位加 1 的方法来取值。例如，对于有 3 个变量的情况，第 1 个变量组合是各变量取值为 (0, 0, 0)，相当于二进制的 000；末位加 1，则是 001；末位再加 1，则是 010。依此类推。

表 5-11

(x_3, x_2, x_1)	z 值	约束条件				过滤条件
		(1)	(2)	(3)	(4)	
(0, 0, 0)	0	√	√	√	√	$z \geqslant 0$
(0, 0, 1)	2	√	√	√	√	$z \geqslant 2$
(0, 1, 0)	1	因为 z 值小于 2，故无须检验				
(0, 1, 1)	3	×	无须检验			
(1, 0, 0)	−1	因为 z 值小于 2，故无须检验				
(1, 0, 1)	1	因为 z 值小于 2，故无须检验				
(1, 1, 0)	0	因为 z 值小于 2，故无须检验				
(1, 1, 1)	2	×	无须检验			

所以，最优解是 $(x_3, x_2, x_1)^T = (0, 0, 1)^T$，即 $(x_1, x_2, x_3)^T = (1, 0, 0)^T$，$\max z = 2$。

例 5-8 某部门三年内有四项工程可以考虑上马，每项工程的期望收益和年度费用（千元）如表 5-12 所示。假定每一项已选定的工程要在三年内完成，试确定应该上马哪些工程方能使该部门可能的期望收益最大。

表 5-12　　　　　　　　　　　　　　　　　　　　　　　　　　　　　　千元

工程	费用 第1年	费用 第2年	费用 第3年	期望收益
1	5	1	8	20
2	4	7	10	40
3	3	9	2	20
4	8	6	10	30
可用资金	18	22	24	

解：这是工程上马的决策问题，对任一给定的工程而言，它只有两种可能，要么上马，要么不上马，这两种情况分别对应二进制数中的 1、0，对于这样的实际背景所对应的工程问题，大多可考虑用 **0—1** 型整数规划模型建立其相应的模型。设

$$x_j = \begin{cases} 1, 第 j 项工程可上马 \\ 0, 第 j 项工程不上马 \end{cases} \quad (j=1,2,3,4)$$

因每一年的投资不超过所能提供的可用资金数，故该 **0—1** 型整数规划问题的约束条件为

$$\text{s.t.} \begin{cases} 5x_1 + 4x_2 + 3x_3 + 8x_4 \leqslant 18 & (1) \\ x_1 + 7x_2 + 9x_3 + 6x_4 \leqslant 22 & (2) \\ 8x_1 + 10x_2 + 2x_3 + 10x_4 \leqslant 24 & (3) \\ x_j = 0 \text{ 或 } 1, \quad j=1,2,3,4 \end{cases}$$

由于期望收益尽可能大，故目标函数为

$$\max z = 20x_1 + 40x_2 + 20x_3 + 30x_4$$

下面用隐枚举法求其最优解。易知，该 **0—1** 型整数规划模型有一可行解 $(0,0,0,1)$，它对应的目标函数值为 $z=30$。自然，该模型的最优解所对应的目标函数值应不小于 30，于是增加一过滤条件为

$$20x_1 + 40x_2 + 20x_3 + 30x_4 \geqslant 30 \quad (4)$$

在此过滤条件（过滤条件可不唯一）下，用隐枚举法求 **0—1** 型整数规划模型的最优解的步骤如下：

（1）先判断第一枚举点所对应的目标函数值是否满足过滤条件，若不满足，则转下一步。若满足，再判断该枚举点是否满足各约束条件，若有一个约束条件不满足，则转下一步；若均满足，则将该枚举点所对应的目标函数值 z_1（本例中，$z_1 \geqslant 30$）作为新的目标值，并修改过滤条件为 $20x_1 + 40x_2 + 20x_3 + 30x_4 \geqslant z_1$，再转到下一步。

（2）再判断第二枚举点所对应的目标函数值是否满足新的过滤条件，若不满足，则转下一步。若满足，接着判断该枚举点是否满足各约束条件，若有一个约束条件不满足，则转下一步；若均满足，则将该枚举点所对应的目标函数值 z_2（$z_2 \geqslant z_1$）作为新的目标值，并修改过滤条件为 $20x_1 + 40x_2 + 20x_3 + 30x_4 \geqslant z_2$，再转下一步。

（3）重复步骤（2），直至所有的枚举点均比较结束为止。

由隐枚举法的求解步骤，我们可给出该问题的求解过程，如表 5-13 所示，并得到最优解为 $(x_1, x_2, x_3, x_4) = (0,1,1,1)$，相应的目标值为 90（千元）。故应上马的工程为 2 号、3 号、4 号工程。

表 5-13

枚举点	当前目标值	满足约束条件（含过滤条件） (4)	(1)	(2)	(3)	新目标值
(0, 0, 0, 0)	30	×				30
(0, 0, 0, 1)	30	√	√	√	√	30
(0, 0, 1, 0)	30	×				30
(0, 0, 1, 1)	30	√	√	√	√	50
(0, 1, 0, 0)	50	×				50
(0, 1, 0, 1)	50	√	√	√	√	70
(0, 1, 1, 0)	70	×				70
(0, 1, 1, 1)	70	√		√	√	√	90
(1, 0, 0, 0)	90	×				
(1, 0, 0, 1)	90	×				
(1, 0, 1, 0)	90	×				
(1, 0, 1, 1)	90					
(1, 1, 0, 0)	90	×				
(1, 1, 0, 1)	90	√	√	√	×	
(1, 1, 1, 0)	90	×				
(1, 1, 1, 1)	90	√	×			

注：√表示满足相应条件，×表示不满足相应条件。

5.5 指派问题

5.5.1 指派问题的标准形式及应用举例

在实际应用中经常会遇到这样的问题，有 n 项不同的任务，需要 n 个人分别完成其中的一项，但由于任务的性质和各人的专长不同。因此，各人去完成不同任务的效率（或花费的时间、费用）也就不同，于是产生了一个问题，即应指派哪个人去完成哪项任务，使完成 n 项任务的总效率最高（或所需时间最短）。这类问题称为指派问题。

类似的指派问题：n 个零件分配到 n 台设备进行加工，n 条船去完成 n 条航线，等等。

指派问题的标准形式为：分配 n 个人去完成 n 项任务，每个人只能完成一项任务，每项任务只能由一个人来完成，第 i 个人来完成第 j 项任务的费用或时间为 c_{ij}，问如何安排才能使总费用或总时间最小？

下面我们来看一个具体的例子。

例 5-9 物流公司用 A、B、C、D 四辆不同的车运送甲、乙、丙、丁四种不同的货物，其费用（一般称为消耗系数 c_{ij}）如表 5-14 所示，问该如何分配车辆和货物，才能使总费用最省？

表 5-14

费用 货物 车辆	甲	乙	丙	丁
A	2	10	9	7
B	15	4	14	8
C	13	14	16	11
D	4	15	13	9

解： 这个指派问题的特点是每一项物流任务必须且只能由一个车辆去完成，每一辆车也只能分配一项物流任务。

对于将 n 项任务分配给 n 辆车的完整指派问题，设任务 j 分配给车辆 i 所产生的效应为 c_{ij}，s 表示总效应，引入变量 x_{ij}，其取值只能是 1 或者 0。

$$x_{ij} = \begin{cases} 1 & \text{当指派第 } i \text{ 辆车去完成第 } j \text{ 项物流任务时;} \\ 0 & \text{当不指派第 } i \text{ 辆车去完成第 } j \text{ 项物流任务时} \end{cases}$$

则数学模型为

$$\min s = \sum_{i=1}^{n}\sum_{j=1}^{n} c_{ij} x_{ij}$$

$$\text{s.t.} \begin{cases} \sum_{j=1}^{n} x_{ij} = 1, & (i = 1 \sim n) \quad (1) \\ \sum_{i=1}^{n} x_{ij} = 1, & (j = 1 \sim n) \quad (2) \\ x_{ij} = 0 \text{ 或 } 1 & \quad (3) \end{cases}$$

约束条件式（1）说明，第 j 项任务只能有 1 辆车去完成；约束条件式（2）说明，第 i 辆车只能完成一项物流运输任务。

思政融合

敬业精神、职业使命感的培养：
指派问题的建模条件就是要求每一个人各司其职、敬业敬岗，做好自己的本职工作；每一份工作都有人去完成。敬业是对公民职业行为准则的价值评价，要求公民忠于职守、克己奉公，服务人民，服务社会，充分体现社会主义职业精神。

5.5.2 指派问题的匈牙利解法

指派问题是一类特殊的整数规划问题，因而应该具有比整数规划更有效、更简捷的解法。1955 年，库恩（W. W. Kuhn）提出了求解指派问题的一种算法，习惯上称为匈牙利解法。在介绍匈牙利解法之前，我们先证明下面的定理，作为匈牙利算法的基础。

定理 如果对系数矩阵 $\boldsymbol{C} = (c_{ij})_{n \times n}$ 的任一行（列），各元素减去该行（列）的最小元素，得到新矩阵 $\boldsymbol{B} = (b_{ij})_{n \times n}$，则以 $\boldsymbol{B}$ 为系数矩阵的指派问题的最优解 $\boldsymbol{X}^*$ 也是原问题的最优解。

证明：假设 C 的第一行的最小元素为 m，令：

$$b_{ij} = \begin{cases} c_{1j} - m, & i = 1 \\ c_{ij}, & i \neq 1 \end{cases}$$

假设 X^* 是以 B 为消耗系数矩阵的指派问题的最优解，X 是另外任意一个可行解（指派方案），则：

$$\sum_{i=1}^{n}\sum_{j=1}^{n} c_{ij} x_{ij}^* - \sum_{i=1}^{n}\sum_{j=1}^{n} c_{ij} x_{ij} = \sum_{i=2}^{n}\sum_{j=1}^{n} c_{ij} x_{ij}^* + \sum_{j=1}^{n} c_{1j} x_{1j}^* - \left(\sum_{i=2}^{n}\sum_{j=1}^{n} c_{ij} x_{ij} + \sum_{j=1}^{n} c_{1j} x_{1j} \right)$$

$$= \sum_{i=2}^{n}\sum_{j=1}^{n} b_{ij} x_{ij}^* + \sum_{j=1}^{n} (b_{1j} + m) x_{1j}^* - \left[\sum_{i=2}^{n}\sum_{j=1}^{n} b_{ij} x_{ij} + \sum_{j=1}^{n} (b_{1j} + m) x_{1j} \right]$$

$$= \sum_{i=1}^{n}\sum_{j=1}^{n} b_{ij} x_{ij}^* + \sum_{j=1}^{n} m x_{1j}^* - \left(\sum_{i=1}^{n}\sum_{j=1}^{n} b_{ij} x_{ij} + \sum_{j=1}^{n} m x_{1j} \right)$$

$$= \sum_{i=1}^{n}\sum_{j=1}^{n} b_{ij} x_{ij}^* + m - \left(\sum_{i=1}^{n}\sum_{j=1}^{n} b_{ij} x_{ij} + m \right)$$

$$= \sum_{i=1}^{n}\sum_{j=1}^{n} b_{ij} x_{ij}^* - \sum_{i=1}^{n}\sum_{j=1}^{n} b_{ij} x_{ij} \geqslant 0$$

所以 X^* 也是原问题的最优解。这里我们选取第一行减去其最小数 m，只是为了表述方便，显然其他所有行（列）减去该行（列）最小数时都与第一行相同，不改变其最优解。

匈牙利法的基本思路是：根据指派问题的性质对原问题做一系列同解变换，从而得到一系列等价（同解）的指派问题，最后可得到一个只需直接观察其效率矩阵就可得到最优解的派生指派问题，该问题的最优解即原指派问题的最优解（但目标函数值不同）。下面我们以5.5.1中"例 5-9"的问题为例阐述匈牙利法。

匈牙利法的变换方法如下：

<u>第一步：变换矩阵。</u>

变换效应矩阵 C（即运输时间阵），使每行、每列至少有一个元素为 0，以期从这些对应的零元素能得到完整的分配方案，使总的费用为最省。为此，可先在每行中减去各行的最小元素，根据表中数据，第一、二、三、四行分别减去 2、4、11、4，可得另一矩阵（见图 5-5）。

$$\begin{bmatrix} 2 & 10 & 9 & 7 \\ 15 & 4 & 14 & 8 \\ 13 & 14 & 16 & 11 \\ 4 & 15 & 13 & 4 \end{bmatrix} \begin{matrix} \overset{\min}{2} \\ 4 \\ 11 \\ 4 \end{matrix} \Rightarrow \begin{bmatrix} 0 & 8 & 7 & 5 \\ 11 & 0 & 10 & 4 \\ 2 & 3 & 5 & 0 \\ 0 & 11 & 9 & 5 \end{bmatrix}$$

图 5-5

找出矩阵每列的最小元素，分别从各列中减去。因为第一、二、四列中的最小元素是 0，所以只是在第三列中减去其最小元素 5，如图 5-6 所示。

$$\begin{bmatrix} 0 & 8 & 7 & 5 \\ 11 & 0 & 10 & 4 \\ 2 & 3 & 5 & 0 \\ 0 & 11 & 9 & 5 \end{bmatrix} \Rightarrow \begin{bmatrix} 0 & 8 & 2 & 5 \\ 11 & 0 & 5 & 4 \\ 2 & 3 & 0 & 0 \\ 0 & 11 & 4 & 5 \end{bmatrix}$$

min 0   0   5   0

图 5-6

第二步：行、列检验。

经过上述变换后，矩阵的每行、每列至少都有了一个零元素。下面确定能否找出 m 个位于不同行、不同列的零元素的集合（该例中 $m=4$），也就是看要覆盖上面矩阵中的所有零元素至少需要多少条线。因此，需要做行检验和列检验。

行检验：从第一行开始，若该行只有一个零元素，就对这个零元素打上（），对打括号的零元素所在的列画一条线，若该行没有零元素或者有两个以上零元素（已划去的不算在内），则转下一行，依次进行到最后一行，如图 5-7 所示。

$$\begin{bmatrix} (0) & 8 & 2 & 5 \\ 11 & 0 & 5 & 4 \\ 2 & 3 & 0 & 0 \\ 0 & 11 & 4 & 5 \end{bmatrix} \Rightarrow \begin{bmatrix} (0) & 8 & 2 & 5 \\ 11 & (0) & 5 & 4 \\ 2 & 3 & 0 & 0 \\ 0 & 11 & 4 & 5 \end{bmatrix}$$

图 5-7

列检验：从第一列开始，若该列只有一个零元素，则对这个零元素打上（）（同样不考虑已划去的零元素），再对打括号的零元素所在行画一条线。若该列没有零元素或有两个以上零元素，则转下一列，依次进行到最后一列为止，如图 5-8 所示。

$$\begin{bmatrix} (0) & 8 & 2 & 5 \\ 11 & (0) & 5 & 4 \\ 2 & 3 & 0 & 0 \\ 0 & 11 & 4 & 5 \end{bmatrix} \Rightarrow \begin{bmatrix} (0) & 8 & 2 & 5 \\ 11 & (0) & 5 & 4 \\ 2 & 3 & (0) & 0 \\ 0 & 11 & 4 & 5 \end{bmatrix}$$

图 5-8

第四步：变换。

从检验出的矩阵可以看出，货物丁还未分配出去，车辆 D 也未分到任务。可见这不是最优方案。为过渡到最优方案，需对以上的矩阵再进行变换。

变换规则如下：找出所有没有被覆盖元素中的最小元素，这里是 2；不在覆盖线上的元素都减去 2，覆盖线交叉点上的元素都加上 2，其余元素不变。如图 5-9 所示。

$$\begin{bmatrix} (0) & 8 & 2 & 5 \\ 11 & (0) & 5 & 4 \\ 2 & 3 & (0) & 0 \\ 0 & 11 & 4 & 5 \end{bmatrix} \Rightarrow \begin{bmatrix} 0 & 8 & 0 & 3 \\ 11 & 0 & 3 & 2 \\ 4 & 5 & 0 & 0 \\ 0 & 11 & 2 & 3 \end{bmatrix}$$

图 5-9

第五步：调整。

回到第二步，反复进行，直到矩阵的每一行都有一个打括号的零元素为止，即找到最优分配方案。

由于调整后的矩阵中新出现了一个零，因此对打括号的元素重新进行调整，得到如下矩阵，如图 5-10 所示。这时只要把打括号元素所对应的决策变量取值为 1，就得到最优解。

$$\begin{bmatrix} 0 & 8 & 0 & 3 \\ 11 & 0 & 3 & 2 \\ 4 & 5 & 0 & 0 \\ 0 & 11 & 2 & 3 \end{bmatrix} \Rightarrow \begin{bmatrix} 0 & 8 & (0) & 3 \\ 11 & (0) & 3 & 2 \\ 4 & 5 & 0 & (0) \\ (0) & 11 & 2 & 3 \end{bmatrix}$$

图 5-10

再看一下打（）处原效应矩阵的元素值，得：
$$f(X) = c_{13} + c_{22} + c_{34} + c_{41} = 9 + 4 + 11 + 4 = 28$$

注意：以上方法称为"圈0划线法"，它是寻找0元素的一种经验方法，但是并不一定对所有问题都有效。在遇到"圈0划线法"不能有效寻找独立0元素时，则可以尝试应用"圈0割0法"。

同样以上面的例子为例，我们来介绍"圈0割0法"的步骤。

第一步：变换矩阵。

与"圈0划线法"方法一样（见图5-5和图5-6），这里需要算出矩阵变换时减掉的数。

行变换时总共减去的数为
$$s_1 = 2 + 4 + 11 + 4 = 21$$

列变换时在第三列中减去其最小元素5，得：
$$s_1 + s_2 = 21 + 5 = 26$$

第二步：行列检验。

此处是与"圈0划线法"不一样的地方。

行检验：碰到每行只有一个0元素的先打△，有两个0元素不作记号，例如第一行只有一个0，就在0处打△，这就表示把甲任务分配给车辆A，因此，对第一列其他的0元素打×；同理第二行打一个△；第三行有两个0，不作记号。如图5-11所示。

列检验：第一和第二列已没有未作记号的0；第三列有一个0，打△，表示车辆C运输货物丙，因此对同一行的0打×。如图5-12所示。

第三步：变换检验。

从检验出的矩阵可以看出，货物丁还未分配出去，车辆D也未分到任务，可见这不是最优方案。为过渡到最优方案，需对以上的矩阵再进行变换，如图5-13所示，变换规则如下：

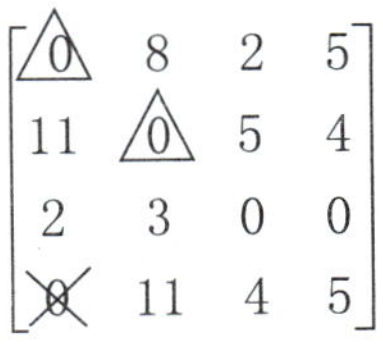

图 5-11 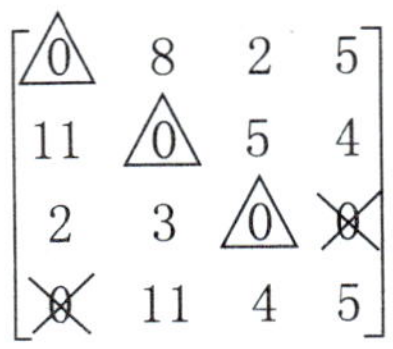　　图 5-12 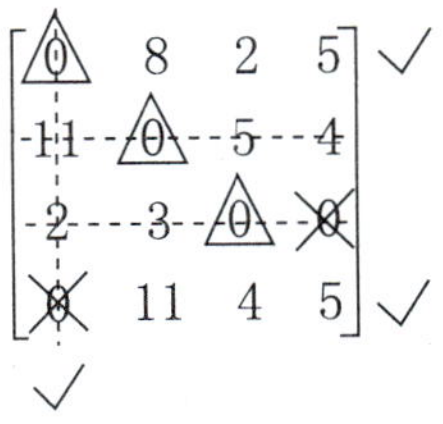　　图 5-13

（1）对所有没有分配任务的行打√，如第四行。
（2）在已打√的行中找出打×的列，打√，如第一列。
（3）在已打√的列中找出打△的行，打√，如第一行。

（4）再对上述（2）、（3）项进行检验，直至无法打√为止，并找最优解。

（5）对所有打√的列和未打√的行画线，这些线至少可以把所有0覆盖一次。一般来讲，如果是$n\times n$阵，又要使最优解均分配在0上，最少线数就应等于n。而此例中现只有三根线，因此，这不是最优解，还需进一步进行变换。

第四步：变换。

从未经画线的元素中可以找出一个最小元素$c_{13}=2$，从未全部画线的第一行和第四行中各减去2，如图5-14所示，可得：

$$s_1+s_2+s_3=26+2+2=30$$

由于此矩阵中第一列有负数，因此再在第一列上加2，于是得一个所有元素均≥0的矩阵，如图5-15所示，即：

$$s_1+s_2+s_3-s_4=30-2=28$$

$$\begin{bmatrix} -2 & 6 & 0 & 3 \\ 11 & 0 & 5 & 4 \\ 2 & 3 & 0 & 0 \\ -2 & 9 & 2 & 3 \end{bmatrix}$$

图5-14

$$\begin{bmatrix} 0 & 6 & 0 & 3 \\ 13 & 0 & 5 & 4 \\ 4 & 3 & 0 & 0 \\ 0 & 9 & 2 & 3 \end{bmatrix}$$

图5-15

第五步：调整。

对新得的矩阵再进行行检验和列检验，如图5-16所示。第二、第四行和第四列均只有一个0，打上△，并对同列或同行的0打×，剩下一个c_{13}处为0，打△。于是得一完整分配方案，即最优分配方案，得最优解为：$x_{13}=1$，$x_{22}=1$，$x_{34}=1$，$x_{41}=1$，而其余的x_{ij}均等于0。这表示A车辆去运丙货物，B车辆去运乙货物，C车辆去运丁货物，D车辆去运甲货物。

$$\begin{bmatrix} \times & 6 & \triangle & 3 \\ 13 & \triangle & 5 & 4 \\ 4 & 3 & \times & \triangle \\ \triangle & 9 & 2 & 3 \end{bmatrix}$$

图5-16

对于这个完整分配方案，有：

$$f(X)=\sum_i u_i+\sum_j v_j=28$$

再看一下打△处原效应矩阵的元素值，得：

$$f(\boldsymbol{X})=c_{13}+c_{22}+c_{34}+c_{41}=9+4+11+4=28$$

由此可见，最优分配方案所对应的原效应矩阵中元素值之和，等于进行变换过程中行和列所加减数字的代数和（加为负，减为正）。此例中目标函数S的最小值为

$$S=f(\boldsymbol{X})=c_{13}+c_{22}+c_{34}+c_{41}=\sum_{i=1}^{n}u_i+\sum_{j=1}^{n}v_j=28$$

思政融合

"礼让"精神的深层内涵：
匈牙利方法中涉及一个重要的"礼让"环节：含有两个以上 0 元素的行或列先不做选择，让 0 元素少（选择机会比较少）的行或列优先选择。此方法虽然是运筹算法，但是与我们为人处世殊途同归。运筹学既需要数学的逻辑与思维，同时因为它也是一门应用科学，故其解法很多也融入了现实的哲学。

5.5.3 非标准形式的指派问题

前面讲到的标准形式指派问题中，每个人只能够做一件事，每件事也只能由一个人做，而且价值系数 c_{ij} 的含义是时间、费用等，因此其目标是追求最小化。现实中还经常会遇到一些其他形式的指派问题，下面将一一列出，并给出其处理方法。

1. 目标函数求最大的指派问题

当价值系数的经济含义是收入和利润时，其目标就会变为求最大而不是求最小。如果所有价值系数中的最大数是 m，此时可以假设每人都先丢失 m 元，则其净利润变为 $c_{ij}-m<0$，或者说各自的损失为 $c'_{ij}=m-c_{ij}>0$，以其作为价值系数，则将原问题转换为求总损失最小的指派问题，即标准形式的指派问题。

2. 一个人可以做两件事的指派问题

在工程招标活动中，有个别公司规模较大、实力格外雄厚，因此可以同时进行两个项目的施工，相当于一个人可以做两件事。此时，在实际操作当中，该公司会成立两个项目组，分别组织一个项目的施工。因此，可以把这一个公司分为两个公司，即将其对应的价值系数行复制为两行。

3. 人数和事数不等的指派问题

如果总人数少于总事数，则此时添加虚拟人员，对应行的价值系数均设为 0；如果总事数少于总人数，则添加虚拟列，对应列的价值系数也均设为 0。

例 5-10 某设备工公司有三台设备可租给 A、B、C 和 D 四项工程使用，各设备用于各工程创造的利润如表 5-15 所示，问将哪一台设备租给哪一项工程，才能使创造的总利润最高？

表 5-15 万元

设备＼利润＼工程	A	B	C	D
M_1	4	10	8	5
M_2	9	8	0	2
M_3	12	3	7	4

解：如前面那样设 **0—1** 变量 x_{ij}（$i=1,2,3$；$j=1,2,3,4$），其意义同前。现按以下步骤进行求解。

(1) 先把极大化问题变为极小化问题。方法是用某一足够大的常数（此处取表 5-15 中的最大元素 12）减去原价值系数矩阵的各元素，从而得到一新的价值系数矩阵：

$$\begin{array}{c} M_1 \\ M_2 \\ M_3 \end{array}\begin{bmatrix} 8 & 2 & 4 & 7 \\ 3 & 4 & 12 & 10 \\ 0 & 9 & 5 & 8 \end{bmatrix}$$

(2) 因设备台数比工程数少一个，故增加一虚拟设备 M_4，并把价值系数矩阵改为

$$\begin{array}{c} M_1 \\ M_2 \\ M_3 \\ M_4 \end{array}\begin{bmatrix} 8 & 2 & 4 & 7 \\ 3 & 4 & 12 & 10 \\ 0 & 9 & 5 & 8 \\ 0 & 0 & 0 & 0 \end{bmatrix}$$

(3) 用匈牙利法求解得到其分派问题：

$$\begin{bmatrix} 8 & 2 & 4 & 7 \\ 3 & 4 & 12 & 10 \\ 0 & 9 & 5 & 8 \\ 0 & 0 & 0 & 0 \end{bmatrix}\begin{matrix} -2 \\ -3 \\ 0 \\ 0 \end{matrix} \Rightarrow \begin{bmatrix} 6 & (0) & 2 & 5 \\ (0) & 1 & 9 & 7 \\ 0 & 9 & 5 & 8 \\ 0 & 0 & (0) & 0 \end{bmatrix}$$

$$\Rightarrow \begin{bmatrix} 6 & 0 & 0 & 3 \\ 0 & 0 & 7 & 5 \\ 0 & 9 & 3 & 5 \\ 2 & 2 & 0 & 0 \end{bmatrix} \Rightarrow \begin{bmatrix} 6 & 0 & (0) & 3 \\ 0 & (0) & 7 & 5 \\ (0) & 9 & 3 & 5 \\ 2 & 2 & 0 & (0) \end{bmatrix}$$

从而得最优解如下：

$$x_{13} = x_{22} = x_{31} = x_{44} = 1，\text{其他 } x_{ij} = 0$$

(4) 返回原问题，可知分派方案如下：

M_1 用于工程 C；M_2 用于工程 B；M_3 用于工程 A，不给工程 D 提供设备。其问题的目标函数值，即创造的最高利润为

$$12+8+8=28$$

例 5-11 某大型工程共由 5 个项目 A、B、C、D、E 组成，现有三个公司甲、乙、丙分别来投标，各自给出的报价如表 5-16 所示。这里甲、乙、丙三家公司实力均比较雄厚，可以同时进行两个项目的施工，请给出最优施工分配方案。

表 5-16　　　　　　　　　　　　　　　　　　　　　　　万元

公司＼项目报价	A	B	C	D	E
甲	15	17	9	12	18
乙	14	18	10	11	16
丙	12	19	12	13	15

解：这里每家公司可以同时进行两个项目的施工，也即每个人可以做两件事，所以将三行都分别复制一遍，变为六行。而此时行数 6 大于列数 5，即总人数大于总事数，所以再添

加一列 0，代表虚拟项目。之后得到以下消耗系数矩阵的标准形式指派问题：

$$C=\begin{pmatrix} 15 & 17 & 9 & 12 & 18 & 0 \\ 15 & 17 & 9 & 12 & 18 & 0 \\ 14 & 18 & 10 & 11 & 16 & 0 \\ 14 & 18 & 10 & 11 & 16 & 0 \\ 12 & 19 & 12 & 13 & 15 & 0 \\ 12 & 19 & 12 & 13 & 15 & 0 \end{pmatrix}$$

按照匈牙利算法求解的到最优解为

$$X^*=\begin{pmatrix} 0 & 1 & 0 & 0 & 0 & 0 \\ 0 & 0 & 1 & 0 & 0 & 0 \\ 0 & 0 & 0 & 1 & 0 & 0 \\ 0 & 0 & 0 & 0 & 0 & 1 \\ 0 & 0 & 0 & 0 & 1 & 0 \\ 1 & 0 & 0 & 0 & 0 & 0 \end{pmatrix}$$

也即甲公司负责项目 B、C 的施工，乙公司仅负责项目 D 的施工，丙公司负责项目 A、E 的施工，总施工费用为 64 万元。

知识总结

（1）整数规划是一类特殊的线性规划问题，用于解决决策变量部分或全部为整数的情况。本章中介绍的分支定界方法和割平面法是目前较为成熟、应用较为广泛的两种方法。

（2）在分支定界方法中，采用分支、定界等方法，逐渐缩小可行区域和边界范围，进而得到整数规划的最优解。

（3）在割平面方法中，通过增加约束条件的方法，逐渐缩小线性规划问题的可行区域，进而求得对应整数规划问题的最优解。

（4）0—1 规划是整数规划的一种特殊情况，它的特点是：变量只能取 0 和 1 两个逻辑变量值。因此 0—1 规划较一般整数规划问题具有更好的解决方法。本章介绍的隐枚举法通过增加一个过滤性条件，在枚举法的基础上大大减少了计算工作量。

（5）指派问题是一种特殊的 0—1 规划问题，也是一种特殊的运输问题。匈牙利方法是对目前这一问题最有效的解决方法。但需要注意的是，该方法只能求解目标函数为最小化及人数和任务相等的情况，对于其他情况需要进行转换。

自测练习

5.1 某球队拟从以下 6 名预备队员中选拔 3 名为正式队员，希望尽可能增加平均身高。这 6 名预备队员的具体情况如表 5-17 所示。

表 5-17

预备队员	A	B	C	D	E	F
身高	193	191	187	186	180	185
场上位置	中锋	中锋	前锋	前锋	后卫	后卫

队员的挑选应满足下列条件：

(1) 至少补充一名后卫队员；

(2) 预备队员 B 和 E 中只能挑选一人；

(3) 最多补充一名中锋；

(4) 若预备队员 A 或 D 入选，则预备队员 F 不能入选。

试建立此问题的数学模型。

5.2 用分支定界法解下列整数规划。

(1) s.t. $\begin{cases} \max z = 2x_1 + x_2 \\ x_1 + x_2 \leqslant 5 \\ -x_1 + x_2 \leqslant 0 \\ 6x_1 + 2x_2 \leqslant 21 \\ x_1, x_2 \geqslant 0, 且为整数 \end{cases}$

(2) s.t. $\begin{cases} \min z = 5x_1 - x_2 \\ 3x_1 + 10x_2 \leqslant 50 \\ 7x_1 - 2x_2 \leqslant 30 \\ x_1, x_2 \geqslant 0, x_2 为整数 \end{cases}$

5.3 用割平面法求解下列各题。

(1) s.t. $\begin{cases} \max z = 2x_1 + x_2 \\ 4x_1 + 2x_2 \leqslant 4 \\ 2x_1 + x_2 \leqslant 10 \\ x_1, x_2 为正整数 \end{cases}$

(2) s.t. $\begin{cases} \min z = 3x_1 + 4x_2 \\ 3x_1 + 2x_2 \leqslant 8 \\ x_1 + 5x_2 \leqslant 9 \\ x_1, x_2 为正整数 \end{cases}$

5.4 求解以下 **0—1** 规划问题。

(1) s.t. $\begin{cases} \max z = 4x_1 + 3x_2 + 4x_3 \\ 5x_1 + 2x_2 + 3x_3 \geqslant 6 \\ 4x_1 + 2x_2 + 3x_3 \leqslant 8 \\ x_1, x_2, x_3 = 0 或 1 \end{cases}$

(2) s.t. $\begin{cases} \min z = 5x_1 + 6x_2 + 7x_3 + 8x_4 + 9x_5 \\ 3x_1 - x_2 + x_3 + x_4 - 2x_5 \geqslant 2 \\ x_1 + 3x_2 - x_3 - 2x_4 + x_5 \geqslant 0 \\ -x_1 - x_2 + 3x_3 + x_4 + x_5 \geqslant 1 \\ x_j = 0, 1 \\ j = 1, 2, 3, 4, 5 \end{cases}$

5.5 表 5-18 所示一个指派问题的系数矩阵，每个系数代表了不同的人做不同的事的收入，请给出最优的指派方案。

表 5 – 18

项目	A	B	C	D
甲	2	10	9	7
乙	15	4	14	8
丙	13	14	16	11
丁	4	15	13	9

5.6 已知系数矩阵中系数代表了不同的人做不同事情的时间，请给出最优的指派方案。

$$\begin{pmatrix} 7 & 9 & 10 & 12 \\ 13 & 12 & 16 & 17 \\ 15 & 16 & 14 & 15 \\ 11 & 12 & 15 & 16 \end{pmatrix}$$

第 6 章　决策论

知识要点

掌握不确定型决策、风险型决策、效用决策及其在物流领域中的应用；理解效应决策和多目标决策的基本概念。

核心概念

不确定型决策问题（Decision Making Without Probabilities）
乐观决策（The Maximax Criterion）
悲观决策（The Maximin Criterion）
折中决策（The Hurwicz Criterion）
等可能决策（The Equal Likelihood Criterion）
后悔值决策（The Maximax Regret Criterion）
风险型决策问题（Decision Making With Probabilities）
期望值决策（The Expected Value Criterion）
决策树（Decision Tree）
效用（Utility）
效用曲线（The Utility Curve）
多目标决策（The Multi-objective Criterion）

典型案例

某仓库为适应日益扩大的业务量，拟订了 3 个方案：

(1) 新建一座仓库，投资 300 万元。据估计，如果仓储业景气，每年可获利 90 万元；如果不景气，将亏损 20 万元。服务期限为 10 年。

(2) 扩建旧仓库，投资 140 万元。如果仓储业景气，每年可获利 40 万元；如果不景气，仍可获利 30 万元。

（3）先扩建旧仓库，三年后如果仓储业景气，再建新仓库。投资 200 万元，服务期限为 7 年，每年估计获利 90 万元。

根据物流市场预测，仓储业景气的概率为 0.7，不景气的概率为 0.3。试选择最优方案。

6.1 决策的基本概念

6.1.1 决策的定义

决策是人类的一种普遍性活动，指个人或集体为达到预定目标，从两个以上的可行方案中选择最优方案或综合成最优方案，并推动方案实施的过程。正确的决策是人们采取有效行动，达到预期目标的前提。决策活动广泛存在于社会实践的各个领域，贯穿于管理工作的各个环节。

决策在管理活动中具有十分重要的地位。1978 年，诺贝尔经济学奖的获得者荷伯特·A.西蒙（Herbert A. Simon）认为：决策是管理的中心，贯穿于管理的全过程，所以可以说"决策就是管理"，也可以说"管理就是决策"。朴素的决策思想自古就有，但在落后的生产方式和技术条件下，决策主要凭借个人的智慧和经验，随着生产和科学技术的发展，对决策问题的分析已形成了一套科学的方法和程序。

由于人的社会活动是多方面、多领域、多层次的，因而，有关的决策问题和决策活动也是多方面、多领域、多层次的。无论是政治、经济、军事、文化、教育，还是工程技术、经济管理、交通运输等各个领域都存在着大量的决策问题。物流决策，就是在物流管理中与物流活动相关的决策问题，如物流中心选址决策、物流经济决策，等等。

6.1.2 决策的要素

1. 决策者

决策者指的是决策过程的主体，即决策人，一般来说，他代表着某一方的利益。决策的正确与否受决策者所处的社会、政治、经济、文化等环境以及决策者个人素质的影响。正确的决策需要科学的决策程序，需要集体的智慧。

2. 方案

方案是为实现既定目标而采取的一系列活动或措施。方案可以是有限的，也可以是无限的。在现实生活中选择方案时，要考虑其技术、经济等的可行性，一般都是有限的。

3. 自然状态

自然状态是指决策者会遇到的不受决策者个人意志控制的客观状况，如战争、天灾等，决策时要进行预先估计。

4. 损益值

每一个可行方案在每一个客观情况下可能产生的后果，称为损益值。对应于 n 种自然状

态和 m 个方案，便可得到一个 m 行 n 列的矩阵，称为损益矩阵。

自然状态、损益值、方案三者的对应关系见表 6-1。

表 6-1

损益值\自然状态\方案	状态 1	状态 2	...	状态 n
方案 1	C_{11}	C_{12}	...	C_{1n}
方案 2	C_{21}	C_{22}	...	C_{2n}
⋮	⋮	⋮		⋮
方案 3	C_{m1}	C_{m2}	...	C_{mn}

6.1.3 决策的分类

由于事物发展变化的复杂性，要分析、解决的问题也有多种类型，从不同的角度分析决策问题，可以得出不同的决策分类。

(1) 按决策环境可将决策问题分为确定型、风险型和不确定型三种。

确定型的决策是指决策环境是完全确定的，做出的选择结果也是确定的。风险型决策是指决策的环境不是完全确定的，而其发生的概率是已知的。不确定型决策是指决策者对将发生结果的概率一无所知，只能凭决策者的主观倾向进行决策。

(2) 按决策过程的连续性可分为单项决策和序贯决策。

单项决策是指整个决策过程只做一次决策就能得到结果。序贯决策是指整个决策过程由一系列决策组成。一般来讲，物流管理活动是由一系列决策组成的，但往往可把这一系列决策中的几个关键决策环节分别看成是单项决策。

(3) 按定量和定性分类可分为定量决策和定性决策。

描述决策对象的指标都可以量化时用定量决策，否则只能用定性决策，总的趋势是尽可能地把决策问题量化。

(4) 按决策的结构可将其分为程序化决策和非程序化决策。

程序化决策是指针对经常出现的问题，可以按照现有的经验、方法和步骤进行的决策，如订单标价、核定工资、生产调度等；非程序化决策是指针对临时或偶尔出现的问题，必须采取新的方法和步骤进行的决策，如开辟新市场、作战指挥决策等。

(5) 按性质的重要性可将决策分为战略决策、策略决策和执行决策。

战略决策是涉及企业发展和生存有关的全局性、长远性问题的决策，如厂址的选择、新产品和新市场的开发等。策略决策是为完成战略决策所规定的目标而进行的决策，如企业的产品规格选择、工艺方案和设备的选择等。执行决策是根据策略决策的要求对执行方案的选择，如生产标准选择、生产调度、人员和财力配备等。

6.1.4 决策的基本步骤（见图 6-1）

决策过程就是实施决策的步骤，一般包括以下四个步骤：

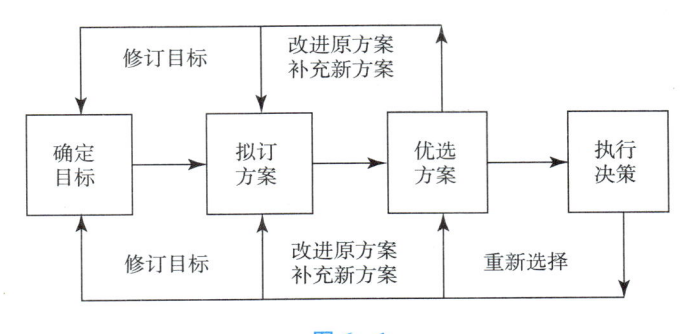

```
         修订目标        改进原方案
                       补充新方案
      ┌─────┐   ┌─────┐   ┌─────┐   ┌─────┐
      │确定 │──▶│拟订 │──▶│优选 │──▶│执行 │
      │目标 │   │方案 │   │方案 │   │决策 │
      └─────┘   └─────┘   └─────┘   └─────┘
         修订目标        改进原方案    重新选择
                       补充新方案
```

图 6-1

（1）确定目标。

在重大事件的决策过程中，首先要确定目标。决策目标一定要具体、明确，避免抽象、含糊。如果决策的目标不止一个，则应分清主次，优先实现主要目标。

（2）拟订方案。

决策工作的中心任务就是根据决策目标，通过各种调查研究和综合分析，产生多个可供选择的决策方案。可行方案即指技术上先进、经济上合理的方案。

（3）优选方案。

首先，由专业技术人员运用运筹学、数理统计等方法进行定量分析比较，找出初步的"最优方案"；其次，由业务主管部门组织方案论证；最后，由决策领导者对经过论证的方案进行最后抉择，决定是否采纳。

（4）执行决策。

决策形成以后，由职能部门编制计划、组织实施。

决策并不是一次就能够完成的，应该反复修正，直到各方面都尽可能地达到满意为止。此外，决策方案也不是一成不变的，需要在实施过程中根据实际情况不断进行调整和完善。

6.1.5　决策中的几个问题

（1）决策必须有资源做保证，要考虑到人力、资金、设备、动力、原材料、技术、时间、市场管理能力等方面的条件，只有这些条件得到满足，决策才有实现的可能。

（2）一个好的决策必须有应付变化的能力。客观情况总是变化的，经济管理决策面对的是环境多变的可能性。决策者不仅要认识到这种可能性，而且要事先考虑一些应变措施，使决策具有一定的弹性，留有回旋的余地。

（3）应充分考虑到决策所面临的风险。不冒任何风险的决策，客观上是不存在的。决策总是面临未来，而未来总是带有不确定性，因此决策多少需要冒一定的风险。有时获得大成就的决策，往往要冒较大的风险。所以对于决策者来说，问题不在于要不要冒风险，而是要估计一个界限可以冒多大程度的风险，要使风险损失不至于引起灾难性的不可挽回的后果。

（4）决策的方式和范围。决策的方式可以是复杂的，也可以是简单的，这两种方式都要用，但里面有个范围问题。如果是重大问题，事关整个企业的兴衰，如投资、厂址选择、设备更新、产品品种及产量、市场、价格、成本、人事等，则需要用到复杂的方式；而一般的日常工作或小问题，就不必要用复杂方式进行决策，只要用简单方式就可以了。

（5）个人决策与集体决策。一个人的思路和知识总是有限的，在决策过程中要充分发挥集体的智慧，参与的人多了，考虑问题就相对全面，做出的决策一般来说也比一个人决策成功的概率要大。

决策过程是一个复杂的过程，要用到数学、运筹学、经济学、心理学、社会学以及电子计算机等方面的知识，而且还有决策人的主观因素在起作用。因此，需要决策者精通有关的知识和技术，并通过反复实践才能做出好的决策。

6.2 不确定型决策

典型案例

某企业计划贷款修建一个仓库，初步考虑了三种建仓库的方案即修建大型仓库、修建中型仓库和修建小型仓库，且当货物量不同时，对于不同规模的仓库而言，其获利情况、支付贷款利息和营运费用都不同。经初步估算，编制出每种方案在不同的货物量下的损益值，见表6-2。试问如何进行方案的决策？

表 6-2　　　　　　　　　　　　　　　　　　　　　　　万元

损益值＼货物量＼方案	货物量大	货物量中	货物量少
建大型仓库	90	40	20
建中型仓库	50	70	40
建小型仓库	30	50	60

不确定型决策是在决策者对环境情况一无所知时，根据自己的主观倾向所进行的决策。决策者面临多种可能的自然状态，但未来自然状态出现的概率不可预知，由于无法确定何种状态出现，故决策者只能依据一定的决策准则来进行分析决策。

常用的决策准则有：乐观准则、悲观准则、折中准则、等可能性准则和最小后悔值准则等。对于同一个决策问题，运用不同的决策准则，得到的最优方案有所不同。

6.2.1 乐观准则

如果决策者不放弃任何机会，以乐观冒险的精神寄希望于出现对自己最有利的自然状态，自己做出的决策有时能取得最好的结果，这种准则就称为乐观准则。乐观准则的核心是"好中选好"，所以该准则又叫大中取大准则。

决策过程：先从每个方案中选出一个最大损益值，再从这些最大损益值中选出最大值，该最大值对应的方案就是决策所选定的方案。

利用乐观准则对本节典型案例中所提出的问题进行决策，结果见表6-3。决策结果是建大型仓库，收益为90万元。

表 6-3　　　　　　　　　　　　　　　　　　　　　　　　　　　　　万元

损益值　　　货物量 方案	货物量大	货物量中	货物量少	最大收益值
建大型仓库	90	40	20	90
建中型仓库	50	70	40	70
建小型仓库	30	50	60	60
max{90, 70, 60}=90				

6.2.2　悲观准则

由于对决策问题的情况不明，决策者持稳健和保守心理，所以在决策分析时比较谨慎小心，常从最坏的结果考虑，并从最坏的结果中选择最好的结果。这种决策的主要特点是对现实方案的选择持悲观原则，因此称为悲观决策标准。

决策过程：先从每个方案中选出一个最小损益值，再从这些最小损益值中选出最大损益值，对应的方案就是决策方案。

利用悲观主义准则对本节情境案例中所提出的问题进行决策，结果见表 6-4。决策结果是建中型仓库，收益为 40 万元。

表 6-4　　　　　　　　　　　　　　　　　　　　　　　　　　　　　万元

损益值　　　货物量 方案	货物量大	货物量中	货物量少	最小收益值
建大型仓库	90	40	20	20
建中型仓库	50	70	40	40
建小型仓库	30	50	60	30
max{20, 40, 30}=40				

6.2.3　折中准则

这种标准是介于悲观与乐观之间的一个折中标准。在决策过程中，最好和最差的自然状态都有可能出现，决策者对未来事物的判断不能盲目乐观，也不可盲目悲观。因此，可以把两种决策准则予以综合，通过一个乐观系数 α（$0 \leqslant \alpha \leqslant 1$）将悲观与乐观结果加权平均，以此来确定每个方案的收益值。

决策过程：决策时，决策者根据自己的愿望、经验和历史数据，先给出乐观系数 α，按下式计算每个方案的折中收益值：

折中收益值 = α × 最大收益值 + （1－α）× 最小收益值

再从各方案的折中收益值中选择数值最大者，对应的方案就是决策方案。

若取乐观系数 $\alpha=0.7$，利用折中主义准则对本节情境案例中所提出的问题进行决策，结果见表 6-5。决策结果是建大型仓库，折中收益为 69 万元。

表 6-5　　　　　　　　　　　　　　　　　　　　　　　　　　　　　　　　　　　万元

损益值＼货物量＼方案	货物量大	货物量中	货物量少	最小收益	最大收益	折中收益值 α=0.7
建大型仓库	90	40	20	20	90	69
建中型仓库	50	70	40	40	70	61
建小型仓库	30	50	60	30	60	51

max{69, 61, 51}=69

由上述计算公式可见，当 $\alpha=1$ 时，是乐观主义准则；当 $\alpha=0$ 时，是悲观主义准则。这两种方法都是折中主义准则的特例。需要注意，α 的选择是很重要的，它体现出决策者的冒险程度。

6.2.4　等可能性决策准则

等可能性决策准则又称为拉普拉斯准则，该准则认为当一个决策者面对各种自然状态时，如果没有什么特殊的理由来说明哪个状态比其他状态出现的可能性更大，则只能认为所有状态发生的机会是相等的。因此，决策者就应赋予每个状态以相同的发生概率，即每一状态发生的概率都是 1/状态数。

决策过程：决策者计算各方案的收益期望值，然后在所有这些期望值中选择最大者，以其对应的策略为决策策略。

利用等可能性准则对本节情境案例中所提出的问题进行决策，结果见表 6-6。决策结果是建中型仓库，收益期望值为 53.3 万元。

表 6-6　　　　　　　　　　　　　　　　　　　　　　　　　　　　　　　　　　　万元

损益值＼货物量＼方案	货物量大	货物量中	货物量少	收益期望值
建大型仓库	90	40	20	50
建中型仓库	50	70	40	53.3
建小型仓库	30	50	60	46.7

max{50, 53.3, 46.7}=53.3

6.2.5　最小后悔值准则

由于自然状态的不确定性，在决策实施后决策者很可能会觉得：如果采取了其他方案将会有更好的收益。由此决策者所造成的损失价值，称为后悔值。根据后悔值准则，每个自然状态下的最高收益值为理想值，该状态下每个方案的收益值与理想值之差作为后悔值。最小后悔值准则是为达到后悔最小的目的而设计的一种决策方法。

决策过程：决策时，先根据损益表计算出每个状态、每个方案的后悔值，构成后悔值矩阵；然后，在后悔值矩阵中对每一方案选出最大后悔值；最后，从这些最大后悔值中选出最小后悔值，它所对应的方案即选定的决策方案。

利用最小后悔值准则对本节情境案例中所提出的问题进行决策，见表6-7和表6-8。表6-7中用"＊"标出不同状态下的最大收益值，表6-8中计算得到了后悔值矩阵，从中确定的最小后悔值为40万元，对应的决策结果为建大型仓库或中型仓库均可。

表6-7　　　　　　　　　　　　　　　　　　　　　　　　　　　万元

损益值　方案＼货物量	货物量大	货物量中	货物量少
建大型仓库	90＊	40	20
建中型仓库	50	70＊	40
建小型仓库	30	50	60＊

表6-8　　　　　　　　　　　　　　　　　　　　　　　　　　　万元

损益值　方案＼货物量	货物量大	货物量中	货物量少	最大后悔值
建大型仓库	0	30	40	40
建中型仓库	40	0	20	40
建小型仓库	60	20	0	60

min{40，40，60}＝40

6.3　风险型决策

典型案例

某企业计划贷款修建一个仓库，初步考虑了三种建仓库的方案，即修建大型仓库、修建中型仓库和修建小型仓库。经初步估算，编制出每种方案在不同的货物量下的损益值，见表6-9。根据对货运量的调查分析，估计货物量大的可能性是50%，货物量中的可能性是30%，货物量小的可能性是20%，要求进行方案决策。

表6-9　　　　　　　　　　　　　　　　　　　　　　　　　　　万元

损益值　方案＼货物量	货物量大	货物量中	货物量少
建大型仓库	90	40	20
建中型仓库	50	70	40
建小型仓库	30	50	60

> 风险型决策是指在决策问题中，决策者除了知道未来可能出现哪些状态外，还知道出现这些状态的概率分布，决策者要根据几种不同自然状态下可能发生的概率进行决策。由于在决策中引入了概率，所以根据不同概率拟订不同的决策方案，不论选择哪一种决策方案，都要承担一定程度的风险。
>
> 风险型决策问题应具备以下几个条件：
> (1) 具有决策者希望的一个明确目标；
> (2) 具有两个以上不以决策者的意志为转移的自然状态；
> (3) 具有两个以上的决策方案可供决策者选择；
> (4) 不同决策方案在不同自然状态下的损益值可以计算出来；
> (5) 不同自然状态出现的概率，决策者可以事先计算或者估计出来。
> 风险型决策的常用方法有最大可能法和期望值准则法，下面将分别进行介绍。

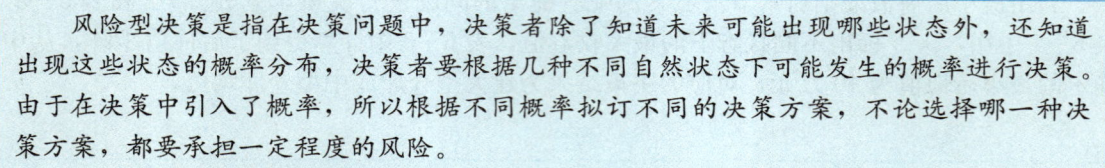

6.3.1 最大可能法

我们知道，在某些情况下，确定型决策问题要比风险型决策容易些。那么，在什么条件下才能把风险型决策问题转化为确定型决策问题呢？根据概率论的原理，一个事件的概率越大，其发生的可能性就越大。基于这种想法，在风险型决策问题中选择一个概率最大的自然状态进行决策，且不考虑其他自然状态，这样就变成了确定型决策问题，这就是最大可能法。

最大可能法的决策过程非常简单。首先，从各自然状态的概率值中选出最大者对应的状态，其余状态则不再考虑；然后，再根据在最大可能状态下各方案的损益值进行决策。

利用最大可能法对本节情境案例中所提出的问题进行决策。根据估计三种状态的概率值大小，只需考虑发生概率最大的"货物量大"这一情况，分别从收益值最大和损失值最小两个方面进行决策，见表6-10。

表6-10　　　　　　　　　　　　　　　　　　　　　　　　　　　万元

方案	收益值最大	损失值最小
建大型仓库	90	0
建中型仓库	50	40
建小型仓库	30	60
决策	max(90, 50, 30)=90	min(0, 40, 60)=0

从表6-10中可以看出，收益值最大和损失值最小对应的决策结果都是建造大型仓库。

最大可能法有着十分广泛的应用范围，特别是当某一自然状态的概率非常突出，比其他状态的概率大许多的时候，这种方法的决策效果是比较理想的。但是当自然状态发生的概率互相都很接近且变化不明显时，采用这种方法效果就不理想，甚至会产生严重的错误。

6.3.2 期望值准则法

期望值准则法是将每个方案看成是离散型随机变量，随机变量的取值是每个方案在不同自然状态下的损益值，其概率等于自然状态的概率，从而可以计算出每个方案的期望值，来进行各方案的取舍。这里所说的期望值就是概率论中离散随机变量的数学期望，即：

$$E_i = \sum_{j=1}^{m} x_{ij} P_j(S_j) \quad (6-1)$$

式中，E_i——第 i 个方案的损益期望值；

x_{ij}——第 i 个方案在自然状态 S_j 下的损益值；

P_j——自然状态 S_j 出现的概率。

如果决策目标是效益最大，则采取期望值最大的备选方案；如果损益矩阵的元素是损失值，而且决策目标是使损失最小，则应选定期望值最小的备选方案。

1. 决策表法

决策表法的决策过程是：先按各行计算各状态下的损益值与概率值乘积之和，得到期望值；再比较各行的期望值，根据期望值的大小和决策目标，选出最优者，对应的方案就是决策方案。

利用决策表法对本节情境案例中所提出的问题进行决策，见表 6-11。

表 6-11

方案 \ 损益值/万元 \ 状态 概率	货物量大 0.5	货物量中 0.3	货物量少 0.2	期望收益值 $E_i = \sum_{j=1}^{m} x_{ij} P_j(S_j)$ /万元
建大型仓库	90	40	20	0.5×90+0.3×40+0.2×20=61
建中型仓库	50	70	40	0.5×50+0.3×70+0.2×40=54
建小型仓库	30	50	60	0.5×30+0.3×50+0.2×60=42
max{61，54，42}=61				

决策结果是建大型仓库，期望收益值为 61 万元。

下面再通过两个例题来看看决策表法的具体应用。

例 6-1 某物流企业在组织运输时，由气象部门得到天气状况预报为：0.2 的概率为晴天，0.5 的概率为多云，0.3 的概率为小雨。现该物流企业准备了三套配送方案：甲、乙和丙。三种方案在三种天气所对应的损益矩阵见表 6-12。

表 6-12　　　　　　　　　　　　　　　　　　　　　　　　　　　　　　　　　万元

方案 \ 损益值/万元 \ 状态 概率	晴天 0.2	多云 0.5	小雨 0.3
甲	160	−30	−50
乙	20	80	100
丙	70	100	60

进行决策的步骤如下：

首先，按 $E_i = \sum_{j=1}^{m} x_{ij} P_j(S_j)$ 计算出各方案的期望值，见表 6-13。

表 6-13

方案 \ 状态 损益值/万元 概率	晴天 0.2	多云 0.5	小雨 0.3	损益值/万元
甲	160	−30	−50	$E_1=160\times0.2+(-30)\times0.5+(-50)\times0.3=2$
乙	20	80	100	$E_2=20\times0.2+80\times0.5+100\times0.3=74$
丙	70	100	60	$E_3=70\times0.2+100\times0.5+60\times0.3=82$

max {2, 74, 82} = 82，对应于丙方案，故选丙方案为决策方案。

例 6-2 某企业生产的是季节性产品，销售期为 90 天，产品每台售价 1.8 万元，成本 1.5 万元，利润 0.3 万元。但是，如果每天增加一台存货，则损失 0.1 万元。预测的销售量及相应发生的概率见表 6-14 所示，问企业应怎样安排日产量计划才能获得最大利润？

表 6-14

日销售量/台	完成该销售量的天数/天	相应概率
200	20	0.1
220	35	0.4
240	25	0.3
270	10	0.2
合计	90	1.0

根据预测的日销售量，企业生产计划的可行方案为日产 200 台、220 台、240 台或 270 台。由表 6-14 的资料可计算出每种方案的损益值和预计利润。

关于损益值的计算方法，以日产 220 台为例：

当日销售量为 200 台时，损益值 = 0.3×200 − 0.1×20 = 58（万元）；

当日销售量为 220 台时，损益值 = 0.3×220 = 66（万元）；

当日销售量为 240 台和 270 台时，损益值 = 0.3×220 = 66（万元）。

预计利润 = 58×0.1+66×0.4+66×0.3+66×0.2 = 65.2（万元）。

依此方法，可以计算出日产 200 台、240 台、270 台的各个损益值，并计算出各产量的预计利润，把这些数据填入决策损益表中，见表 6-15。

从表 6-15 中可知，日产 240 台时，预计利润最大为 67.2 万元。所以决策的最优方案为日产 240 台。

表 6-15

日产量/台 \ 损益值/万元	日销售量/台 概率	200 0.1	220 0.4	240 0.3	270 0.2	预计利润/万元
200		60	60	60	60	60
220		58	66	66	66	65.2
240		56	64	72	72	67.2
270		53	61	69	81	66.6

2. 决策树法

决策树法是风险决策最常用的一种方法，它将决策问题按从属关系分为几个等级，用决策树形象地表示出来。通过决策树能统观整个决策的过程，从而对决策方案进行全面的计算、分析和比较。决策树法既可以解决单阶段的决策问题，还可以解决决策表无法表达的多阶段序列决策问题。在管理上，这种方法多用于较复杂问题的决策。

图6-2所示为决策树的结构。决策点在图中以方块表示，决策者必须在决策点处进行最优方案的选择；从决策点引出的若干条线代表若干个方案，称为方案枝；方案枝末端的圆圈叫作自然状态点，从它引出的线条代表不同的自然状态，叫作概率枝；概率枝末端的三角形叫作结果点。

运用决策树法的几个关键步骤如下：

第一步，画出决策树。画出决策树的过程也就是对未来可能发生的各种事件进行周密思考、预测的过程，把这些情况用树状图表示出来。

第二步，由专家估计法或用试验数据推算出概率值，并把概率写在概率枝的位置上。

第三步，计算损益期望值。由树梢开始由从右向左的顺序进行，用期望值法计算，若决策目标是盈利，则比较各分枝，取期望值最大的分枝，并对其他分枝进行修剪。

用决策树法进行决策分析，可分为单阶段决策和多阶段决策两类。

(1) 单阶段决策。

例6-3 用决策树法对本节情景案例中所提出的问题进行决策。

仿照图6-2建立决策树，如图6-3所示。

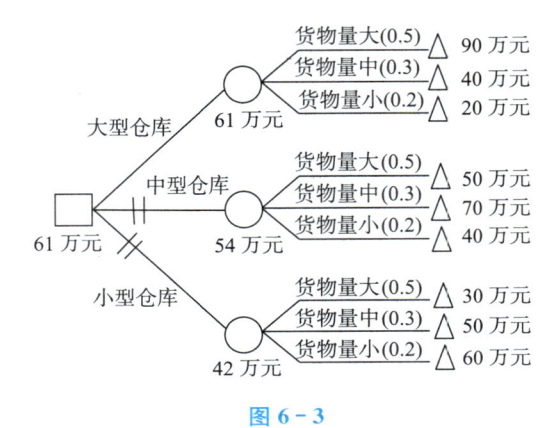

图6-3

各点的期望值计算如下：

$$0.5 \times 90 + 0.3 \times 40 + 0.2 \times 20 = 61（万元）$$
$$0.5 \times 50 + 0.3 \times 70 + 0.2 \times 40 = 54（万元）$$
$$0.5 \times 30 + 0.3 \times 50 + 0.2 \times 60 = 42（万元）$$

比较不同方案的期望值，得到决策结果为建大型仓库，收益值为61万元，并在图6-3中剪去期望值较小的方案分枝。

例6-4 某企业欲投资手机行业，目前有两种方案可供选择：一种方案是建设大工厂，另一种方案是建设小工厂，两者的使用期都是 8 年。建设大工厂需要投资 500 万元，建设小工厂需要投资 260 万元。两个方案的每年损益值及自然状态的概率见表 6-16。试应用决策树法评选出合理的决策方案。

表 6-16

概率	自然状态	建大工厂年损益值/万元	建小工厂年损益值/万元
0.7	销路好	200	80
0.3	销路差	−40	60

画出本问题的决策树，如图 6-4 所示。

各点的期望值计算如下：

0.7×200×8＋0.3×（−40）×8−500（投资）＝524（万元）

0.7×80×8＋0.3×60×8−260（投资）＝332（万元）

比较不同方案的期望值得到决策结果为建设大工厂，损益值为 524 万元，并在图 6-4 中剪去期望值较小的方案分枝。

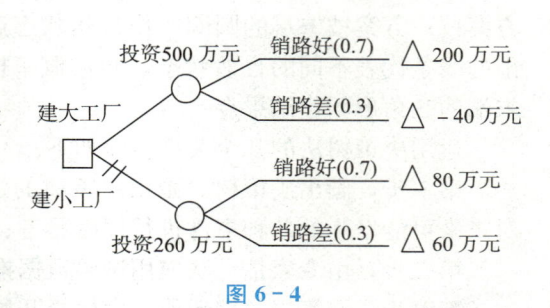

图 6-4

例 6-5 为了适应市场需求，某企业提出在未来三年内扩大生产规模的三种方案：新建一条生产线，需要投资 100 万元；扩建原生产线，需要投资 70 万元；收购现存生产线，需要投资 40 万元。三种方案在不同自然状态下的年损益值见表 6-17，试应用决策树法评选出合理的决策方案。

表 6-17

可行方案 \ 自然状态 损益值/万元 概率	高需求 0.2	中等需求 0.5	低需求 0.3
新建生产线	200	80	0
扩建生产线	110	70	10
收购生产线	90	30	20

根据已知条件绘制决策树，并把各种方案概率枝上的收益值相加，填入相应的状态点上，如图 6-5 所示。

比较三种方案在三年内的净收益值。

新建生产线：240 万元−100 万元＝140 万元；

扩建生产线：180 万元−70 万元＝110 万元；

收购生产线：117 万元−40 万元＝77

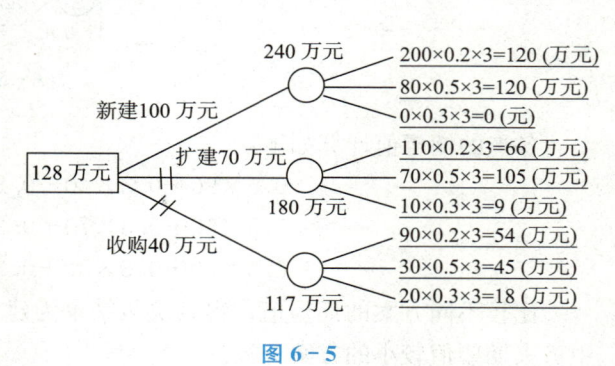

图 6-5

万元。

如果以最大净收益值作为评价标准，应选择新建生产线的方案，净收益值为 140 万元，其余两种方案枝应剪去。

（2）多阶段决策。

很多实际决策问题需要决策者进行多次决策，这些决策按先后次序分为几个阶段，后阶段的决策内容依赖于前阶段的决策结果及前一阶段决策后所出现的状态。在做前一次决策时，也必须考虑到后一阶段的决策情况，这类问题称为多阶段决策问题。

下面用一个两阶段决策问题的例子来说明决策树在多阶段决策中的应用。

例 6-6 在例 6-4 中，如果增加一个考虑方案，即先建设小工厂，如销路好，3 年以后扩建。根据计算，扩建需要投资 300 万元，可使用 5 年，每年盈利 190 万元。那么这个方案与前两个方案比较，优劣如何？

这个问题可分前 3 年和后 5 年两期来考虑，画出决策树示意图，如图 6-6 所示。

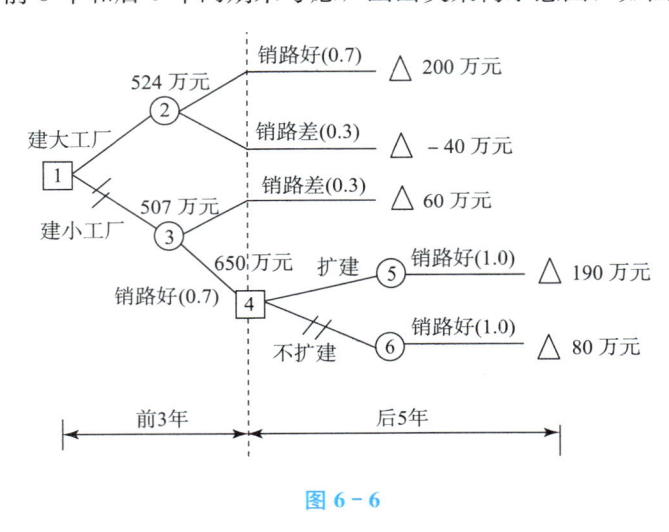

图 6-6

各点的期望利润值如下：

点②：
$$0.7 \times 200 \times 8 + 0.3 \times (-40) \times 8 - 500（投资）= 524（万元）$$

点⑤：
$$1.0 \times 190 \times 5 - 300（投资）= 650（万元）$$

点⑥：
$$1.0 \times 80 \times 5 = 400（万元）$$

由于点⑤（650 万元）与点⑥（400 万元）相比，点⑤的期望收益值较大，因此应采用扩建的方案，而舍弃不扩建的方案，然后可以计算出点③的期望收益值。

点③：
$$0.7 \times 80 \times 3 + 0.7 \times 650 + 0.3 \times 60 \times 8 - 260（投资）= 507（万元）$$

由于点③（507 万元）与点②（524 万元）相比，点②的期望收益值较大，因此取点②而舍点③。这样相比之下，建设大工厂的方案是最优方案。

例 6-7 本章开篇的情境案例中所涉及的问题属于多阶段决策问题，可运用决策树法进行分析。按题意可绘出树型图，如图 6-7 所示。

决策分析由右向左进行,计算状态结点⑤和⑥的期望值。

结点⑤:
$$1.0 \times 90 \times 7 - 200 = 430（万元）$$

结点⑥:
$$1.0 \times 40 \times 7 = 280（万元）$$

比较结点⑤和结点⑥的期望值可知,结点⑤的期望值较大,所以第二阶段决策应采取投资 200 万元建新库的方案。

第一阶段决策涉及结点②和结点③的期望值。

结点②:
$$0.7 \times 90 \times 10 - 0.3 \times 20 \times 10 - 300 = 270（万元）$$

结点③:
$$0.7 \times 430 + 0.7 \times 40 \times 3 + 0.3 \times 30 \times 10 - 140 = 335（万元）$$

对比三种方案,应选择先扩建旧仓库,经 3 年后,仓储业景气时再投资 200 万元建新仓库,再经营 7 年。这种方案在整个 10 年期间共计获得期望收益 335 万元。

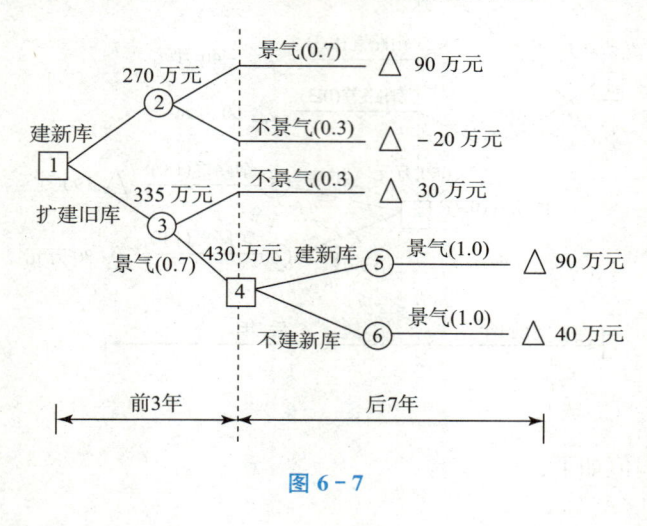

图 6-7

6.4 效用决策

典型案例

> 某公司为一项新产品的投产准备了两种方案:一是生产 A 产品需投资 6 万元;二是生产 B 产品需投资 20 万元。据市场预测,10 年内两产品销路好的概率为 0.7,销路差的概率都为 0.3。相应的年度损益值见表 6-18,问决策者愿意采用哪种方案?

表 6-18

方案	状态 概率 损益值/万元	销路好 0.7	销路差 0.3
	A 产品	6	3
	B 产品	15	−2

6.4.1 效用和效用值

期望值准则法在风险决策中得到了广泛应用，但在某些情况下，决策者并不采用这个决策法，如保险业、购买各种奖券等。在保险业中，一位经理在考虑本单位是否参与保险时，按期望值计算得到的受灾损失比所付出的保险金额要小，但为了避免可能出现更大的损失，其愿意付出相对小的支出。在购买奖券时，按期望值计算的得奖钱数要小于购买奖券的支付，但有机会得到相当大的一笔奖金，仍会有很多人愿意支付这笔相对小的金额。这样就提出了一个问题，货币量在不同的场合下对于不同的人，在人们主观上具有不同值的含义，它根据具体情况及个人的地位所决定，这就引出了决策分析中的效用概念。

效用在决策分析中是一个常用的概念，为了说明这个概念的意义，下面引入一个具体的例子。

设决策者面临两种可供选择的收入方案：

第一种方案：有 0.5 的概率可得 200 元、0.5 的概率损失 100 元；

第二种方案：可得 25 元。

那么决策者会采取什么方案呢？可以计算得到第一种方案的期望值为 50 元，显然比第二种方案的 25 元多，是否任一个决策者都会选择第一种方案呢？回答是否定的，不同的人肯定会给予不同的答案。例如，对于甲决策者而言，他会选择第二种方案，即肯定会得到 25 元的收入；而对于乙决策者而言，他会选择第一种方案，得 25 元不如碰运气得到 200 元的收入。如果将第二种方案改为付出 10 元，第一种方案不变，还是让甲决策者选择，这时他可能会选择第一种方案，与其付出 10 元，倒不如有机会拿 200 元。

这就说明，在决策过程中，决策者要依据自己的价值准则进行决策，要把自己的实际情况与科学方法相结合。期望损益值只是客观地反映了平均水平，而不能反映决策者的主观意志。为了在决策中反映决策者的主观意志，就应采用效用决策。

决策者根据自己的性格特点、决策时的环境、对未来的展望以及决策对象的性质等因素，对损失与利益有其独特的感觉和反应，这种感觉和反应便称为"效用"。用效用这个概念去衡量人们对同一货币值在主观上的价值，就叫作效用值。效用值仅是个相对数值，其大小只表示决策者主观因素的强弱。用效用值的大小来表示人们对风险的态度、对某事物的偏好等主观因素是比较合理的。通过效用这个指标可将某些难以量化的、有质的差别的事物给予量化。如某人面临多种工作选择方案时，要考虑地点、工作性质、单位福利，等等，可将要考虑的因素都折合为效用值,得到各方案的综合效用值,然后根据这些综合效用值来进行决策。

6.4.2 效用曲线

效用曲线就是用来反映决策后果的损益值与对决策者的效用(即益损值与效用值)之间的关系曲线。通常以损益值为横坐标,以效用值为纵坐标,把决策者对风险态度的变化在此坐标系中描点而拟合成一条曲线。

下面通过一个例题来了解效用曲线的绘制过程。

例 6-8 某决策问题有两种方案,如图 6-8 所示,问决策者愿意选择哪种方案?

在本例中,最大损益值为 50 万元,最小损益值为 −20 万元,规定 50 万元的效用值为 1,−20 万元的效用值为 0。用符号 $U(m)$ 表示效用值,则有 $U(50)=1$,$U(-20)=0$。于是,在坐标平面上就得到效用曲线的两个点:$(50, 1)$,$(-20, 0)$,如图 6-9 所示。然后向决策者提问,了解他对方案优劣的判断情况,以确定不同损益值对应的效用值,其过程如下:

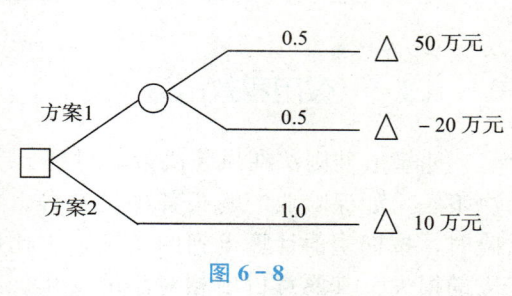

(1) 将两方案比较,若决策者选择稳得 10 万元的方案 2,说明方案 2 的效用值大于方案 1 的效用值。将方案 2 由肯定得 10 万元降为肯定得 5 万元,决策者仍选方案 2,说明方案 2 的效用值仍大于方案 1 的效用值。当方案 2 由肯定得 10 万元降为零元时,决策者认为两方案相当,说明此时两方案有相同的效用值,即:

$$U(0)=0.5 \times U(50)+0.5 \times U(-20)$$
$$=0.5 \times 1+0.5 \times 0=0.5$$

便得如图 6-9 所示效用曲线上的一点 $(0, 0.5)$。

(2) 利用已知条件分段,逐步找出效用曲线上的其他点。

首先确定效用曲线上效用值为 0.5～1 的点。现在以 0.5 的概率得 50 万元、0.5 的概率得 0 元作为方案 1 向决策者第二次提问,重复上述过程。若决策者认为当方案 2 由肯定得 10 万元变为肯定得 15 万元就与方案 1 相当,说明两方案有相同的效用值,即:

$$U(15)=0.5 \times U(50)+0.5 \times U(0)$$
$$=0.5 \times 1+0.5 \times 0.5$$
$$=0.75$$

于是,收益为 15 万元的效用值是 0.75,又求得效用曲线上的一点 $(15, 0.75)$,如图 6-9 所示。

(3) 以 0.5 的概率收益 0 元、0.5 的概率损失 20 万元为方案 1,向决策者第三次提问。若决策者认为,当方案 2 由肯定得 10 万元变为损失 12 万元就与方案 1 相当,说明两方案有相同的效用值,则:

图 6-9

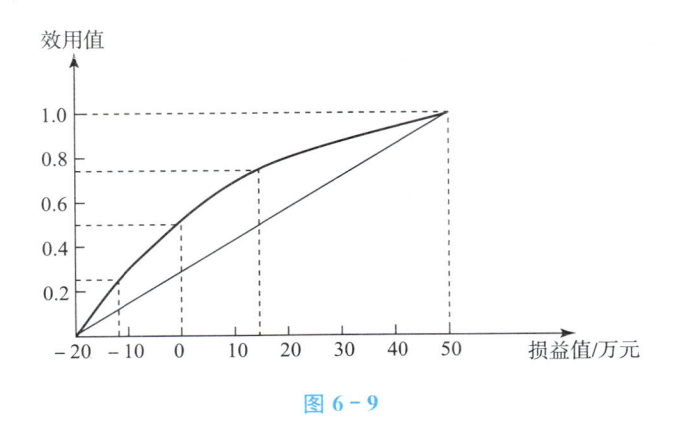

$$U(-12)=0.5\times U(0)+0.5\times U(-20)$$
$$=0.5\times 0.5+0.5\times 0$$
$$=0.25$$

这样，又得到如图 6-9 所示效用曲线上的一点（-12，0.25）。

用上述方法还可以求得一些点，将它们连接起来，就得到如图 6-9 所示的效用曲线。

效用曲线一般分为保守型、中间型和冒险型 3 种类型，如图 6-10 所示。

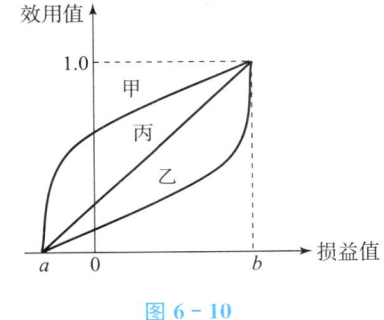

图 6-10

曲线甲代表的是保守型决策者，其特点是对肯定能够得到的某个收益值的效用大于具有风险的相同收益期望值的效用。这种类型的决策者对损失比较敏感，对利益反应迟缓，是一种避免风险、不求大利、小心谨慎的保守型决策人。

曲线乙代表的决策者的特点与曲线甲代表的决策者相反，他们对利益比较敏感，对损失反应迟钝，是一种谋求大利、敢于承担风险的冒险型决策人。

曲线丙代表的是一种中间型决策人，他们认为收益值的增长与效益值的增长成正比关系，是一种只会循规蹈矩、完全按照期望值的大小来选择决策方案的人。

大量实践证明，大多数决策者属于保守型，其余两种类型的决策者仅是少数。

6.4.3 效用曲线的应用

可以根据决策者的效用曲线，把效用作为一个相对尺度，将目标值转化为效用值，计算各方案的可能结果的期望效用，并以最大的期望效用作为方案的优选原则。

例 6-9 利用效用曲线对本节情景案例中所提出的问题进行决策。

画出决策树，如图 6-11 所示。

投产 A 产品 10 年的收益期望值为
$$10\times(6\times 0.7+3\times 0.3)-6=45（万元）$$

投产 B 产品 10 年的收益期望值为
$$10\times[15\times 0.7+(-2)\times 0.3]-20=79（万元）$$

以期望值为决策标准，投产 B 产品为最佳方案。

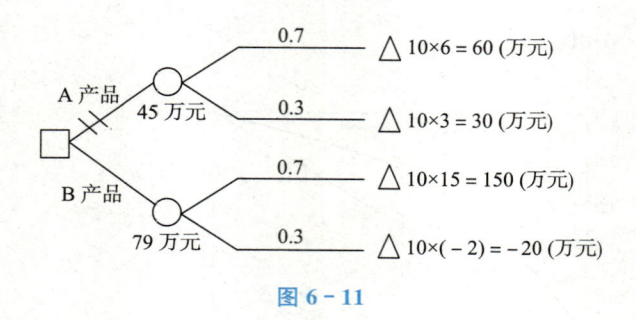

```
              0.7      △ 10×6 = 60 (万元)
      A产品  ○
        45万元  0.3    △ 10×3 = 30 (万元)
  □
      B产品         0.7  △ 10×15 = 150 (万元)
        ○
        79万元  0.3    △ 10×(−2) = −20 (万元)
```

图 6 - 11

下面按效用值进行决策：

投产 A 产品，肯定销路好，其收益值为 10×6−6＝54（万元）；肯定销路差，其收益值为 10×3−6＝24（万元）。投产 B 产品，肯定销路好，其收益值为 10×15−20＝130（万元）；肯定销路差，其收益值为 10×（−20）−20＝−40（万元）。取 130 万元的效用值为 1，−40 万元的效用值为 0，即：

$$U(130)=1,\ U(-40)=0$$

向决策者提问，了解其心理倾向，找出与一定损益值相对应的效用值，画出决策者的效用曲线，如图 6 - 12 所示。

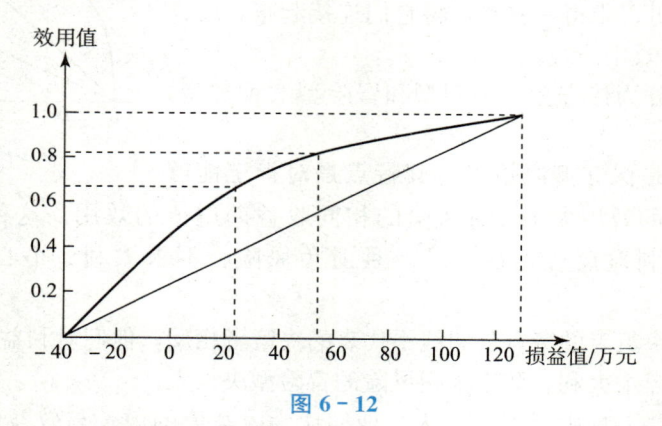

图 6 - 12

在图 6 - 12 中查出 54 万元的效用值为 0.82，24 万元的效用值为 0.66。根据以上数据绘制决策树，如图 6 - 13 所示。

生产 A 产品的效用期望值为
　　0.7×0.82＋0.3×0.66＝0.77

生产 B 产品的效用期望值为
　　0.7×1＋0.3×0＝0.7

```
            0.7   △ U(54) = 0.82
    A产品 ○
      0.77  0.3   △ U(24) = 0.66
  □
    B产品         0.7  △ U(130) = 1.0
      ○
      0.70  0.3   △ U(−40) = 0
```

图 6 - 13

由此可见，若以效用值为决策标准，投产 A 产品为最佳方案。显然，该决策者属于稳妥型，他不想冒险去获取较大的收益。

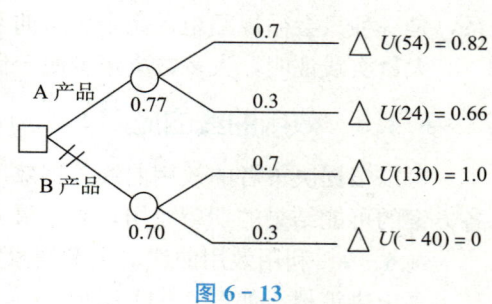

> **思政融合**
>
> **决策不可盲从、跟风：**
> 　　不确定决策时，个人对风险的态度影响决策分析和决策行为，效用决策告诉我们决策是以期望值为标准的。因此我们每个人在进行决策时，切不可盲从和跟风，风险态度、个人能力、个人价值观和决策群里的关系都是影响决策主体的因素，只有正确认识自我、全面分析，才能做出适合自己的有效决策。

6.5　多目标决策

　　以上讨论的决策问题都只有一个决策目标，称为单目标决策。而在现实生活中，每一个决策主体的需求是丰富多样的，因此在决策时总是面临着多个目标，也就是说需要用一个以上的标准去判断决策方案的优劣。例如，在企业的生产活动中，企业既要尽可能地降低成本、增加利润，又要求生产高质量的产品；政府在对宏观经济活动进行调控时，既要尽可能保持低通货膨胀率、维持物价稳定，又要刺激经济活动、扩大劳动力的就业。在决策者追求的多个目标中，有些是一致的，是可以相互替代的，但在更多情况下，这些目标之间是不一致的，甚至是互相矛盾、冲突的，所以就使得决策问题变得非常复杂。这类具有多个目标的决策问题，称为多目标决策。

　　现介绍几种常用的多目标决策的定量方法。

6.5.1　化多目标为单目标法

　　在多目标决策问题中求出满足全部目标且使其都为最优的 x 是比较困难的，然而利用一些数学方法，经过一定的处理，变多目标决策问题为单目标决策问题，就可利用所学过的处理单目标最优化问题的方法去解决。

1. 目标规划法

　　目标规划法，是在线性规划的基础上逐步发展起来的一种多目标规划方法。这一方法是由美国学者查恩斯（A. Charnes）和库伯（W. W. Cooper）于 1961 年首先提出来的。后来查斯基莱恩（U. Jaashelainen）和李（Sang. Lee）等人在查恩斯和库伯研究工作的基础上，给出了求解目标规划问题的一般性方法。

　　目标规划的基本思想是：给定若干目标以及实现这些目标的优先顺序，在有限的资源条件下，使总的偏离目标值的偏差最小。

　　下面引入与建立目标规划数学模型相关的一些概念。

（1）偏差变量。

　　在目标规划数学模型中，除了决策变量外，还需要引入正、负偏差变量。其中，正偏差变量记作 $d_i^+ \geqslant 0$，表示决策值超过目标值的部分；负偏差变量记作 $d_i^- \geqslant 0$，表示决策值未达到目标值的部分。决策值不可能既超过目标值又未达到目标值。

(2) 绝对约束和目标约束。

绝对约束是指必须严格满足的等式约束和不等式约束。目标约束是目标规划所特有的。我们可以将约束方程右端项看作是追求的目标值，在达到此目标值时允许发生正或负偏差，因此在这些约束条件中加入正、负偏差变量，就可将其变换为目标约束。

(3) 优先因子和权系数。

一个规划问题常常有若干个目标，决策者对这些目标的考虑是有主次或轻重缓急之分的。凡要求第一位达到的目标被赋予优先因子 P_1，次位的目标被赋予优先因子 P_2，…，并规定 $P_1 \gg P_2 \gg \cdots \gg P_k$ $(k=1, 2, \cdots, k)$。$P_1 \gg P_2$ 表示 P_1 级与 P_2 级相比有至高无上的权力，只有在 P_1 级满足时，才考虑 P_2 级，依次类推。

若要区别具有相同优先因子 P_k 的目标，则可分别赋予它们不同的权系数 w_{kl} $(l=1, 2, \cdots, l)$，这些都由决策者视具体情况而定。

(4) 目标规划的目标函数。

目标规划的目标函数是由各目标约束的正、负偏差变量和赋予相应的优先因子而构成的。当每一个目标值确定后，决策者的要求是尽可能地降低偏离目标值的程度。因此，目标规划的目标函数只能是：

$$\min Z = f(d^-, d^+) \quad (6-2)$$

要求恰好达到目标值，即正、负偏差变量都要尽可能地小，这时有：

$$\min Z = f(d^- + d^+) \quad (6-3)$$

要求不超过目标值，即允许达不到目标值，也就是正偏差变量要尽可能地小，这时有：

$$\min Z = f(d^+) \quad (6-4)$$

要求超过目标值，即超过量不限，但必须使负偏差变量要尽可能地小，这时有：

$$\min Z = f(d^-) \quad (6-5)$$

对于每一个具体的目标规划问题，可根据决策者的要求和赋予各目标的优先因子来构造目标函数。

(5) 目标规划的数学模型。

目标规划的一般性数学模型如下：

$$\min Z = \sum_{k=1}^{k} \left[P_k \sum_{l=1}^{l} (w_{kl}^- d_l^- + w_{kl}^+ d_l^-) \right]$$

$$\text{s.t.} \begin{cases} \sum_{j=1}^{n} a_{ij} x_j \leqslant (\geqslant \text{ 或 } =) b_i & (i=1,2,\cdots,m) \quad \text{绝对约束} \\ \sum_{j=1}^{n} c_{ij} x_j + d_l^- - d_l^+ = g_l & (l=1,2,\cdots,l) \quad \text{目标约束} \\ x_j \geqslant 0, \quad d_l^-, d_l^+ \geqslant 0 & (j=1,2,\cdots,n) \quad (l=1,2,\cdots,l) \quad \text{非负约束} \end{cases} \quad (6-6)$$

下面通过一个例题来说明如何建立目标规划数学模型。

例 6-10 某厂生产 A、B 两种产品，每件所需的劳动力分别为 4 个人工和 6 个人工，所需设备的单位机器台时均为 1。已知该厂有 10 个单位机器台时提供制造这两种产品，并且至少能提供 70 个人工。A、B 产品的利润分别为每件 300 元和每件 500 元。若假定目标利润不少于 15 000 元为第一目标，占用的人力以少于 70 人为第二目标，试问该厂应生产 A、B 产品各多少件才能使其利润值最大？

设该厂能生产 A、B 产品的数量分别为 x_1 件和 x_2 件，按决策者的要求赋予两个目标的

优先因子分别为 P_1 和 P_2，则该问题的目标规划模型为

$$\min Z = P_1 d_1^- + P_2 d_2^+$$

$$\text{s. t.} \begin{cases} 300x_1 + 500x_2 + d_1^- - d_1^+ = 15\ 000 \\ 4x_1 + 6x_2 + d_2^- - d_2^+ = 70 \\ x_1 + x_2 \leqslant 10 \\ x_1, x_2, d_i^+, d_i^- \geqslant 0 \quad (i = 1, 2) \end{cases}$$

2. 线性加权法

当 n 个目标函数 $f_1(x), f_2(x), \cdots, f_n(x)$ 都要求最小（或最大）时，可以给每个目标函数以相应的权系数 λ_i，以表示各个目标在多目标决策中的相对重要性，从而构成一个新的目标函数 $U(x)$，即：

$$U(x) = \sum_{i=1}^{n} \lambda_i f_i(x) \tag{6-7}$$

权系数 λ_i 的确定直接影响到决策的结果，因此，选择 λ_i 要依据充分的经验或用统计调查的方法得出。常用的方法是，请一批有经验的人对如何选择权系数 λ_i 发表意见，然后用统计方法对 λ_i 的平均值做出估算：

$$\lambda_i = \frac{1}{n} \sum_{j=1}^{n} \lambda_{ji} \quad (j = 1, 2, \cdots, n) \tag{6-8}$$

式中，λ_{ji} 是第 j 个人对 λ_i 的估算值，共有 n 个人。

算出平均值后，再让这些人对平均值 λ_i 发表意见，进一步做出新的估算。这样经过几次后，便得到权系数 λ_i。

3. 数学规划法

设有 n 个目标 $f_1(x), f_2(x), \cdots, f_n(x)$，如果其中某个目标比较关键，例如希望 $f_1(x)$ 取得极大值，那么就以 $f_1(x)$ 为新的目标函数，保证其达到最优，而使其他的所有目标满足下述条件：

$$f_i' \leqslant f_i(x) \leqslant f_i'' \quad (i = 2, 3, \cdots, n)$$

这样，就把多目标决策问题转化成为以下的单目标决策问题：

$$\max f_1(x)$$
$$\text{s. t.}\ f_i' \leqslant f_i(x) \leqslant f_i'' \quad (i = 2, 3, \cdots, n) \tag{6-9}$$

例 6-11 某建筑公司以产值、成本、劳动生产率、能源消耗水平作为评价指标。在评价时，可以把上述指标转化成以产值为主要指标、对其他指标都给予一定限制的决策问题，从而得到如下的数学规划模型：

$$\max f_1(x) \quad \text{产值最高}$$
$$\text{s. t.}\ f_2(x) \leqslant b_1 \quad \text{成本小于规定值}$$
$$f_3(x) \geqslant b_2 \quad \text{劳动生产率高于一定值}$$
$$f_4(x) \leqslant b_3 \quad \text{能源消耗低于一定水平}$$
$$\cdots$$
$$AX = b \quad \text{原问题约束}$$

求解后就可以得到一个比较理想的决策。

4. 乘除法

通常情况下，系统目标 $f_1(x)$，$f_2(x)$，…，$f_n(x)$ 可分为两大类：一类是费用型目标，如成本、费用等，这一类目标要求越小越好；另一类是效果型目标，如利润、产值等，这一类目标要求越大越好。从经济效益最大的角度去研究，应以最小的费用得到最大的效果作为评价系统的主要指标。

在 $f_1(x)$，$f_2(x)$，…，$f_n(x)$ 这 n 个目标中，设有 k 个目标 $f_1(x)$，…，$f_k(x)$ 要求越小越好，而另外 $n-k$ 个目标 $f_{k+1}(x)$，…，$f_n(x)$ 则要求越大越好，并假定对于任意 $x \in \mathbf{R}$ 有 $f_1(x) > 0$，$f_2(x) > 0$，…，$f_n(x) > 0$，这时可构成一个新的目标函数：

$$U(x) = \frac{f_1(x)f_2(x)\cdots f_k(x)}{f_{k+1}(x)f_{k+2}(x)\cdots f_n(x)} \tag{6-10}$$

然后求其极小值，即：

$$\min_{x \in \mathbf{R}} U(x) = \min_{x \in \mathbf{R}} \frac{f_1(x)f_2(x)\cdots f_k(x)}{f_{k+1}(x)f_{k+2}(x)\cdots f_n(x)} \tag{6-11}$$

便可得到多目标决策问题的满意解。

6.5.2 目标分层法

在多目标问题中，每个目标的重要性是各不相同的，在处理多目标问题时，首先要分清各目标的重要性。目标重要性的划分会随着问题的不同而有所不同，如有的企业以产量为主要目标，有的企业以成本为主要目标，等等。有时候，目标重要性的划分要由一定历史时期的一定任务而定。但不论怎样，各种目标总可根据其重要性的不同而划分成不同的层次。因此，根据目标可划分层次的特点，得到一种解决多目标决策问题的方法，叫作目标分层法。

目标分层法的主要思想是：把所有的目标按其重要性的顺序排列起来，然后求出第一重要目标的最优解集合 R_1，在此 R_1 集合中再求第二位重要目标的最优解集合 R_2，依次做下去，直到把全部目标求完为止，则满足最后一个目标的最优解就是该多目标决策问题的解。这种思想的数学语言表述如下。

设已按重要性排好顺序的目标为 $f_1(x)$，$f_2(x)$，…，$f_n(x)$，可按：

$$\begin{aligned}
&f_1(x^1) = \min f_1(x) \quad x \in R_0 \\
&f_2(x^2) = \min f_2(x) \quad x \in R_1 \\
&R_1 = \{x \mid f_1(x^1) = \min f_1(x)\} \quad x \in R_0 \\
&\cdots \\
&f_n(x^n) = \min f_n(x) \quad x \in R_{n-1} \\
&R_i = \{x \mid f_i(x^i) = \min f_i(x)\} \\
&x \in R_{i-1} (i=1,2,\cdots,n)
\end{aligned} \tag{6-12}$$

求出满足 $f_n(x^n) = \min f_n(x)$ 的解，即多目标决策问题 $f_i(x)(i=1,2,\cdots,n)$ 的解。

这种方法的几何解释如图 6-14 所示，即第一位重要目标在 R_0 范围内求解后得到 R_1 集合，而第二位重要目标在 R_1 集合中求解后得到 R_2 集合，依次类推，最后收缩到中间的最优集。由此可见，R_n 是对所有目标都基

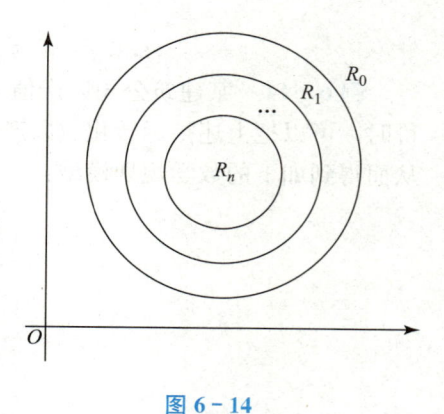

图 6-14

本可以满足的解，即该多目标决策问题的解。

采用这种方法时，如果出现前面目标的解集 R_i 是一个点集或空集，后面的目标就无法在其中求解，因此，这时不能应用此方法。为了适应这种情况，在数学上采用了"宽容"的方法。所谓"宽容"的方法就是将 R_i 在适当的范围内加以"宽容"，即把 R_i 的范围适当扩大，使 R_i 由点集或空集变成一个小的"大范围"，然后在这个范围内求得目标的解集。

6.5.3 功效系数法

每个目标都具有自己所特有的特征。有的目标要求越大越好，如劳动生产率指标；有的目标要求越小越好，如成本指标；也有的目标要求适中为佳，如可靠性指标。如果把目标的特征用其特性曲线来表示，并引入功效系数的概念，则可方便地将多目标决策问题转化为单目标决策问题。

功效系数一般以 d 表示，它是表示目标满足程度的参数。当 $d=1$ 时，表示对目标最满意；而当 $d=0$ 时，表示对目标最不满意。一般情况下，$0 \leqslant d \leqslant 1$。按上述说法可得到不同目标函数和功效系数之间的变化关系，如图 6-15 所示。

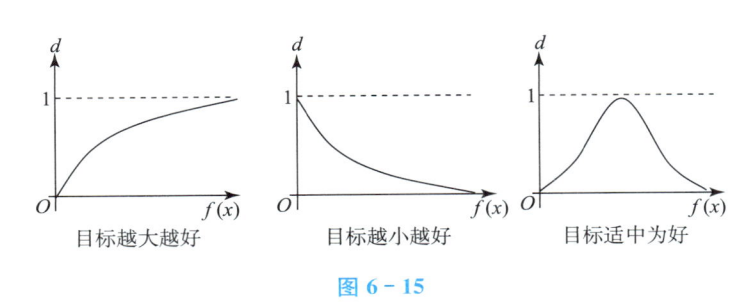

图 6-15

已知目标函数的这种特性曲线后，对于任何一个多目标决策问题，当给定一组 x，即可得到一组相应的 d，然后根据各目标的 d 值，可构成一个评价函数：

$$\max D = \sqrt[P]{d_1 d_2 \cdots d_P} = D(x) \tag{6-13}$$

式中，P 为目标函数种类数（或个数）。

当 $D=1$ 时，所有的目标函数都处于最满意状态；当 $D=0$ 时，则正好相反。因此，由不同的 x 值即可确定不同的 D 值，也可得到不同的满意程度，进而反映出目标的不同功效。

作为一个综合的目标 D，总是要求它越大越好，因此逐步调整变量，则可使 D 达到最大值，从而达到多目标决策的目的。

知识拓展

多目标决策图解法

对只具有两个决策变量的目标规划数学模型，可以使用简单直观的图解法求解。

例 6-12 某电视机厂装配黑白和彩色两种电视机，每装配一台电视机需占用装配线 1 小时，装配线每周计划开动 40 小时。预计市场每周彩色电视机的销量是 24 台，每台可获利 80 元；黑白电视机的销量是 30 台，每台可获利 40 元，该厂确定的目标如下。

第一优先级：充分利用装配线，每周计划开动 40 小时；

第二优先级：允许装配线加班，但加班时间每周尽量不超过 10 小时；

第三优先级：装配电视机的数量尽量满足市场需要，因彩色电视机的利润高，故取其系数为 2。

试建立这一问题的目标规划模型，并求解黑白和彩色电视机的产量。

根据题意，设 x_1、x_2 分别表示彩色电视机和黑白电视机的产量，则这个问题的目标规划模型为

$$\min Z = P_1 d_1^- + P_2 d_2^+ + P_3(2d_3^- + d_4^-)$$

$$\text{s. t.} \begin{cases} x_1 + x_2 + d_1^- - d_1^+ = 40 \\ x_1 + x_2 + d_2^- - d_2^+ = 50 \\ x_1 + d_3^- - d_3^+ = 24 \\ x_2 + d_4^- - d_4^+ = 30 \\ x_1, x_2, d_i^+, d_i^- \geq 0 \quad (i = 1, 2, 3, 4) \end{cases}$$

建立 $x_1 O x_2$ 直角坐标系，作 $x_1 + x_2 = 40$，$x_1 + x_2 = 50$，$x_1 = 24$，$x_2 = 30$ 的直线，并使这些直线带上正负偏差箭线，如图 6-16 所示，再逐级考虑实现目标函数。

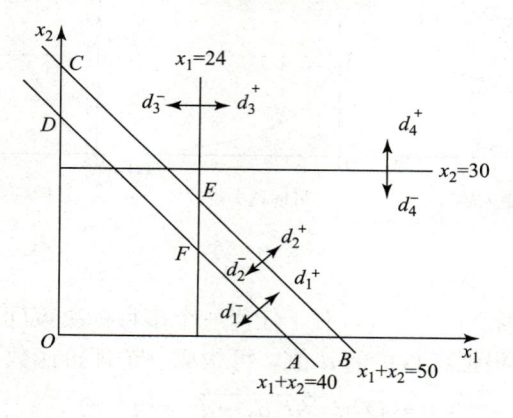

图 6-16

P_1 级：$\min \{d_1^-\}$，满足 P_1 级的区域为 $x_2 D A x_1$；

P_2 级：$\min \{d_2^+\}$，在满足了 P_1 级的前提下，满足 P_2 级的区域为 $ABCD$；

P_3 级：$\min \{2d_3^- + d_4^-\}$，因为 d_3^- 和 d_4^- 的权系数分别为 2 和 1，相比之下，d_3^- 权系数大，所以优先考虑 $\min \{d_3^-\}$，满足的区域为 $ABEF$。再考虑 $\min \{d_4^-\}$，在 $ABEF$ 中只有 E 点使 d_4^- 取最小，故 E 点为满意解。E 点坐标为 (24, 26)，即该厂每周应装配彩色电视机 24 台、黑白电视机 26 台。

总结图解法求解步骤如下：

(1) 在直角坐标系的第一象限作出绝对约束和目标约束的图像，绝对约束确定出可行解的区域，在目标约束直线上用箭头标出正、负偏差变量值增大的方向（正、负偏差变量增大的方向相反）。

(2) 在可行解的区域内，求满足最高优先等级目标的解。

(3) 转到下一个优先等级的目标，在满足上一个优先等级目标的前提下，求出满足该

等级目标的解。

（4）重复步骤（3），直到所有优先等级目标都审查完毕为止。

（5）确定最优解或满意解。

知识总结

（1）决策是人类的一种普遍性活动，指个人或集体为达到预定目标，从两个以上的可行方案中选择最优方案或综合成最优方案，并推动方案实施的过程。实施决策的步骤包括确定目标、拟订方案、优选方案和执行决策。

（2）不确定型决策是在决策者对环境情况一无所知时，根据自己的主观倾向所进行的决策。常用的决策准则有：悲观准则、乐观准则、折中准则、等可能性准则和最小后悔值准则。

（3）风险型决策是指在决策问题中，决策者除了知道未来可能出现哪些状态外，还知道出现这些状态的概率分布。决策者要根据几种不同自然状态下可能发生的概率进行决策。风险型决策的常用方法有最大可能法和期望值准则法。

（4）效用代表了决策者对风险的态度和对某事物的偏好，是决策者的价值观念在评价方案时的反映。可将要考虑的因素都折合为效用值，得到各方案的综合效用值，然后根据这些综合效用值来进行决策。

（5）每一个决策主体的需求是丰富多样的，因此在决策时总是面临着多个目标，需要用一个以上的标准去判断决策方案的优劣。这类具有多个目标的决策问题，即称为多目标决策。常用的多目标决策的定量方法有化多目标为单目标法、目标分层法和功效系数法。

自测练习

6.1 阐述决策实施的步骤。

6.2 效用决策与风险型决策有何不同？

6.3 某钟表公司计划通过它的分销网络推销一种低价钟表，计划零售价为每块 10 元。初步考虑有三种分销方案：方案Ⅰ需一次性投资 10 万元，投产后每块成本 5 元；方案Ⅱ需一次性投产 16 万元，投产后每块成本 4 元；方案Ⅲ需一次性投资 25 万元，投产后每块成本 3 元。该种钟表的需求量不确定，但估计有三种可能：30 000，120 000，200 000。

要求：（1）建立这个问题的损益矩阵；

（2）分别用悲观法、乐观法来确定公司应采用哪种方案；

（3）建立后悔矩阵，用后悔值法来确定公司应采用哪种方案。

6.4 某工厂生产某种零部件，提出了三种方案，零部件销售可能面临三种状态（畅销、一般、滞销），各方案在各种状态的损益值已知（见表 6-19），请用不确定型准则进行决策（$\alpha=0.6$）。

表 6 - 19　　　　　　　　　　　　　　　　　　　　　　　　　　　　　　　　　　　　万元

方案＼损益值＼状态	畅销	一般	滞销
A	50	40	30
B	80	60	10
C	120	80	-20

6.5　某公司为了扩大市场，要举办一个产品展销会，会址打算从甲、乙、丙三地中选择，获利情况除了与会址有关外，还与天气有关。天气分为晴天、多云、小雨三种，据气象台预报，估计三种天气情况可能发生的概率分别为 0.2、0.5、0.3，其损益情况见表 6-20，现要通过分析确定会址，使收益最大。

表 6 - 20

方案＼损益值/万元＼状态＼概率	晴天 0.2	多云 0.5	小雨 0.3
甲	4	5	1
乙	5	4	1.5
丙	6	3	1.2

6.6　某洗衣机厂准备投产一种用微电脑控制的双缸全自动洗衣机，现提出 3 种生产方案供选择：改造原生产线；新建一条生产线；将大部分零件转包给外厂生产，本厂只生产小部分零件并组装整机。据市场调查，该洗衣机在 5 年内畅销的概率为 0.5，平销的概率为 0.3，滞销的概率为 0.2。初步估计，5 年内各方案在不同销售状态下的损益值见表 6-21，试用决策表法确定使该厂 5 年内获得最大收益的生产方案。

表 6 - 21

可行方案＼损益值/万元＼状态＼概率	畅销 0.5	平销 0.3	滞销 0.2
改造原生产线	900	700	150
新建生产线	1 200	900	200
转包及组装	1 500	1 200	-400

6.7　某物流中心计划新建一个分装加工车间。现提出了两个规划方案，方案 1 需要投资 300 万元，方案 2 需要投资 160 万元，均考虑 10 年的经营期。据预测，在未来 10 年的经营期内，前三年市场前景好的概率为 0.7。若前三年市场前景好，则后七年市场前景好的概率为 0.9；若前三年市场前景差，则后七年市场前景肯定差。另外，估计每年两个方案的损益值见表 6-22，要求用决策树法确定应采用哪种方案。

表 6-22 投产后的年损益值　　　　　　　　　　　　　　　　万元

规划方案	投产后的年损益值	
	市场好	市场差
方案 1	100	-20
方案 2	40	10

第 7 章　排队论

知识要点

了解排队论及排队论的发展；掌握排队系统的构成要素、排队系统模型分类、排队系统的数量指标；掌握到达间隔分布和服务时间分布、单服务台排队服务系统、简单的多服务台排队服务系统；了解排队系统的优化目标，掌握排队系统的最优化问题。

核心概念

排队论（Queuing Theory）
泊松分布（Poisson Distribution）
负指数分布（Negative Exponential Distribution）
队长（Queue Length）
排队长（Queue Size）
逗留时间（Staying Time）
等待时间（Waiting Time）
$M/M/1$ 模型（$M/M/1$ Model）
$M/M/1/\infty/\infty$ 模型（$M/M/1/\infty/\infty$ Model）
$M/M/1/N/\infty$ 模型（$M/M/1/N/\infty$ Model）
$M/M/1/\infty/m$ 模型（$M/M/1/\infty/m$ Model）
$M/M/c/\infty/\infty$ 模型（$M/M/c/\infty/\infty$ Model）
$M/M/c/N/\infty$ 模型（$M/M/c/N/\infty$ Model）
$M/M/c/\infty/m$ 模型（$M/M/c/\infty/m$ Model）
排队系统优化（Queuing Systems Optimization）

典型案例

某修理店只有一名修理工，来修理的顾客到达过程为泊松流，平均每小时 4 人。修理时间服从负指数分布，平均需要 6 分钟。试求：

(1) 修理店空闲的概率；
(2) 店内有 3 个顾客的概率；
(3) 店内至少有 1 个顾客的概率；
(4) 在店内的平均顾客数；
(5) 等待服务的平均顾客数；
(6) 每位顾客在店内的平均逗留时间；
(7) 每位顾客平均等待修理的时间。

7.1 排队论的提出

7.1.1 排队论概述

排队现象在社会中非常普遍，学生到饭堂就餐需要排队、病人到医院看病需要排队、车辆维修需要排队、进港货轮卸货需要排队，等等。

排队论中把到达系统要求服务的个体称为顾客，提供服务满足顾客需求的人或机构称为"服务台"或"服务员"。顾客占用服务员或服务台的时间称为"服务时间"。由于顾客到达和服务时间的随机性，在现实中排队的现象不可避免。

研究排队论是要找出排队系统的规律性，使设计人员掌握这种规律，合理设计出最优化的排队系统。这样可使服务人员或服务台得到充分的利用，同时使顾客得到满意的服务，并使排队系统处于最佳运营状态。

在讨论排队问题中，关注这三个事项：
(1) 顾客到达系统的情况，即顾客是怎样到达的；
(2) 顾客排队的规则是怎样的，即顾客是怎样排队的；
(3) 系统是怎样为顾客提供服务的，即顾客是怎样接受服务的。

7.1.2 排队论的发展

现代排队论起源于 19 世纪末 20 世纪初，第二次世界大战后发展成为一门完整而丰富的理论学科。学术界一般将其发展历程分为以下几个阶段。

1. 萌芽阶段

1909—1920 年，丹麦数学家、电气工程师爱尔朗用概率论方法研究电话通话问题，从而开创了这门应用数学学科，并为这门学科建立了许多基本原则。之后从事排队论研究的先驱人物有法国数学家勃拉彻、苏联数学家欣钦、瑞典数学家巴尔姆等，他们用数学方法深入地分析了电话呼叫的本征特性，促进了排队论的研究。20 世纪 30 年代中期，当费勒引进了生灭过程时，排队论才被数学界承认是一门重要的学科。

2. 产生阶段

在第二次世界大战期间和第二次世界大战以后，排队论在运筹学这个新领域中成了一个重要的内容。20世纪50年代初，英国人肯道尔对排队论作了系统的研究，他用嵌入马尔柯夫链方法研究排队论，使排队论得到了进一步的发展。肯道尔首先（1951年）用3个字母组成的符号A/B/C表示排队系统，其中A表示顾客到达时间的分布，B表示服务时间的分布，C表示服务机构中服务台的个数。

排队论与存量理论、水库问题等的联系开始于20世纪50年代末到20世纪60年代初，这期间，先后问世的重要学说有优先排队问题、网络队列问题。塔卡奇等人将组合方法引进排队论，使它更能适应各种类型的排队问题。

20世纪60年代，排队论研究的课题日趋复杂，因而开始了近似法的探讨与队列上下限问题的研究。在应用方面，排队论已经渗透到了生产系统和交通运输系统。

3. 发展阶段

20世纪70年代后，由于排队问题多呈网络出现，烦琐的计算使研究范围扩及计算方法上面，人们开始研究排队网络和复杂排队问题的渐近解等，这成为研究现代排队论的新趋势。排队论的发展、推广来自实际应用的需要，同时由于近代计算工具的精密、快速以及排队问题本身趋于复杂的倾向决定了排队论研究的方向。

7.1.3 排队论的运用

排队论应用非常广泛，在很多领域都有所应用。从最初研究电话通话问题逐步渗入到其他领域，如安排交通运输问题、生产加工问题、设备维修问题、公共服务问题，等等，可以说涉及社会的方方面面，不胜枚举。

1. 交通运输系统

船只到港卸载问题，船只为顾客作为输入源，若有其他船只正在接受服务，那么该船只就必须排队等待，港口的码头是服务台，为该船只提供卸载服务。机场调度问题，飞机起降作为输入源，机场的跑道和停机坪作为服务台，为多个航班起降服务，后面请求起降的飞机必须排队等待。合理安排好飞机起降，最大限度使用跑道和停机坪，避免飞机长时间等待。

2. 仓储系统

仓储系统中，货物的到达是随机行为，仓库安排货物入库，若前面有正在服务的顾客，那么货物的入库就要进行排队等待。安排多个服务台，可以减少等待的时间，但顾客到达的时间是不确定的，没有顾客时会造成服务设备和人员的浪费，增加服务成本。所以研究仓储系统的作用是既要使得仓库服务设备和人员充分利用，又要使得货物入库，减少排队等待时间。

3. 医院就医服务

在我国医疗服务还不发达，看病就医排队是百姓生活中最常见的问题。病人就是顾客，到达的时间是随机的。医院为病患者提供服务，由于医院的资源有限，病患者不得不排队等候。很多医院正在不断深入研究如何使医疗资源得到最大限度的使用，又使病患者排队等待时间减少。

由此可见，排队问题不是一个简单的服务问题，它是一个管理问题。排队问题背后实际上是深层次的、亟待改善的管理问题。

7.2　排队论的基本概念

7.2.1　排队系统构成要素

现实中排队现象虽然多种多样，但其基本排队过程是相似的。一般由顾客源（总体）出发，到达服务机构（服务台或服务员）前排队等候，接受服务机构（服务台或服务员）服务，服务完之后顾客就离开这样一个过程。图7-1所示为排队过程的一般模型，虚线的部分即排队系统。

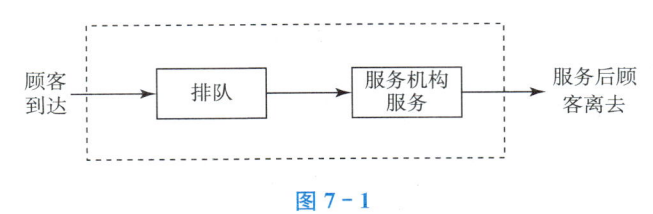

图 7-1

从图7-1所示排队系统一般模型可以看出，一个排队系统通常由输入、排队及排队规则、服务台和输出四部分构成。

1. 输入

描述服务的顾客按怎样的规律到达排队系统的过程称为顾客流，一般可以从3个方面来描述一个输入过程。

（1）顾客总体。

顾客总体可以是人，也可以是非生物，如靠泊的船只、提货的单证等。可以是一个有限的集合，也可以是一个无限的集合，但只要顾客总体所包含的元素数量充分大，就可以把顾客总体有限的情况近似看成是顾客总体无限的情况来处理。例如，到售票处购票的顾客总数可以认为是无限的，上游河水流入水库可以认为顾客总体是无限的，而工厂里等待修理的机器设备显然是有限的顾客总体。

（2）顾客到达方式。

描述顾客是怎样到达系统的，他们是单个到达或成批到达。例如，病人到医院看病是顾客单个到达的例子；在库存管理中材料进货或产品入库看作是顾客，那么这种顾客是成批到达的。

（3）顾客流的概率分布或相继顾客到达的时间间隔的分布。

求解排队系统有关运行指标问题时，首先需要确定的指标，即在一定的时间间隔内到达 $k(k=1,2,\cdots)$ 个顾客的概率分布。顾客流的概率分布一般有定长分布、二项分布、泊松分布以及爱尔朗分布等。

2. 排队及排队规则

（1）排队。

顾客排队分为有限排队和无限排队。

无限排队：顾客数量是无限的，排队的队列可以无限长，又称为等待制排队系统。当顾客到来时，若服务台或服务员正在服务，那么顾客加入到排队等待的队伍中去等待服务。例如，排队等待售票、排队等待车辆维修，等等。

有限排队：顾客排队的系统中顾客的数量是有限的。有限排队又分为损失制排队系统和混合制排队系统。

①损失制排队系统。

排队顾客数为零的系统，即不允许排队。当顾客到达时，所有的服务台都已经被先来的顾客占用，那么顾客未接受服务自动离去。例如，电话拨号后出现忙音，顾客不愿等待而自动挂断电话，如需再次拨打就需要重新拨号。

②混合制排队系统。

损失制和等待制系统的结合，顾客允许排队，但是不允许顾客数量无限多。顾客到达后，一直等到服务完毕以后才离去，不允许队列无限等待。混合制排队系统又分为队长有限排队系统、等待时间有限排队系统和逗留时间有限排队系统。

a. 队长有限排队系统。

即排队系统的等待数量是有限的，最多只能有 k 个顾客在系统中排队，当新顾客到达时，若排队的顾客数量小于限制数 k，则可以排队等待接受服务；否则，便自行离开不接收服务，并不再回来。例如，水库的库容是有限的、旅馆的床位是有限的。

b. 等待时间有限排队系统。

即顾客在系统中的排队等待时间不超过某一给定的时间长度 T，当等待的时间超过 T 时，顾客将自动离去，并不再回来。如易损坏的电子元器件的库存问题，超过一定存储时间的元器件被自动认为失效

c. 逗留时间（等待时间与服务时间之和）有限排队系统。

例如用高射炮射击敌机，当敌机飞越高射炮有效区域的时间 t 时，若在这个时间内未被击落，也就不可能再被击落了。

(2) 排队规则。

在等待制中，服务台在选择顾客进行服务时常有以下四种规则：

①先到先服务。

按顾客到达的先后顺序对顾客进行服务，先到达的顾客先服务，后到达的顾客后服务，这是最普遍的情形。例如，银行业务服务、购票服务、医院医生看病服务、饭堂就餐服务等都是先到先服务。

②后到先服务。

按顾客到达的先后顺序对顾客进行服务，后到达的顾客先服务，先到达的顾客后服务，在某些系统中也会出现这样的情形。例如，仓库中叠放的钢材，后叠放上去的先被领走，先放上去的反而后被领走。在情报系统中，后接收到的情报往往比先接收到的情报更有价值，情报分析时，先分析后接收到的情报，后分析先接收的情报。

③随机服务。

当服务台空闲时，不按照排队顺序而随意从排队的顾客中指定某个顾客去接受服务。例如，电话交换台接通呼叫电话就是一个例子。

④优先权服务。

优先权高的顾客比优先权低的顾客先得到服务。例如，老人、儿童优先进车站；危重病员先就诊；银行 VIP 客户优先服务；救灾的物资优先运输；遇到重要数据需要处理，计算

机立即中断其他数据的处理等。

3. 服务台

从数量上来看,服务台有单服务台和多服务台之分;从构成形式上来看,服务台有五种形式,分别是单队—单服务台式、单队—多服务台并联式、多队—多服务台并联式、单队—多服务台串联式、单队—多服务台并串联混合式。

(1) 单队—单服务台式。

顾客到达,排队方式只有一列单队,也只有一个服务台,一次为一个顾客提供服务,如图 7-2 所示。例如,学校校园卡充值窗口为学生提供充值服务。

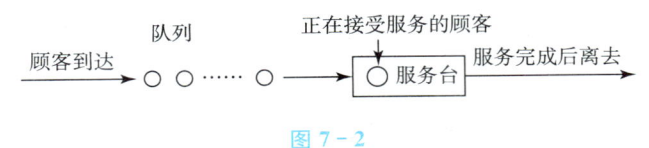

图 7-2

(2) 单队—多服务台并联式。

顾客到达,排队方式只有一列单队,但有多个并列的服务台为顾客提供服务,如图 7-3 所示。例如,广州地铁高峰时段入闸打卡服务,乘客排成一列长队,多个闸口提供打卡服务。

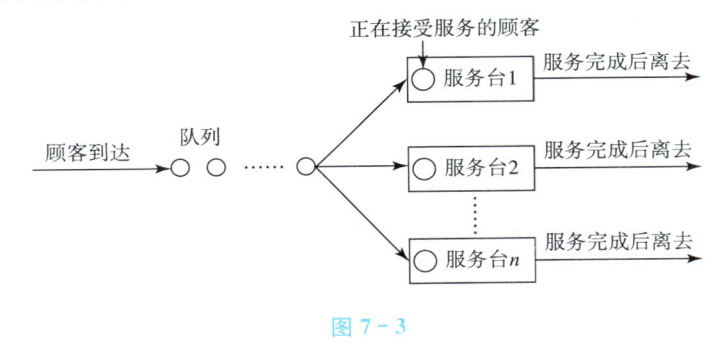

图 7-3

(3) 多队—多服务台并联式。

顾客到达,排队方式有多个队伍,也有多个并列的服务台为顾客提供服务,如图 7-4 所示。例如,铁路售票服务,多个排列购票队伍,多个售票窗口提供售票服务;银行存储业务,多个服务窗口,多个排列队伍。

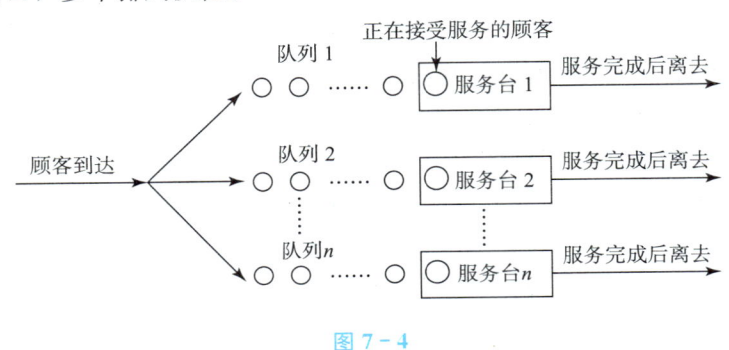

图 7-4

(4) 单队—多服务台串联式。

顾客到达,排队方式只有一列单队,有多个串联的服务台为顾客提供服务,如图 7-5

所示。例如，财务报账服务，顾客排成一列单队，多个串联服务台提供报账服务。

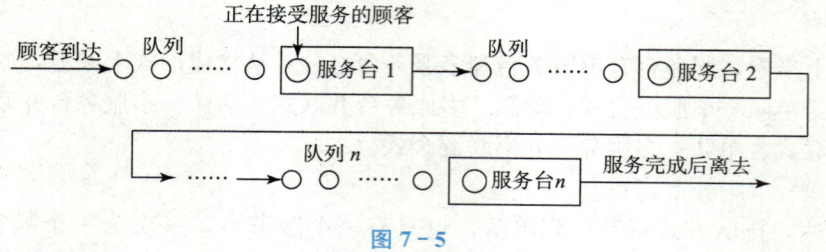

图 7-5

(5) 多服务台混合式。

多服务台混合式包括单队—多服务台并串联混合式（见图 7-6）及多队—多服务台并串联混合式，等等。

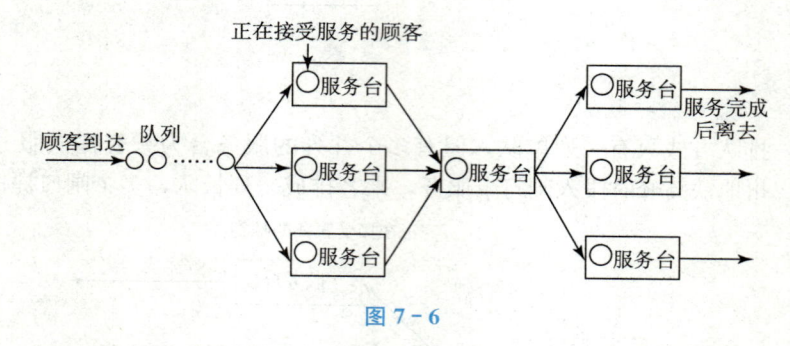

图 7-6

4. 输出

输出是指顾客从得到物流服务到离开服务系统的情况。

7.2.2 排队系统模型分类

肯道尔（D. G. Kendall）在 1953 年提出了一种分类方法，即按照系统三个最主要的、影响最大的特征要素进行分类：顾客相继到达的间隔时间分布、服务时间的分布和服务台数。

按照这三个特征分类（但是该分类仅是对服务台是多于一个的并列服务台的情形），并用一定符号表示，称为 Kendall 记号，符号形式为

$$X/Y/Z$$

其中，X 处填写表示相继到达间隔时间的分布；

Y 处填写表示服务时间的分布；

Z 处填写并列的服务台的数目。

表示相继到达间隔和服务时间的各种分布的符号为

M ——负指数分布；

D ——确定型，表示定长输入或定长服务；

E_K —— K 阶爱尔朗分布；

G_I ——一般相互独立的时间间隔的分布；

G ——一般服务时间的分布。

1971 年，在一次关于排队论符号标准会议上决定，将 Kendall 符号扩充成为

$$X/Y/Z/A/B/C$$

其中，前三项意义不变，而 A 处填写系统容量限制 N；B 处填写顾客源数目 m；C 处填写服务规则，如先到先服务 $FCFS$、后到先服务 $LCFS$ 等。并约定，当排队系统模型为 $X/Y/Z/\infty/\infty/FCFS$ 时，后三项可省略不用写出。如 $M/M/1$ 表示 $M/M/1/\infty/\infty/FCFS$，$M/M/c$ 表示 $M/M/c/\infty/\infty/FCFS$。

从上面的阐述中我们知道，排队系统的数学模型形式多样，根据具体情况各有不同。

$M/M/c/\infty$ 表示输入过程是负指数分布，服务时间服从负指数分布，系统有 c 个服务台平行服务（$0 < c \leqslant \infty$），系统容量为无穷，系统是等待制系统。

$M/G/1/\infty$ 表示输入过程是负指数分布，顾客所需的服务时间为独立、服从一般概率分布，系统中只有一个服务台，容量为无穷的等待制系统。

$G_I/M/1/\infty$ 表示输入过程是顾客独立到达且相继到达的间隔时间服从一般概率分布，服务时间相互独立且服从负指数分布，系统中只有一个服务台，容量为无穷的等待制系统。

$E_K/G/1/K$ 表示相继到达的间隔时间独立、服从 K 阶爱尔朗分布，服务时间独立、服从一般概率分布，系统中只有一个服务台，容量为 $K(1 \leqslant K < \infty)$ 的混合制系统。

$D/M/c/K$ 表示相继到达的间隔时间独立、服从定长分布，服务时间相互独立、服从负指数分布，系统中有 c 个服务台平行服务，容量为 $K(c \leqslant K < \infty)$ 的混合制系统。

7.2.3 排队系统的数量指标

研究排队服务系统的目的，就是研究排队服务系统的运行效率、估计服务质量、确定系统参数的最优值，以判定系统结构是否合理，从而研究设计改进措施等。因此，必须确定用以判断系统运行优劣的基本数量指标。

这些数量指标有些是在问题提出时就给定的，有些需要根据实际测量的数据来确定。一个特定的模型可能会有多种假设，同时也需要通过多种数量指标来加以描述。由于受所处环境的影响，故只需要选择那些起关键作用的指标作为模型求解的对象。环境不同，选择的指标也会不同。

1. 队长和排队长

队长指在排队系统中的顾客（包括正在接受服务和在排队等候服务的所有顾客）的平均数（即其期望值），用 L_s 表示。

排队长指在系统中排队等待服务的顾客数（亦为平均数，即期望值），用 L_q 表示。一般来说，L_q 越大，服务率越低，排队越长。

队长和排队长都是随机变量，是顾客和服务机构双方都十分关心的数量指标。一般来说，队长或排队长越大，服务效率越低，顾客最厌烦排成长龙的情况。

2. 等待时间和逗留时间

从顾客到达时刻起到其开始接受服务止这段时间称为等待时间，记作 W_q。等待时间是随机变量，也是顾客最关心的指标，因为顾客通常希望等待时间越短越好。

从顾客到达时刻起到其接受服务完成止这段时间称为逗留时间，记作 W_s。逗留时间也是随机变量，同样为顾客所关心。

逗留时间等于等待时间加上服务时间。对这两个指标的研究当然是希望能确定它们的分布或至少能知道顾客的平均等待时间和平均逗留时间。

3. 忙期和闲期

忙期是指从顾客到达空闲着的服务机构起,到服务机构再次成为空闲止的这段时间,即服务机构连续忙的时间。这是个随机变量,是服务员最为关心的指标,因为它关系到服务员的服务强度。

与忙期相对的是闲期,即服务机构连续保持空闲的时间。

在排队系统中,忙期和闲期总是交替出现的。

4. 服务设备利用率

服务设备利用率是指服务设备工作时间占总时间的比例,其是衡量服务设备工作强度和疲劳程度的指标。这个指标也决定着服务成本的大小,它是服务部门所关心的。

5. 顾客损失率

顾客损失率指因服务能力不足而造成顾客损失的比率。顾客损失率过高,则会使排队服务系统的获利减少。

计算这些指标的基础是表达系统状态的概率。这些状态的概率一般是随时刻 t 而变化的,但随着时间的推进,系统状态的概率将不再随时刻 t 而变化。同时,由于对系统的瞬时状态研究分析起来很困难,所以排队论中主要研究系统处于稳定状态的工作情况。

7.3 到达间隔分布和服务时间分布

在组成一个排队服务系统的四个要素中,由于顾客到达间隔(输入)与服务时间(输出)是随机的,比较复杂,因此首先要根据原始资料作出顾客到达间隔和服务时间的经验分布,然后按照统计学的方法来确定其适于哪种理论分布,并估计它的参数值。具体来讲可以分为经验分布与理论分布两类。其中,理论分布包括泊松分布、负指数分布和爱尔朗分布等。

7.3.1 经验分布

经验分布主要有四个指标,分别为:平均间隔时间;平均服务时间;平均到达率;平均服务率。通过一个例题来说明原始资料的整理。

例 7-1 某物流公司仓库入库服务机构是单服务台,采用先到先服务的规则,连续对 51 个顾客的到达时刻 τ 和服务时间 S(分钟)进行记录,结果如表 7-1 所示。

表 7-1

顾客编号 i	到达时刻 τ_i	服务时间 S_i/分钟	到达时间间隔 t_i/分钟	等待时间 W_i/分钟	顾客编号 i	到达时刻 τ_i	服务时间 S_i/分钟	到达时间间隔 t_i/分钟	等待时间 W_i/分钟
1	8:00	4	3	0	5	8:17	5	4	6
2	8:03	7	4	1	6	8:21	3	4	7
3	8:07	2	8	4	7	8:25	2	10	6
4	8:15	8	2	0	8	8:35	3	3	0

续表

顾客编号 i	到达时刻 τ_i	服务时间 S_i/分钟	到达时间间隔 t_i/分钟	等待时间 W_i/分钟	顾客编号 i	到达时刻 τ_i	服务时间 S_i/分钟	到达时间间隔 t_i/分钟	等待时间 W_i/分钟
9	8:38	5	6	0	31	10:11	6	8	7
10	8:44	5	1	0	32	10:19	7	2	5
11	8:45	4	7	4	33	10:21	5	7	10
12	8:52	2	3	1	34	10:28	3	4	8
13	8:55	3	3	0	35	10:31	2	2	7
14	8:58	5	10	0	36	10:33	5	2	7
15	9:08	2	4	0	37	10:35	3	2	10
16	9:12	7	3	0	38	10:37	1	1	11
17	9:15	3	5	4	39	10:38	2	17	11
18	9:20	3	1	2	40	10:55	3	4	0
19	9:21	2	4	4	41	10:59	3	4	0
20	9:25	3	3	2	42	11:03	2	6	0
21	9:27	6	4	2	43	11:09	4	2	0
22	9:41	3	5	4	44	11:11	6	6	2
23	9:46	8	5	2	45	11:17	5	3	2
24	9:51	2	4	5	46	11:20	3	2	4
25	9:55	3	2	3	47	11:22	6	4	5
26	9:57	4	1	4	48	11:26	4	5	7
27	9:58	4	3	7	49	11:31	3	3	6
28	10:01	5	3	8	50	11:34	2	1	6
29	10:04	1	2	10	51	11:35	7	7	7
30	10:06	3	5	9					

在表7-1中，顾客编号、到达时刻、服务时间是根据实际情况进行记录的。到达时间间隔是前后两个顾客到达时刻的差额，例如，第1位顾客8:00到达，第2位顾客8:03到达，到达时间间隔为3分钟，以此类推可以计算出其余到达时间间隔（见表7-1中到达时间间隔这一列）。下一位顾客的等待时间等于上一位顾客等待时间加上正在服务顾客的服务时间减去到达时间间隔，即 $W_{i+1}=W_i+S_i-t_i$，若计算结果为负数，则此时的等待时间为0，计算结果见表7-1中等待时间这一列。

平均到达时间间隔，即把到达时间间隔取平均数。平均间隔时间等于总时间间隔除以到达顾客总数：

$$\bar{t}=\sum_{i=1}^{50}t_i/(i-1)=207/50=4.14（分钟/人）$$

解得平均间隔时间为 4.14 分钟/人。

平均到达率等于到达顾客总数除以总时间间隔：

$$(i-1)/\sum_{i=1}^{50} t_i = 50/207 = 0.24 \text{（人/分钟）}$$

解得平均到达率为 0.24 人/分钟。

平均服务时间，把顾客服务时间取平均数，即服务时间总和除以顾客总数：

$$\bar{s} = \sum_{i=1}^{51} s_i/i = 199/51 = 3.90 \text{（分钟/人）}$$

解得平均服务时间为 3.90 分钟/人。

平均服务率等于到达顾客总数除以服务时间总和：

$$i/\sum_{i=1}^{51} s_i = 51/199 = 0.26 \text{（人/分钟）}$$

解得平均服务率为 0.26 人/分钟。

7.3.2 理论分布

1. 泊松分布

许多随机现象服从泊松分布。例如，电话交换台在一定时间接到的呼唤次数、公共汽车站来到的乘客数等都近似服从泊松分布。

设随机变量 X 的分布率为

$$p\{X=k\} = \frac{\lambda^k e^{-\lambda}}{k!} \quad (n=0,1,2,\cdots)$$

式中，$\lambda>0$，是常数；$e=2.71828$，则称随机变量 X 服从参数为 λ 的泊松分布。概率论的知识还告诉我们，泊松分布是一类二项分布的逼近，即每次抽样只能有两个结果，其中一种结果在一次抽样中发生的概率很小，当抽样的次数足够多时，则该事件发生 n 次的概率就近似服从泊松分布。

泊松分布数学期望值和方差如下。

期望值：

$$E[T] = \lambda$$

方差：

$$D[T] = \lambda$$

2. 负指数分布

我们再来研究两个顾客先后到达的时间间隔 T 的概率分布。当输入过程是泊松流时，由于在单位时间里到达的顾客数是随机变量，那么对应的前后两个顾客到达的时间间隔也就是随机变量了，即有的时间间隔长一些、有的时间间隔短一些。

随机变量 T 的概率密度若为

$$f(t) = \begin{cases} \lambda e^{-\lambda t}, & t \geq 0 \\ 0, & t < 0 \end{cases}$$

则称 T 服从负指数分布。它的分布函数为

$$F(t) = \begin{cases} 1 - e^{-\lambda t}, & t \geq 0 \\ 0, & t < 0 \end{cases}$$

数学期望和方差如下。

数学期望：

$$E[T] = 1/\lambda$$

方差：

$$D[T] = \frac{1}{\lambda^2}$$

3. 爱尔朗分布

设 k 个服务台串联，顾客接受服务分为 k 个阶段，在完成全部服务内容并离开后，下一个顾客才能开始接受服务。顾客每个阶段的服务时间 $T_1,T_2,\cdots,T_k$ 是相互独立的随机变量，服从相同参数 $k\mu$ 的负指数分布，即 $f(t) = k\mu e^{-k\mu t}$，则顾客在系统内接受服务时间之和 $T = T_1 + T_2 + \cdots + T_k$ 服从 k 阶爱尔朗分布 E_k，其分布密度函数为

$$f_k(t) = \frac{(k\mu)^k t^{k-1}}{(k-1)!} e^{-k\mu t} \qquad (t>0, k, u \geqslant 0)$$

其数学期望值和方差如下。
数学期望：

$$E[T] = \frac{1}{\mu}$$

方差：

$$D[T] = \frac{1}{K\mu^2}$$

爱尔朗分布提供了更为广泛的分布模型，显然，当 $k=1$ 时，k 阶爱尔朗分布就是负指数分布，而当 $k \to \infty$ 时，即若有无穷多个服务台相串联，则将爱尔朗分布退化为确定型分布。

因为理论分布有一定的规律，人们研究得比较彻底，分析起来也比较方便，所以在研究某一实际排队系统时，常常要把经验分布拟合成某种理论分布，这时就应先从调查和统计数据入手，把这些数据加以整理，然后分析数据的特点，看看它们能适合何种理论分布。

7.4 简单的排队系统模型

7.4.1 到达率与服务时间不变的基本排队服务系统

下面通过几个实例来说明到达率与服务时间都不变的基本排队服务系统的情况。

1. 没有排队、有闲置时间的情况

此时：

$$W_i + S_i - t_i < 0$$

式中，W_i, S_i, t_i 为常数。

例 7-2 假设顾客按每小时 12 个的定率到来，也就是说，每小时来 12 个顾客，正好是每 5 分钟来一个顾客。又假设服务机构以每小时对 15 个顾客完成服务，这正好是每 4 分钟完成对一个顾客的服务。因为服务机构能够很容易地处理全部顾客的工作负荷，所以不会形成排队现象。显然，服务机构将有 20% 的闲置时间。

2. 没有排队和闲置时间的情况

此时：
$$W_i + S_i - t_i = 0$$

式中，W_i, S_i, t_i 为常数。

例 7-3 假设顾客按每小时 12 个的定率到来，即每 5 分钟来 1 个顾客，又假设服务机构每小时完成对 12 个顾客的服务，因为顾客到来的速度与被服务的速度相同，所以不会形成排队现象。在此情况下，服务机构必须全力以赴接待顾客，没有闲置时间。

3. 形成排队现象、没有闲置时间的情况

此时：
$$W_i + S_i - t_i > 0$$

式中，W_i, S_i, t_i 为常数。

例 7-4 假设顾客按每小时 12 个的定率到来，服务机构按每小时 10 个的定率来完成对顾客的服务。在此情况下，由于输入的速度超过服务机构处理输入量的能力，因此，来被服务的顾客队伍按每小时两个的速度扩大，比如 4 小时以后，会有 8 个顾客在排队等待服务。

如上所述，在到达率与服务时间保持不变的情况下，则很容易回答：任何时间以后，是否有排队现象？队长如何？然而在实际生活中，顾客到达率与服务时间都是变化的，即使服务机构的服务能力超过顾客到来的平均数，有时也会因在某时刻内顾客到来较多而集中要求服务时，形成了暂时的排队现象。当然，也会由于某时间内顾客到来的人数减少，使服务机构有力量消除先前已经形成的排队现象。由于这方面的问题解决起来比较困难，借助概率论数理统计的知识较多，因此不能做全面的介绍。这里仅简单介绍单服务台排队服务系统的部分模型和简单的多服务台排队服务系统的部分模型。

7.4.2 单服务台排队服务系统

1. 标准的 $M/M/1$ 模型（$M/M/1/\infty/\infty$）

标准的 $M/M/1$ 模型是指符合下列条件的排队系统：

输入过程：顾客源无限，顾客单个到达并相互独立，一定时间的到达数遵从泊松分布。

排队规则：单一队列且队长无限，按先到先服务的原则。

服务机构：单服务台，各顾客的服务时间相互独立且遵从负指数分布。

设 λ 为顾客平均到达率，μ 为系统的平均服务率，则有以下公式。

系统状态概率：

$$\begin{cases} P_0 = 1 - \rho \\ P_n = (1-\rho)\rho^n, n \geq 1 \end{cases} \quad (\rho < 1)$$

服务强度 ρ：

$$\rho = \frac{\lambda}{\mu}$$

服务强度 ρ 表示顾客的平均服务时间和顾客到达的平均间隔时间之比，它是衡量整个系统工作强度的一个指标。ρ 越接近于 1，说明系统的服务强度越高，服务机构越忙。

系统队长 L_s，包括等待和接受服务顾客数的平均数：

$$L_s = \frac{\lambda}{\mu - \lambda}$$

系统排队长 L_q，排队等待服务顾客数的平均数：

$$L_q = \frac{\rho\lambda}{\mu - \lambda}$$

逗留时间 W_s，顾客在系统中平均逗留的时间：

$$W_s = \frac{1}{\mu - \lambda}$$

等待时间 W_q，顾客在系统中平均排队等待的时间：

$$W_q = \frac{\rho}{\mu - \lambda}$$

它们的相互关系为

$$L_s = \lambda W_s$$
$$L_q = \lambda W_q$$
$$W_s = W_q + \frac{1}{\mu}$$
$$L_s = L_q + \frac{\lambda}{\mu}$$

例 7-5 汽车平均以每 5 分钟 1 辆的到达率去某加油站加油。到达过程为泊松过程，该加油站只有 1 台加油设备。加油时间服从负指数分布，且平均需要 4 分钟。求：

(1) 加油站内平均汽车数；
(2) 平均等待加油的汽车数；
(3) 每辆汽车平均逗留时间；
(4) 每辆汽车平均等待时间。

解：此为 $M/M/1$ 模型，已知：

$$\lambda = 0.2 \text{ 辆/分钟}, \mu = 0.25 \text{ 辆/分钟}, \rho = \frac{\lambda}{\mu} = 0.8$$

(1) 加油站内平均汽车数：

$$L_s = \frac{\lambda}{\mu - \lambda} = \frac{0.2}{0.25 - 0.2} = 4 \text{（辆）}$$

(2) 平均等待加油的汽车数：

$$L_q = \frac{\rho\lambda}{\mu - \lambda} = \frac{0.8 \times 0.2}{0.25 - 0.2} = 3.2 \text{（辆）}$$

(3) 每辆汽车平均逗留时间：

$$W_s = \frac{1}{\mu - \lambda} = \frac{1}{0.25 - 0.2} = 20 \text{（分钟）}$$

(4) 每辆汽车平均等待时间：

$$W_q = \frac{\rho}{\mu - \lambda} = \frac{0.8}{0.25 - 0.2} = 16 \text{（分钟）}$$

2. 系统容量有限的 $M/M/1$ 模型（$M/M/1/N/\infty$）

系统容量有限制的排队服务系统是指泊松到达过程，服务时间服从负指数分布，一个服务台，系统内只允许有 N 个顾客（即正在接受服务的和排队等待的总人数不得超过 N 个），顾客源是无限的，先到先服务制，即排队服务系统的队长不允许超过 N，则当该服务系统中有顾客 N 时，再来的顾客，比如第 $N+1$ 个顾客则不能等待而离去。

设 λ 为顾客平均到达率，μ 为系统的平均服务率，则有公式：

系统状态概率（系统有 n 个顾客的概率）：

$$\begin{cases} P_0 = \dfrac{1-\rho}{1-\rho^{N+1}} \\ P_n = \dfrac{1-\rho}{1-\rho^{N+1}}\rho^n \end{cases}, \quad \rho \neq 1$$

$$\begin{cases} P_0 = \dfrac{1}{N+1} \\ P_n = \dfrac{1}{N+1} \end{cases}, \quad \rho = 1$$

服务强度 ρ：

$$\rho = \dfrac{\lambda}{\mu}$$

系统队长 L_s，包括等待和接受服务顾客数的平均数：

$$L_s = \begin{cases} \dfrac{\rho}{1-\rho} - \dfrac{(N+1)\rho^{N+1}}{1-\rho^{N+1}} & (\rho \neq 1) \\ \dfrac{N}{2} & (\rho = 1) \end{cases}$$

系统排队长 L_q，排队等待服务顾客数的平均数：

$$L_q = \begin{cases} \dfrac{\rho}{1-\rho} - \dfrac{\rho(1+N\rho^N)}{1-\rho^{N+1}} & (\rho \neq 1) \\ \dfrac{N(N-1)}{2(N+1)} & (\rho = 1) \end{cases}$$

有效到达率 λ_e：

$$\lambda_e = \lambda(1-P_n)$$

逗留时间 W_s，顾客在系统中平均逗留的时间：

$$W_s = \dfrac{L_s}{\mu(1-P_0)}$$

等待时间 W_q，顾客在系统中平均排队等待的时间：

$$W_q = \dfrac{L_q}{\mu(1-P_0)}$$

例 7-6 某理发店只有一个理发师，且店里最多可容纳 4 名顾客，设顾客按泊松流到达，平均每小时 5 人，理发时间服从负指数分布，平均每 15 分钟可为 1 名顾客理发，试求该系统的有关指标。

解：该系统可以看成一个 $M/M/1/4$ 排队系统，其中：

$\lambda = 5$ 人/小时

$\mu = \dfrac{60}{15} = 4$（人/小时）

$\rho = \dfrac{\lambda}{\mu} = \dfrac{5}{4} = 1.25 > 1$

$N = 4$

$$P_0 = \frac{1-\rho}{1-\rho^{N+1}} = \frac{1-\frac{5}{4}}{1-\left(\frac{5}{4}\right)^5} = \frac{1}{4} \times \frac{1}{1.25^2-1} = 0.122$$

$$P_4 = \frac{1-\rho}{1-\rho^{N+1}}\rho^n = 0.122 \times 1.24^4 = 0.298$$

$$\lambda_e = \lambda(1-P_n) = 5 \times (1-0.298) = 3.51 \text{（人/小时）}$$

$$L_s = \frac{\rho}{1-\rho} - \frac{(N+1)\rho^{N+1}}{1-\rho^{N+1}} = \frac{1.25}{1-1.25} - \frac{(4+1) \times 1.25^5}{1-1.25^5} = 2.44 \text{（人）}$$

$$L_q = \frac{\rho}{1-\rho} - \frac{\rho(1+N\rho^N)}{1-\rho^{N+1}} = \frac{1.25}{1-1.25} - \frac{1.25 \times (1+4 \times 1.25^4)}{1-1.25^5} = 1.56 \text{（人）}$$

$$W_s = \frac{L_s}{\mu(1-P_0)} = \frac{2.44}{4 \times (1-0.122)} = 0.695 \text{（小时）}$$

$$W_q = \frac{L_q}{\mu(1-P_0)} = \frac{1.56}{4 \times (1-0.122)} = 0.444 \text{（小时）}$$

3. 顾客源有限的模型 M/M/1 模型（M/M/1/∞/m）

顾客源有限的排队系统是指负指数分布的服务时间，一个服务台，系统容纳的顾客数无限，顾客的总数有限，先到先服务的系统。模型的符号中第4项为∞，这表示对系统的容量没有限制，但实际上它永远不会超过 m，所以 M/M/1 与写成 M/M/1/m/m 的意义相同。

设 λ 为顾客平均到达率，μ 为系统的平均服务率。

有效到达率：
$$\lambda_e = \lambda(m - L_s)$$

系统状态概率（系统有 n 个顾客的概率）：
$$\begin{cases} P_0 = \dfrac{1}{\sum\limits_{i=0}^{m} \dfrac{m!}{(m-i)!}\left(\dfrac{\lambda}{\mu}\right)^i} \\ P_n = \dfrac{m!}{(m-n)!}\left(\dfrac{\lambda}{\mu}\right)^n P_0, \quad (1 \leqslant n \leqslant m) \end{cases}$$

服务强度 ρ：
$$\rho = \frac{\lambda}{\mu}$$

系统队长 L_s：
$$L_s = m - \frac{\mu}{\lambda}(1-P_0)$$

系统排队长 L_q：
$$L_q = m - \frac{(\lambda+\mu)(1-P_0)}{\lambda} = L_s - (1-P_0)$$

逗留时间 W_s：
$$W_s = \frac{m}{\mu(1-P_0)} - \frac{1}{\lambda}$$

等待时间 W_q：
$$W_q = W_s - \frac{1}{\mu}$$

例 7-7 某车间有 5 台机器,每台机器的连续运转时间服从负指数分布,平均连续运转时间为 15 分钟,有一个修理工,每次修理时间服从负指数分布,平均每次为 12 分钟。求:

(1) 修理工空闲的概率;
(2) 5 台机器都出故障的概率;
(3) 出故障的平均台数;
(4) 等待修理的平均台数;
(5) 平均停工时间;
(6) 平均等待修理时间;
(7) 评价这些结果。

解:
$$m = 5, \lambda = \frac{1}{15}, \mu = \frac{1}{12}, \frac{\lambda}{\mu} = 0.8$$

(1) $P_0 = \left[\frac{5!}{5!} \times (0.8)^0 + \frac{5!}{4!} \times (0.8)^1 + \frac{5!}{3!} \times (0.8)^2 + \frac{5!}{2!} \times (0.8)^3 + \frac{5!}{1!} \times (0.8)^4 + \frac{5!}{0!} \times (0.8)^5 \right]^{-1}$

$= \dfrac{1}{136.8} = 0.007\,3$

(2) $P_s = \dfrac{5!}{0!} \times (0.8)^5 P_0 = 0.287$

(3) $L_s = 5 - \dfrac{1}{0.8} \times (1 - 0.007\,3) = 3.76 \,(台)$

(4) $L_q = 3.76 - 0.993 = 2.77 \,(台)$

(5) $W_s = \dfrac{m}{\mu(1-P_0)} - \dfrac{1}{\lambda} = \dfrac{5}{\frac{1}{12} \times (1 - 0.007\,3)} - \dfrac{1}{\frac{1}{15}} = 46 \,(分钟)$

(6) $W_q = 46 - 12 = 34 \,(分钟)$

(7) 机器停工时间过长,修理工几乎没有空闲时间,应当提高服务率,减少修理时间或者增加修理工人。

7.4.3 简单的多服务台排队服务系统

前面介绍的只是众多单服务台排队服务系统中较为简单的几种形式,对多服务台排队服务系统来说也是一样,它也包含了众多的形式,如单队—并列多服务台、多队—并列多服务台等。这里我们介绍最简单的多服务台排队服务系统。

1. M/M/∞ 模型

在多个服务台的排队系统中,最简单的是服务台有足够多的情形,此时到达的每一个顾客都不需要等待,立即接受服务,因此系统不会出现排队现象,如自服务系统、收听无线电广播系统、急诊救护车队系统、收看电视系统等都可近似看成这种系统。再假定顾客到达按泊松流,每个顾客所需的服务时间服从负指数分布,系统有无穷多(足够多)个服务台,每个服务台是独立并行服务的。

2. M/M/c/∞/∞ 模型

系统中有 c 个服务台独立并行服务,当顾客到达时,若有空闲服务台,便立刻接受服务;若没有空闲的服务台,则排队等待,直到有空闲的服务台时再接受服务。

假定顾客仍按泊松流到达,单位时间到达的顾客数为 λ;每个顾客所需的服务时间独立，服从相同的负指数分布，速率为 μ；系统容量为无穷大，而且到达与服务是彼此独立的。则主要工作指标如下。

系统服务强度：

$$\rho = \frac{\lambda}{c\mu}$$

令

$$\delta = \frac{\lambda}{\mu}$$

则系统的稳态概率可表示为

$$P_0 = \left[\sum_{k=0}^{c-1} \frac{\delta^k}{k!} + \frac{\delta^c}{c!(1-\rho)}\right]^{-1}$$

$$P_n = \begin{cases} \dfrac{\delta^n}{n!} P_0 & (1 \leqslant n \leqslant c) \\ \dfrac{\delta^n}{c! c^{n-c}} P_0 & (n > c) \end{cases}$$

系统排队长 L_q：

$$L_q = \frac{\delta^c \rho}{c!(1-\rho)^2} P_0$$

系统队长 L_s：

$$L_s = L_q + \delta$$

逗留时间 W_s：

$$W_s = \frac{L_s}{\lambda}$$

等待时间 W_q：

$$W_q = \frac{L_q}{\lambda}$$

例 7-8 某医院急诊室同时只能诊治一个病人，诊治时间服从指数分布，每个病人平均诊治时间需要 15 分钟。病人按泊松分布到达，平均每小时到达 3 人。

(1) 计算系统主要工作指标。

(2) 假设医院增强急诊室的服务能力，使其同时能诊治两个病人，且平均服务率相同，计算系统主要工作指标。

解：(1) $\lambda = 3$ 人/小时，$\mu = \dfrac{60}{15} = 4$ 人/小时。

服务强度：

$$\rho = \frac{\lambda}{\mu} = \frac{3}{4} = 0.75$$

系统队长 L_s：

$$L_s = \frac{\lambda}{\mu - \lambda} = \frac{3}{4-3} = 3 \text{（人）}$$

系统排队长 L_q：

$$L_q = \frac{\rho\lambda}{\mu - \lambda} = \frac{0.75 \times 3}{4-3} = 2.25 \text{（人）}$$

逗留时间 W_s：

$$W_s = \frac{1}{\mu - \lambda} = \frac{1}{4-3} = 1 \text{（小时）}$$

等待时间 W_q：

$$W_q = \frac{\rho}{\mu - \lambda} = \frac{0.75}{4-3} = 0.75 \text{（小时）}$$

(2) $\lambda = 3$ 人/小时，$\mu = \frac{60}{15} = 4$ 人/小时，$c = 2$，则

$$\rho = \frac{\lambda}{c\mu} = \frac{3}{2 \times 4} = 0.375$$

$$\delta = \frac{\lambda}{\mu} = \frac{3}{4} = 0.75$$

系统的稳态概率可表示为

$$P_0 = \left[\sum_{k=0}^{c-1} \frac{\delta^k}{k!} + \frac{\delta^c}{c!(1-\rho)}\right]^{-1} = \left[1 + 0.75 + \frac{0.75^2}{2!(1-0.375)}\right]^{-1} = 0.45$$

系统排队长 L_q：

$$L_q = \frac{\delta^c \rho}{c!(1-\rho)^2} P_0 = \frac{(0.75)^2 \times 0.375}{2!(1-0.375)^2} \times 0.45 = 0.12 \text{（人）}$$

系统队长 L_s：

$$L_s = L_q + \delta = 0.12 + 0.75 = 0.87 \text{（人）}$$

逗留时间 W_s：

$$W_s = \frac{L_s}{\lambda} = \frac{0.87}{3} = 0.29 \text{（小时）}$$

等待时间 W_q：

$$W_q = \frac{L_q}{\lambda} = \frac{0.12}{3} = 0.04 \text{（小时）}$$

3. M/M/c/N/∞模型

系统中共有 N 个位置、C 个服务台独立平行工作，$C < N$。当系统中的顾客数 $n \leq N$ 时，系统中有空位置，新到的顾客就进入系统排队等待服务。当 $n > N$，N 个位置已被顾客全部占用时，新到的顾客就自动离开。我们仍然假定顾客按泊松流到达，每个顾客所需的服务时间独立，服从负指数分布，且到达与服务是彼此独立的。

又设顾客到达速率为 λ，每个服务台的服务速率均为 μ，则服务强度为

$$\rho = \frac{\lambda}{C\mu}$$

系统的状态概率和系统主要指标公式如下：

$$P_0 = \left[\sum_{n=0}^{C} \frac{(C\rho)^n}{n!} + \frac{C^C}{C!} \cdot \frac{\rho(\rho^C - \rho^N)}{1-\rho}\right]^{-1}, \quad \rho \neq 1$$

$$P_n = \begin{cases} \frac{(C\rho)^n}{n!} P_0 & 0 \leq n \leq C \\ \frac{C^C \rho^n}{C!} P_0 & C \leq n \leq N \end{cases}, \quad \text{其中 } \rho = \frac{\lambda}{c\mu}$$

$$L_q = \frac{\rho(C\rho)^C}{C!(1-\rho)^2}[1 - \rho^{N-C} - (N-C)\rho^{N-C}(1-\rho)]P_0$$

$$L_S = L_q + C\rho(1-P_N)$$
$$W_q = \frac{L_q}{\lambda(1-P_N)}$$
$$W_S = W_q + \frac{1}{\mu}$$
$$\lambda_e = \lambda(1-P_N)$$

当 $N=C$ 时，系统的队列最大长度为 0，此时顾客到达，如果服务台有空闲，则进入服务台接受服务；如果服务台没有空闲，则顾客当即离去。这样的系统称为"即时制"，如旅馆、停车场都具有这种性质。

例 7-9 汽车加油站有 2 台加油泵，需加油的汽车按泊松流来到加油站。平均每分钟来 2 辆，加油时间服从负指数分布。平均每辆加油时间为 2 分钟，加油站上最多能容纳 3 辆汽车等待加油，后来的汽车容纳不下时，则自动离去，另求服务。求系统有关运行指标。

解：本题为 $M/M/c/N/\infty$ 系统，$c=2$，$N=2+3=5$。已知 $\mu=1/2$ 辆/分钟，$\lambda=2$ 辆/分钟，$\rho=\frac{\lambda}{c\mu}=2$，$c\rho=4$。

$$P_0 = \left[\sum_{n=0}^{c}\frac{(C\rho)^n}{n!} + \frac{C^C}{C!}\cdot\frac{\rho(\rho^c-\rho^N)}{1-\rho}\right]^{-1}$$
$$= \left[1+4+\frac{4^2}{2!}+\frac{2^2}{2!}\cdot\frac{2\times(2^2-2^5)}{1-2}\right]^{-1}=0.008$$

$$L_q = \frac{\rho(C\rho)^c}{C!(1-\rho)^2}\left[1-\rho^{N-c}-(N-C)\rho^{N-c}(1-\rho)\right]P_0$$
$$= \frac{4^2\times 2}{2!(1-2)^2}\left[1-2^3-3\times 2^3\times(1-2)\right]\times 0.008 = 2.176(辆)$$

$$L_S = L_q + c\rho(1-P_N) = L_q + c\rho\left(1-\frac{c^c}{c!}\rho^N P_0\right)$$
$$= 2.176 + 4\times\left(1-\frac{2^2}{2!}\times 2^5\times 0.008\right) = 2.176 + 4\times(1-0.512)$$
$$= 2.176 + 1.952 = 4.128(辆)$$

$$W_q = \frac{L_q}{\lambda(1-P_N)} = \frac{2.176}{2\times(1-0.512)} = 2.230(分钟)$$

$$W_S = W_q + \frac{1}{\mu} = 2.23 + 2 = 4.23(分钟)$$

4. $M/M/c/\infty/m$ 模型

设顾客源为有限 m，且 $m>c$，顾客到达率是按每个顾客考虑的。在机器维修模型中就是 m 台机器、c 个修理工，机器故障率就是每个机器单位运转时间出故障的期望次数，系统中顾客数 n 就是出故障的机器台数。

当 $n\leqslant c$ 时，无排队，有 $c-n$ 个修理工空闲；当 $c<n<m$ 时，有 $n-c$ 台机器停机等待修理，系统处于繁忙状态。假定每个服务台速率均为 μ 的负指数分布，故障修复时间与正在生产机器是否发生故障是相互独立的，则有：

$$p_0 = \frac{1}{m!}\cdot\left[\sum_{n=0}^{c}\frac{1}{k!(m-k)!}\cdot\left(\frac{c\rho}{m}\right)^k + \frac{c^c}{c!}\sum_{k=c+1}^{m}\frac{1}{(m-k)!}\left(\frac{\rho}{m}\right)^k\right]^{-1}$$

$$\rho = \frac{m\lambda}{c\mu}$$

$$p_n = \frac{m!}{(m-n)!n!}\left(\frac{\lambda}{\mu}\right)^n p_0 \quad (0 \leqslant n \leqslant c)$$

$$p_n = \frac{m!}{(m-n)!c!c^{n-c}}\left(\frac{\lambda}{\mu}\right)^n p_0 \quad (c+1 \leqslant n \leqslant m)$$

$$\lambda_e = \lambda(m - L_s)$$

$$L_s = \sum_{n=1}^{m} np_n$$

$$L_q = \sum_{n=c+1}^{m}(n-c)p_n$$

$$L_s = L_q + \frac{\lambda_e}{\mu} = L_q + \frac{\lambda}{\mu}(m - L_s)$$

$$W_s = \frac{L_s}{\lambda_e}$$

$$W_q = \frac{L_q}{\lambda_e}$$

例 7-10 设有两个修理工人负责 5 台机器的正常运行,每台机器平均损坏率为每小时运转 1 次,两个工人能以相同的平均修复率 4 次/小时修好机器。

求:

(1) 等待修理的机器平均数;

(2) 需要修理的机器平均数;

(3) 有效损坏率;

(4) 等待修理时间;

(5) 停工时间。

解: $m=5, \lambda=1$ 次/小时, $\mu=4$ 台/小时, $c=2$, $c\rho/m = \lambda/\mu = 1/4$

$$P_0 = \frac{1}{5!} \times \left[\frac{1}{5!} \times \left(\frac{1}{4}\right)^0 + \frac{1}{4!} \times \left(\frac{1}{4}\right)^1 + \frac{1}{2! \times 3!} \times \left(\frac{1}{4}\right)^2 + \frac{2^2}{2!} \times \frac{1}{2!} \times \left(\frac{1}{8}\right)^3 + \left(\frac{1}{8}\right)^4 + \left(\frac{1}{8}\right)^5\right]^{-1}$$

$$= 0.314\ 9$$

$P_1 = 0.394, P_2 = 0.197, P_3 = 0.074, P_4 = 0.018, P_5 = 0.002$

$L_q = P_3 + 2P_4 + P_5 = 0.118$

$L_s = \sum_{n=1}^{m} nP_n = L_q + c - 2P_0 - P_1 = 1.094$

$\lambda_e = 1 \times (5 - 1.094) = 3.906$

$W_q = 0.118/3.906 = 0.03$(小时)

$W_s = 1.094/3.906 = 0.28$(小时)

7.5 排队系统的优化目标与最优化问题

7.5.1 排队系统的优化目标

1. 排队系统的费用分析

(1) 顾客服务费用。

顾客的服务费包括以下 3 个方面：

①服务设施的硬件投入费用，如服务场所的建设费、服务设备设施购置费、安装调试费、日常维护修理费和设施管理费等。

②服务时消耗的材料费，如水电、相关耗材等。

③服务人员的工资、奖金、福利，等等。

服务费用大多是可以确切计算或估算的。此外，由于被服务顾客的不同，要求提供的服务内容水平不同，对于某个服务系统而言，单位时间内的服务费是个随机变量。通常情况下随着服务水平的提高，系统服务的成本也会相应增加。

(2) 顾客等待费用。

顾客等待费用，等待费用影响的因素有很多，如等待时间、服务时间、顾客来源、顾客性质、服务水平等；还有些顾客因为不愿意等待而离去，造成机会成本的损失。

有些等待的损失容易估算，比如某台机器设备等待维修而造成的生产损失。但有些等待的损失很难估算，比如病人等待就诊，由于延误治疗导致病情恶化的费用。再比如，由于顾客不愿等待而离去造成的损失也很难估计，这些通常根据统计资料或者经验来估算。通常情况下，随着系统服务水平的提高，顾客的等待费用会降低。

2. 排队系统的优化目标

从顾客服务费用和顾客等待费用的分析中，可以得出在排队系统中存在某一个服务水平使系统中上述两部分费用之和最小，如图 7-7 所示。

系统最优化的目标就是寻求这个合成费用曲线的最小点。排队系统常见的优化问题有以下几个。

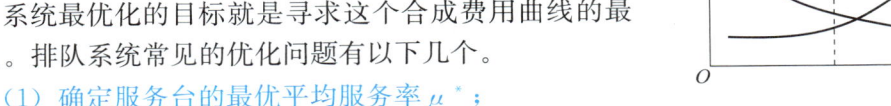

(1) 确定服务台的最优平均服务率 μ^*；

(2) 确定最佳服务台数量 s^*；

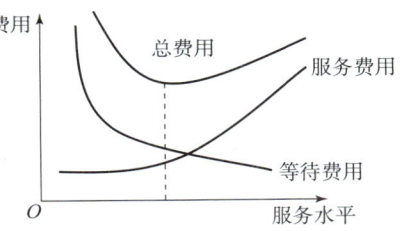

图 7-7

(3) 选择最为合适的服务规则；

(4) 确定上述几个量的最优组合。

以完全消除排队现象为研究目标是不现实的，那会造成服务人员和设施的严重浪费，但是设施的不足和低水平的服务，又将引起太多的等待，从而导致生产和社会性损失。研究排队系统的根本目的在于以最少的设备得到最大的效益，或者说在一定服务质量的指标下要求服务机构最经济。在这一节仅就 μ、s^* 这一个决策变量分别单独优化，介绍两个较为简单的模型。

7.5.2 排队系统的最优化问题

1. M/M/1/∞ 系统的最优平均服务率 μ^*

令目标函数 S 代表单位时间系统服务费用与顾客在系统内逗留费用之和，即：

$$S = C_1\mu + C_2 L_s$$

其中，C_1——当 $\mu=1$ 时单位时间内的服务费用；

C_2——每个顾客在系统内逗留单位时间的费用。

由顾客到达率为 λ，可得：

$$S = C_1\mu + C_2\frac{\lambda}{\mu-\lambda}$$

本题目的是求最优值 μ^*，使目标函数 S 最小。

令 $\dfrac{\mathrm{d}S}{\mathrm{d}\mu} = 0$，则有：

$$C_1 - \frac{C_2\lambda}{(\mu-\lambda)^2} = 0$$

得：

$$\mu^* = \lambda + \sqrt{\frac{C_2}{C_1}\lambda}$$

即 $M/M/1$ 模型的最优服务率。

例 7-11 某地欲兴建一座港口码头，但只有一个装卸船只的位置，现要求设计装卸能力，装卸能力用每天装卸的船只数表示。已知单位装卸能力每天平均生产成本为 2 000 元，船只到港后若不能及时装卸，则停留一天，损失运输费为 1 500 元。预计船只的平均到达率 λ 为 3 只/天，设船只到达的时间间隔和装卸时间都服从负指数分布。问港口装卸能力为多大时，每天的总支出最少？

解：根据题意，这是 $M/M/1$ 模型设计最优装卸能力的问题。其中，$C_1 = 2\,000$ 元/天，$C_2 = 1\,500$ 元/天，$\lambda = 3$ 只/天，即有：

$$\mu^* = \lambda + \sqrt{\frac{C_2}{C_1}\lambda} = 3 + \sqrt{\frac{1\,500}{2\,000}\times 3} = 4.5\,(只/天)$$

即最优装卸能力为 4.5 只/天。

2. $M/M/s/\infty$ 系统的最优服务台数 s^*

已知在平稳状态下单位时间内总费用（服务费用和等待费用）之和的平均值为

$$f(s) = c_2 s + c_w L(s)$$

式中，s——并联服务台的个数（待定）；

$f(s)$——整个系统单位时间的平均总费用，它是关于服务台数 s 的函数；

c_2——单位时间内平均每个服务台的费用；

c_w——平均每个顾客在系统中逗留（或等待）单位时间的损失；

$L(s)$——平均队长（或平均等待队长），它是关于服务台数 s 的函数。

我们要确定最优服务台数 $s^* \in \{1, 2, \cdots\}$，使：

$$f(s^*) = \min f(s) = c_2 s + c_w L(s)$$

由于 s 取值离散，不能采用微分法或非线性规划的方法，因此采用差分法。显然有：

$$\begin{cases} f(s^*) \leqslant f(s^*-1) \\ f(s^*) \leqslant f(s^*+1) \end{cases}$$

即：

$$\begin{cases} c_2 s^* + c_w L(s^*) \leqslant c_2(s^*-1) + c_w L(s^*-1) \\ c_2 s^* + c_w L(s^*) \leqslant c_2(s^*+1) + c_w L(s^*+1) \end{cases}$$

由此可得：

$$L(s^*) - L(s^*+1) \leqslant \frac{c_2}{c_w} \leqslant L(s^*-1) - L(s^*)$$

令
$$\theta = \frac{c_2}{c_w}$$

依次计算 $s=1,2,\cdots$ 时 $L_{(S)}$ 值及每一差值 $L_{(S)}-L_{(S+1)}$，根据 θ 落在哪两个差值之间即可确定 s^*。

例 7-12 某检验中心为各工厂服务，要求进行检验的工厂（顾客）的到来服从泊松分布，平均到达率为 $\lambda=48$ 次/天；每次检验由于停工等原因损失 6 元；服务（检验）时间服从负指数分布，平均服务率为 $\mu=25$ 次/天；每设置一个检验员的服务成本为 4 元/天，其他条件适合 $M/M/s/\infty$ 系统。问设几个检验员可使总费用的平均值最少？

解：由题意知，这是一个 $M/M/s/\infty$ 系统，有：

$c_2=4$ 元/天，$c_w=6$ 元/次，$\lambda=48$ 次/天，$\mu=25$ 次/天，$\delta=\frac{\lambda}{\mu}=\frac{48}{25}=1.92$

得：
$$P_0 = \left[\sum_{k=0}^{s-1} \frac{(1.92)^k}{k!} + \frac{(1.92)^s}{(s-1)!(s-1.92)}\right]^{-1}$$

$$L_s = L_q + \delta = \frac{(1.92)^{s+1}}{(s-1)!(s-1.92)^2}P_0 + 1.92$$

将 $s=1,2,3,4,5$ 依次代入得到表 7-2。

由于 $\frac{c_2}{c_w} = \frac{4}{6} = 0.67$ 落在区间（0.582, 21.845），故 $s^*=3$，即当设 3 个检验员时可使总费用 $f(s)$ 最小，最小值为

$$f(s^*) = f(3) = 27.87 \text{ 元}$$

表 7-2

检验员数 s	平均顾客数 $L_{(s)}$	$L_{(s)}-L_{(s+1)} - L_{(s-1)}-L_{(s)}$	总费用 $f(s)$ /（元·天$^{-1}$）
1	∞		∞
2	24.49	21.845 ~ ∞	154.94
3	2.645	0.582 ~ 21.845	27.87
4	2.063	0.111 ~ 0.582	28.38
5	1.952		31.71

知识总结

（1）排队是社会普遍存在的现象。若提高服务水平，则可以减少顾客的等待费用，但会增加服务机构的服务费用。因此，这两者是一对矛盾体。学习排队论的目的就是使总费用（服务费用和等待费用）最小，使系统达到最优化。

（2）排队系统构成要素包括输入、排队及排队规则、服务台和输出四个要素。排队系统的数量指标有队长和排队长、等待时间和逗留时间、忙期和闲期等。到达间隔分布和服务时间分布有经验分布、泊松分布、负指数分布和爱尔朗分布。

(3) 单服务台排队服务系统中着重了解标准的 M/M/1 模型、M/M/1/N/∞ 模型和 M/M/1/∞/m 模型。在简单的多服务台排队服务系统中着重了解 M/M/c/∞/∞ 模型、M/M/c/N/∞ 模型和 M/M/c/∞/m 模型。

(4) 在排队系统的最优化问题中，着重关注 M/M/1/∞ 系统的最优平均服务率以及 M/M/s/∞ 系统的最优服务台数。

思政融合

遵守规则，好好排队，守护文明：

日常生活中存在大量有形和无形的排队或拥挤现象。排队论就是一套数学理论与模型，力图模拟各种常见的排队等待模型，其系统有两个非常重要的输入要素：排队规则、服务规则。任何打乱其系统规则的行为都会破坏好不容易建立起来的文明排队系统，侵犯他人利益。

自测练习

7.1 排队系统的构成要素有哪几部分？简述各部分内容。

7.2 排队系统模型的分类有哪些？

7.3 汽车平均以每 5 分钟 1 辆的到达率去某加油站加油，到达过程为泊松过程。该加油站只有 1 台加油设备，加油时间服从负指数分布，且平均需要 4 分钟。求：

(1) 加油站内平均汽车数；

(2) 每辆汽车平均等待加油的时间。

7.4 某机关接待室有一位对外接待人员，由于接待室内面积有限，只能安排 3 个座位供来访人员等候，一旦满座，后来者将不再进入等候。若来访人员按泊松流到达，则平均间隔时间为 80 分钟，接待时间服从负指数分布，平均接待时间为 50 分钟。试求任一位来访人员的平均等待时间。

7.5 设有一名工人负责照管 6 台自动机床，当机床需要加料、发生故障或刀具磨损时就自动停车，等待工人照管。设平均每台机床两次停车的间隔时间为 1 小时，又设平均需要工人照管的时间为 0.1 小时，以上两者均服从负指数分布，试计算：

(1) 出故障的平均机床数；

(2) 等待修理的平均机床数；

(3) 平均停工时间；

(4) 平均等待修理的时间。

7.6 某储蓄所有 2 个储蓄柜台，顾客平均到达率为每小时 14 人，每个柜台的平均服务率为每小时 10 人，已知顾客到达为泊松流，服务时间服从负指数分布，顾客到达后排成一队，依次向空闲窗口移动，试求系统运行指标。

7.7 有 2 名维修工负责维修 6 台机器，每台机器正常运转的时间服从负指数分布，平均为 1 小时；每台机器修理时间服从负指数分布，平均为 15 分钟。试求：

(1) 需要修理机器的平均数；
(2) 等待修理机器的平均数；
(2) 每台机器的平均停工时间。

7.8 设货船按泊松流到达港口，平均到达率为每天 50 艘。港口卸货时间服从负指数分布，平均卸货率为 μ，每天卸货费用为 $1\,000\mu$，货船在港口停泊一天的费用为 500 元。求港口最优卸货率。

7.9 某厂仓库负责向全厂工人发放材料。已知领料工人按泊松流到达，平均每小时来 20 人，发放时间服从平均值 4 分钟的负指数分布。每个工人去领料所造成的停工损失为每小时 60 元，仓库管理员每人每小时的服务成本为 5 元。问该仓库应配备几名管理员才能使总费用的期望值最小？

第 8 章 存储论

知识要点

了解存储论所涉及的常用概念，明晰不同存储策略特征；掌握瞬时进货模型、逐渐进货模型及在允许或不允许缺货条件下最佳订货量和最佳订货时间等参数的分析；了解随机库存模型中的 (T, s, S) 存储策略、报童问题及其计算方法。

核心概念

存储论（Inventory Theory）
经济订货批量（Economic Order Quantity，EOQ）
订货点（Order Point）
报童问题（Newsboy Problem）

典型案例

喷墨打印机系列是惠普公司最成功的产品之一，自上市后销售额稳步上升。但随着销售额的上升，其库存也不断上升，惠普配送中心的货盘上放满了喷墨打印机。更糟糕的是，惠普欧洲分公司声称，为了保证各种产品的供货让客户满意，要进一步增加库存水平。每个季度，来自欧洲、亚太地区和北美三地的生产部、物料部和配送部的代表们聚在一起，但其相互冲突的目标阻止了他们在库存这一话题上达成共识。

惠普公司温哥华分部物料部门的特殊项目经理布伦特看出，惠普当时主要存在两个问题：第一个问题是找出一种好方法，既能随时满足顾客对各种产品的需求，又可尽量减少库存；第二个问题更棘手，是要在各部门之间，就正确的库存水平达成一致意见，这需要开发一个设置和实施库存目标的持续方法，并让所有部门在上面签字，以便采纳。

思考：根据典型案例思考什么是库存？做好库存要考虑哪些方面的因素？

8.1 存储论概述

存储论也称库存论（Inventory Theory），是研究物资最优存储策略及存储控制的理论。物资的存储是经济生活中的常见现象。例如，为了保证正常生产，工厂不可避免地要存储一些原材料和半成品。当销售不畅时，工厂会形成一定的产成品存储（积压）；商品流通企业为了其经营活动，必须购进商品存储起来。但对企业来说，如果物资存储过多，不但会占用流动资金，而且还会占用仓储空间，增加保管成本，甚至还会因库存时间延长而使存货出现变质和失效，带来损失。反之，若物资存储过少，企业就会由于缺少原材料而被迫停产，或失去销售机会而减少利润，或由于缺货需要临时增加人力和成本。因此，寻求合理的存储量、订货量和订货时间是存储论研究的重要内容。

8.1.1 存储问题的要素

1. 需求（输出）

存储的目的是满足需求。因为未来的需求，故必须有一定的存储。从存储中取出一定数量，使存储数量减少，这就是存储的输出。有的需求是间断的，例如铸造车间每隔一段时间提供一定数量的铸件给加工车间。在间断性输出中，需求发生的时间极短，可视为瞬时发生，因而存储量的变化是跳跃式减少的，如图 8-1 所示。

有的需求是均匀连续的，例如在自动装配线上每分钟装配若干件产品或部件。在连续性输出中，随着时间的变化，需求连续地发生，因而存储量也连续减少，如图 8-2 所示。

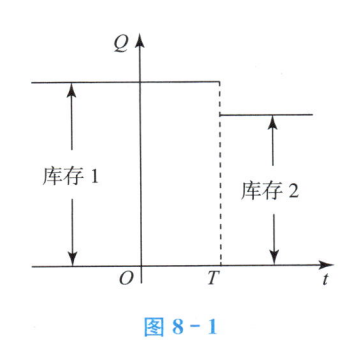

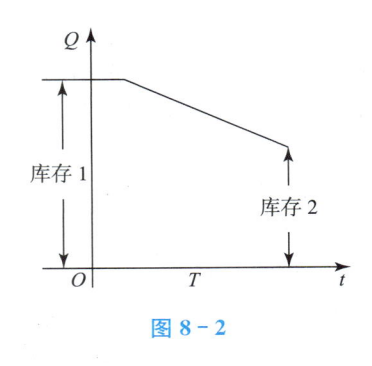

图 8-1

图 8-2

对于每次的需求量，有的需求是确定的，如生产企业在稳定生产的情况下，每月所需用的煤、电、各种原材料和零部件的数量；公交公司每天开出数量确定的公交车等。有的需求是随机的，输出也是随机的，如顾客到商店买某种商品，数量有时多、有时少，为随机事件。对于随机事件可以通过统计资料找出需求量的随机分布规律。图 8-3 所示为某种商品的需求量分布，由图 8-3 可知在某一时段内不同需求各占的比例，如需求量为 0～20 单位的占 4%、需求量为 40～50 单位的占 28%等。

图 8-3

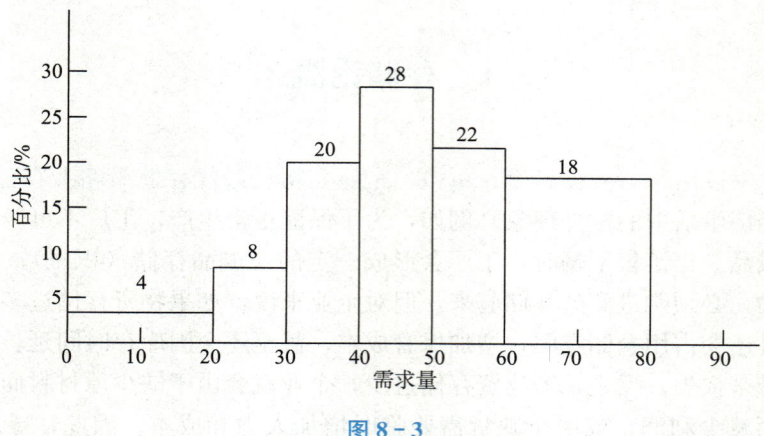

2. 补充

存储因需求而减少,必须进行补充,否则会因存储不足而无法满足需求。补充可选择外部订货的方式,这里订货一词具有广义的含义,不仅包括从外单位组织货源,有时由本单位组织生产或是车间之间、班组之间甚至前后工序之间的产品交接,也都可称为订货。

订货时要考虑从订货起到货物运到之间的滞后时间。滞后时间分为两部分,从开始订货到货物达到为止的时间称为拖后时间;另一部分时间为从开始补充到补充完毕为止的时间。滞后的出现使库存问题变得复杂,但存储量会因补充而增加。

3. 缺货的处理

由于需求或供货滞后具有随机性,因此可能发生缺货。对缺货的处理:在订货到达后不足部分立即补上或订货到达后其不足部分不再补充。

4. 费用

存储策略的衡量标准是考虑费用的问题,所以必须对有关的费用进行详细分析,存储系统中的费用通常包括订货费、存储费、缺货费及另外相关的费用。

$$KF = CF + QF + DF \tag{8-1}$$

式中:KF——库存费用,元;

CF——存储费,元;

QF——缺货费,元;

DF——订货费,元。

(1) 库存费用。

库存费用指在存仓储在仓库里的货物所需成本,是指一个组织所储备的所有物品和资源的成本。

(2) 存储费。

商品从入库到卖出这段时间内需要支付的成本总和叫存储费,其中包括仓库折旧费、管理费(包括管理人员工资,搬运工具折旧、维修等费用)、保险费、资金冻结的利息支出以及因货品陈旧、变质而损耗的费用。

(3) 订货费。

自订单发出到货品入库这一段时间内与订货有关的各项活动费称作订货费,它是由于订货而支付的成本。订货费包括采购人员工资、差旅费、货物运输费、搬运费及商品检验等各项费用的总和。显然,订货费与订货次数有直接关系。

(4) 缺货费。

缺货费是指所存储的物资供不应求所引起的损失费。它包括由于缺货所引起的生产、生活、利润和信誉等的损失费。其既与缺货数量有关,也与缺货时间有关。为讨论方便,假设缺货损失费与缺货的数量成正比,而与时间无关。

8.1.2 存储系统

存储系统包括补充(输入)、存储和需求(输出)三部分。最简单的存储系统只有一个存储点(仓库),复杂存储系统可以有多个存储点。其中,存储系统又分串联、并联和串并联三种形式。各种存储系统如图 8-4 所示。

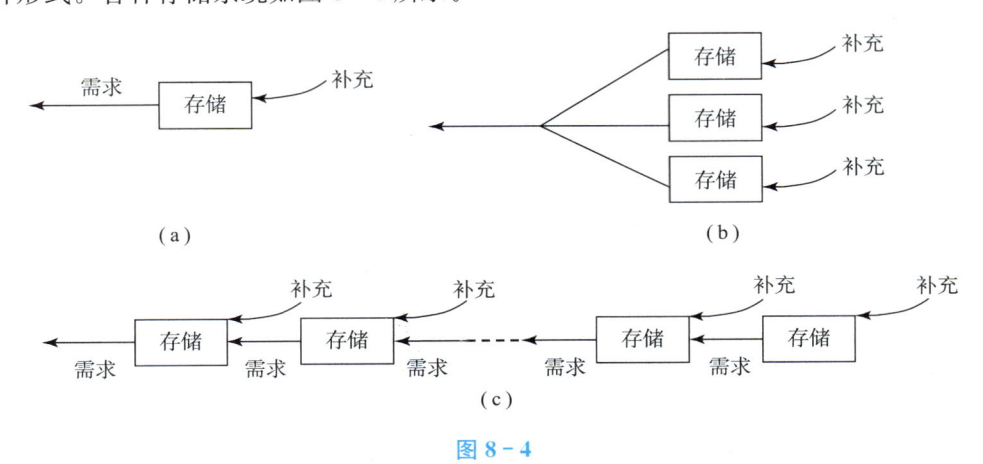

图 8-4
(a) 简单系统;(b) 并联系统 (c) 串联系统

1. 存储策略

作为一个存储系统,其首要任务是做好补充存储工作。一般需要解决两个问题:一是何时补充(订货);二是补充(订货)多少,才能使总库存费用最少。常见的存储策略有以下几种类型。

(1) T 循环策略。

补充过程是每隔一个时段 T 补充一次,每次补充一个批量 Q,且每次补充可以瞬时完成,或补充过程极短,补充时间可不考虑。这就是 T 循环策略,如图 8-5 所示。这种存储策略适用于需求确定的情况。

(2) (s,S) 型策略。

如图 8-6 所示,当仓库物资存储量下降到安全存储量 s 时,便开始补充存储量,补充后存储量达到最大存储量 S 水平。因为需求的随机性,所以库存降至 s 的时间长短不一样,这就使订货时间和订货次数很难确定,但每次订货量 (s,S) 不变。

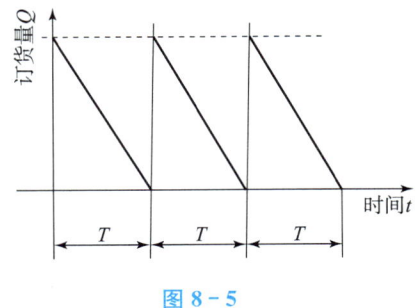

图 8-5

图 8-6

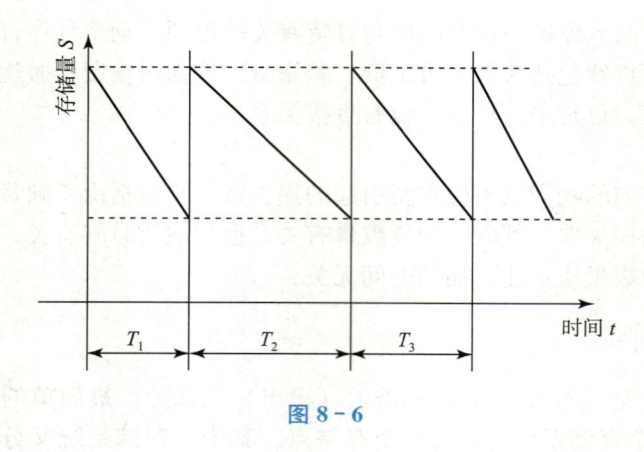

(3) (T, S) 型策略。

每隔一个时段 T 盘点一次，并及时补充，每次补充到库存水平 S，因此每次补充量 Q_i 为一变量，即：

$$Q_i = S - Y_i$$

式中：Y_i——库存量。

(4) (T, s, S) 型策略。

每隔一个时段 T 盘点一次，当发现库存量小于保险库存量 s 时，就补充到库存水平 S，即当 $Y_i < s$ 时，补充 $S - Y_i$；当 $Y_i \geqslant s$ 时，不予补充。

(5) (s, Q) 型策略。

连续盘点，一旦库存水平小于 s，立即发出订单，其订货量为常数 Q；若库存水平大于等于 s，则不订货。s 称为订货点库存水平。

当然，实际存储问题远不止这些策略，且存储系统的结构形式也越来越复杂。在实际仓库管理中确定存储策略时，关键是要把实际问题抽象为数学模型，建立目标函数。在建立模型的过程中，对一些复杂的条件应尽量加以简化，只要它能反映问题的本质就可以了。模型建立以后须对目标函数用数学的方法加以研究，通过计算、分析，求出最佳存储策略。存储问题经过长期研究已得出一些行之有效的模型。从存储模型来看大体可分为两类：一类叫确定性存储模型，即模型中的数据皆为确定的数值；另一类叫随机性模型，即模型中含有随机变量，而不都是确定的数值。

8.2 ABC 管理

8.2.1 ABC 分类法的基本思想

1951 年，美国通用电气公司的迪克在对公司的库存产品进行分类时，首次提出将公司的产品根据销售量、现金流量、前置时间或缺货成本，分成 A、B、C 三类。A 类库存为重要的产品，B 类和 C 类库存依次为次重要的产品和不重要的产品。

ABC 分类法的基本原理是，将库存物料按品种和占用资金的多少分为非常重要的物料（A 类）、一般重要的物料（B 类）和不太重要的物料（C 类），然后针对不同重要级别分别进行管理与控制。其核心是"分清主次，抓住重点"。

> **知识链接**

1879 年，意大利经济学家帕累托在研究米兰的财富时发现，占人口总数较小比例的人口却拥有占财富总数很大比例的财富，而占人口总数很大比例的人口却只拥有占财富总数很小比例的财富，这一现象也广泛存在于社会的其他领域，被总结为"关键的少数和次要的多数"，称为帕累托原则，也叫 80/20 原则。例如在库存管理中，一个仓库存放的物料品种成千上万，但是在这些物料中，只有少数品种价值高、销售速度快、销售量大、利润高，构成仓库利润的主要部分，而大多数品种价值低、销售速度慢、销售量小、利润低，只能构成仓库利润的极小部分。

ABC 分类法的标准：

A 类：品种数目占总品种数目的 10%左右，资金额占总库存资金额的 70%左右；

B 类：品种数目占总品种数目的 20%左右，资金额占总库存资金额的 20%左右；

C 类：品种数目占总品种数目的 70%左右，资金额占总库存资金额的 10%左右。

如果用累计品种百分比曲线表示（又称帕累托曲线），可以清楚地看到 A、B、C 三类物料在品种和库存资金占用额上的比例关系，如图 8-7 所示。

由图 8-7 可以看到，A 类物料的品种数量很少，但占用了大部分库存资金额，因此，物料品种数量增加时，库存资金累计额百分比增长很快，曲线很陡；B 类物料的品种数量累计百分比与库存资金累计额百分比基本相等，因此曲线较平缓；C 类物料品种数量很多，但是库存资金累计额百分比很小，因此曲线十分平缓，基本呈水平状。

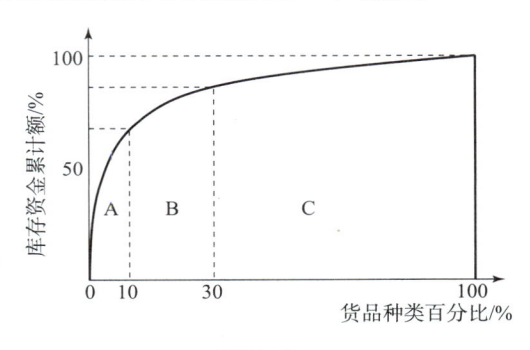

图 8-7

8.2.2 ABC 分类实施的步骤

（1）收集库存物料在某一段时间的品种数、购买单价、需求量等资料；
（2）将库存物料按占用资金的大小顺序排列，编制 ABC 分类汇总表；
（3）计算库存物料品种数的百分比和累计百分比；
（4）计算库存物料占用资金的百分比和累计百分比；
（5）按照分类标准编制 ABC 分析表进行分类，确定 A、B、C 各类物料。

例 8-1 某公司对上一年度的二十种库存物料进行了平均需求量和平均购买价格统计，见表 8-1。为了对这些库存物料进行有效的控制，公司决定采用 ABC 分类法。试用 ABC 分类法对该公司的库存物料进行分类。

表 8-1

物料编号	年需求量	单位价格/元	占用库存资金额/元	物料编号	年需求量	单位价格/元	占用库存资金额/元
W0001	5	210	1 050	W0011	10	8	80
W0002	75	15	1 125	W0012	25	60	1 500
W0003	2	3 010	6 020	W0013	90	110	9 900
W0004	2 000	5	10 000	W0014	200	950	190 000
W0005	700	80	56 000	W0015	50	80	4 000
W0006	1	18 000	18 000	W0016	1 500	140	210 000
W0007	250	10	2 500	W0017	150	10	1 500
W0008	10 000	5	50 000	W0018	20	50	1 000
W0009	400	30	12 000	W0019	350	20	7 000
W0010	650	25	16 250	W0020	65	75	4 875

解： 第一步，将库存物料按占用库存资金额的大小顺序排列，编制 ABC 分类汇总表，见表 8-2。

表 8-2

物料编号	占用库存资金额/元	占用库存资金额的百分比/%	累计占用库存资金/元	累计占用库存资金额百分比/%	物料品种数	物料品种数百分比/%	累计物料品种数	累计物料品种数百分比/%
W0016	210 000	34.84	210 000	34.84	1	5	1	5
W0014	190 000	31.52	400 000	66.36	1	5	2	10
W0005	56 000	9.29	456 000	75.65	1	5	3	15
W0008	50 000	8.29	506 000	83.94	1	5	4	20
W0006	18 000	2.99	524 000	86.93	1	5	5	25
W0010	16 250	2.70	540 250	89.62	1	5	6	30
W0009	12 000	1.99	552 250	91.61	1	5	7	35
W0004	10 000	1.66	562 250	93.27	1	5	8	40
W0013	9 900	1.64	572 150	94.92	1	5	9	45
W0019	7 000	1.16	579 150	96.08	1	5	10	50
W0003	6 020	1.00	585 170	97.08	1	5	11	55
W0020	4 875	0.81	590 045	97.88	1	5	12	60
W0015	4 000	0.66	594 045	98.55	1	5	13	65
W0007	2 500	0.41	596 545	98.96	1	5	14	70
W0012	1 500	0.25	598 045	99.21	1	5	15	75

续表

物料编号	占用库存资金额/元	占用库存资金额的百分比/%	累计占用库存资金额/元	累计占用库存资金额百分比/%	物料品种数	物料品种数百分比/%	累计物料品种数	累计物料品种数百分比/%
W0017	1 500	0.25	599 545	99.46	1	5	16	80
W0002	1 125	0.19	600 670	99.65	1	5	17	85
W0001	1 050	0.17	601 720	99.82	1	5	18	90
W0018	1 000	0.17	602 720	99.99	1	5	19	95
W0011	80	0.01	602 800	100.00	1	5	20	100

第二步，按照分类标准，编制 ABC 分析表进行分类，确定 A、B、C 各类物料，见表 8-3。

表 8-3

类别	占用库存资金额分类标准	品种数	品种数百分比/%	累计品种数百分比/%	占用库存资金额/元	占用库存资金额的百分比/%	累计占用库存资金额百分比/%
A	19 000 元以上	2	10	10	400 000	66.36	66.36
B	12 000～190 000 元	5	25	35	152 250	25.25	91.61
C	12 000 元以下	13	65	100	50 550	8.39	100

第三步，确定 A、B、C 各类物料，即：

A 类物料：占用库存资金额为 190 000 元以上，物料编号为 W0016、W0014，品种数为 2；

B 类物料：占用库存资金额为 12 000～190 000 元，物料编号为 W0005、W0008、W0006、W0010、W0009，品种数为 5；

C 类物料：占用库存资金额为 12 000 元以下，物料编号为 W0004、W0013、W0019、W0003、W0020、W0015、W0007、W0012、W0017、W0002、W0001、W0018、W0011，品种数为 13。

8.2.3 ABC 分类管理的措施

对库存物料进行 ABC 分类后，仓库管理人员应根据企业的经营策略和 A、B、C 三类物料各自不同的特点对其实施相应的管理和控制。ABC 分类管理的措施如下。

1. A 类

A 类物料品种数量少，但占用库存资金额多，是企业非常重要的物料，要重点管理。

（1）在满足用户对物料需求的前提下，尽可能降低物料库存数量，增加订货次数，减少订货批量和安全库存量，避免浪费大量的保管费及积压大量资金。

（2）与供应商建立良好的合作伙伴关系，尽可能缩短订货提前期和交货期，力求供应商供货平稳，降低物料供应变动，保证物料及时供给。

（3）严格执行物料盘点制度，定期检查，严密监控，尽可能提高库存物料精度。

(4) 与用户勤联系、多沟通，了解物料需求的动向，尽可能正确地预测物料需求量。

(5) 加强物料维护和保管，保证物料的使用质量。

2. B 类

B 类物料品种数量和占用库存资金额都处于 A 类与 C 类之间，是企业一般重要的物料，可以采取比 A 类物料相对简单而比 C 类物料相对复杂的管理方法，即常规管理方法。B 类物料中占用库存资金额比较高的品种要采用定期订货方式或定期定量相结合的方式。另外，对物料需求量的预测精度要求不高，只需每天对物料的增减加以记录，到达订货点时以经济订货批量加以订货。

3. C 类

C 类物料品种数量多，但占用库存资金额少，是企业不太重要的物料，可以采取简单方便的管理方法。

（1）减少物料的盘点次数，对部分数量很大、价值很低的物料不纳入日常盘点范围，并规定物料最少出库的数量，以减少物料出库次数。

（2）为避免缺货现象，可以适当提高物料库存数量，减少订货次数，增加订货批量和安全库存量，减少订货费用。

（3）尽量简化物料出库手续，方便领料人员领料，采取"双堆法"控制库存。

ABC 分类控制的目标是把重要的物料与不重要的物料区分开来，并且区别对待，企业在对 A、B、C 三类物料进行分类控制时，还需要注意以下几个方面：

（1）ABC 分类与物料单价无关。A 类物料占用库存资金额很高，可能是单价不高但需求量极大的组合，也可能是单价很高但需求量不大的组合。与此相类似，C 类物料可能是单价很低，也可能是需求量很小。通常对于单价很高的物料，在管理控制上要比单价较低的物料更严格，并且可以取较低的安全系数，同时加强控制，降低因安全库存量减少而引起的风险。

（2）有时仅依据物料占用库存资金额的大小进行 ABC 分类是不够的，还需以物料的重要性作为补充。物料的重要性主要体现在缺货会造成停产或严重影响正常生产、缺货会危及安全和缺货后不易补充三个方面。对于重要物料，可以取较高的安全系数，一般为普通物料安全系数的 1.2~1.5 倍，以提高可靠性，同时加强控制，降低缺货损失。

（3）进行 ABC 分类时，还要对诸如采购困难问题，可能发生的偷窃、预测困难问题，物料的变质或陈旧、仓容、需求量大小和物料在经营上的急需情况等因素加以认真考虑，做出适当的分类。

（4）可以根据企业的实际情况，将库存物料分为适当的类别，并不要求局限于 A、B、C 三类。

（5）分类情况不反映物料的需求程度，也不揭示物料的获利能力。

知识链接

CVA 管理法

CVA（Critical Value Analysis）管理法即关键因素分析法，其主要是由于 ABC 分类法中 C 类货物得不到足够的重视，往往因此而导致生产停工，故引进 CVA 管理法来对 ABC 分类法进行有益的补充。它将货物分为最高优先级、较高优先级、中等优先级、较低优先级四个等级，对不同等级的物资，允许缺货的程度不同。

8.3 库存控制技术

企业可以保持很多的库存，以致在任何可预见的需求水平都可以保证供应。但保持库存会导致费用支出和效率损失。如何让库存保持在一个合理的水平，即配送中心要确定补什么货、补货量是多少、什么时间补货。通常使用的库存控制技术有以下三种：定量订货法，即固定订货数量，可变订货间隔；定期订货法，即固定订货间隔，可变订货数量；需求驱动精益供应，即按生产需求的准确数量及时间订货。

8.3.1 定量订货法

定量订货法是指当库存量下降到预定的库存数量（订货点）时，按经济订货批量为标准进行订货的一种库存管理方式。

其基本原理是：预先确定一个订货点 ROL 和订货批量 Q^*（一般取经济批量 EOQ），在销售过程中，随时检查库存，当库存下降到 ROL 时，就发出一个订货批量 Q^*，如图 8-8 所示。

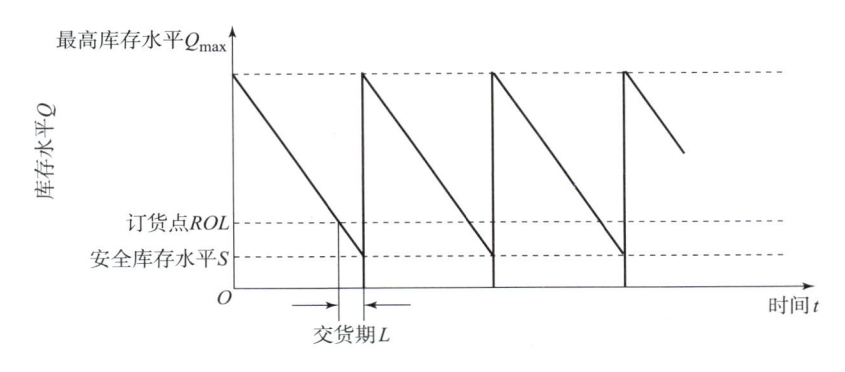

图 8-8

1. 订货点的确定

在定量订货法中，发出订货时仓库里该品种保有的实际库存量叫作订货点，它是直接控制库存水平的关键。

（1）在需求量和订货提前期都确定的情况下，不需要设置安全库存，可直接求出订货点。公式如下：

$$\text{订货点} = \text{订货提前期的平均需求量}$$
$$= \text{每个订货提前期的需求量}$$
$$= \text{每天需求量} \times \text{订货提前期（天）}$$
$$= (\text{全年需求量}/360) \times \text{订货提前期（天）}$$

即：

$$ROL = R_d \times L \tag{8-2}$$

式中：R_d——需求或使用速度；
　　　L——订货提前期。

(2) 需求量变化，提前期固定时。

　　　　订货点 ＝订货提前期的平均需求量＋安全库存
　　　　　　　＝(单位时间的平均需求量×订货提前期)＋安全库存

即：

$$ROL = (\bar{R}_d \times L) + S \tag{8-3}$$

式中：$\bar{R}_d$——单位时间的平均需求量；
　　　S——安全库存量。

在这种情况下，安全库存量的计算公式为

$$S = zQ_d\sqrt{L} \tag{8-4}$$

式中：Q_d——提前期内的需求量的标准差；
　　　L——订货提前期（月/天/周）；
　　　z——预定客户服务水平下需求量变化的安全系数，它可以根据预定的服务水平，由正态分布表 8-4 查出。

表 8-4

服务水平	0.999 8	0.99	0.98	0.95	0.90	0.80	0.70
安全系数	3.50	2.33	2.05	1.65	1.29	0.84	0.53

(3) 需求量固定，提前期变化时。

　　　　订货点＝订货提前期的需求量＋安全库存
　　　　　　＝(单位时间的需求量×平均订货提前期)＋安全库存

即：

$$ROL = (R_d \times \bar{L}) + S \tag{8-5}$$

式中：$\bar{L}$——平均订货提前期。

在这种情况下，安全库存量的计算公式为

$$S = zR_dQ_t \tag{8-6}$$

式中：Q_t——提前期的标准差。

(4) 需求量和提前期都随机变化时。

　　　　订货点 ＝订货提前期的需求量＋安全库存
　　　　　　　＝(单位时间的平均需求量×平均订货提前期)＋安全库存

即：

$$ROL = (\bar{R}_d \times \bar{L}) + S \tag{8-7}$$

在这种情况下，安全库存量的计算公式为

$$S = z\sqrt{Q_d^2\bar{L} + \bar{R}_t^2 Q_t^2} \tag{8-8}$$

2. 订货批量的确定

国家标准 GB/T 18354—2006《物流术语》中经济订货批量（Economic Order Quantity，

EOQ）是通过平衡采购进货成本和保管仓储成本核算，以实现总库存成本最低的最佳订货量。

订货批量就是一次订货的数量，它直接影响库存量的高低，同时也直接影响物资供应的满足程度。在定量订货中，对每一个具体的品种而言，每次订货批量都是相同的，通常是以经济批量作为订货批量。

为便于讨论，模型假设如下：

（1）需求量确定并已知，整个周期内的需求是均衡的。
（2）供货周期固定并已知。
（3）集中到货，而不是陆续入库。
（4）不允许缺货，能满足所有需求。
（5）购买价格或运输费率等是固定的，并与订购的数量、时间无关。
（6）没有在途库存。
（7）只有一项商品库存，或虽有多种库存，但各不相关。
（8）资金可用性无限制。

在以上假设前提下，简单模型只考虑两类成本，即库存持有成本与采购订货成本。总库存成本与订货量的关系如图 8-9 所示。

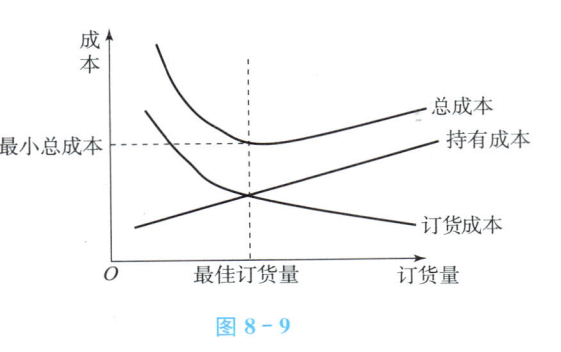

图 8-9

思政融合

积极化解内在矛盾：
在 EOQ 模型的推导过程中，持有成本和订货成本是两个典型的具有背反关系、此消彼长的两个成本，看似不可调和，但是通过数学的计算，可以找到使总成本最低的 EOQ 点。现实工作和生活中，同样会存在很多其他内在矛盾，但是我们总可以通过积极的手段去化解它们。

基于上述假设，年总库存成本可由下面公式表示：

$$TC = DP + \frac{DC}{Q} + \frac{QK}{2} \tag{8-9}$$

式中：TC——年总成本；
D——年需求量；
P——单位产品价格；
C——每次订货成本；
Q——订货批量；
K——单位产品持有成本。

为了获得使总成本达到最小的 Q，即经济订货批量，将 TC 函数对 Q 微分：

$$EOQ = \sqrt{\frac{2CD}{K}} \quad \text{或} \quad EOQ = \sqrt{\frac{2CD}{PF}} \tag{8-10}$$

式中：F——年持有成本率。

例 8-2 某仓库 A 商品年需求量为 30 000 个，单位商品的购买价格为 20 元，每次订货成本为 240 元，单位商品的年保管费为 10 元。

求：在保证供应的条件下，该商品的经济订货批量、每年的订货次数、平均订货间隔周期及最低年总库存成本。

解：由题意知，$D=30\ 000$ 个，$P=20$ 元，$C=240$ 元，$K=10$ 元。

经济批量：

$$EOQ = \sqrt{\frac{2CD}{K}} = \sqrt{\frac{2 \times 240 \times 30\ 000}{10}} = 1\ 200\ (个)$$

每年的订货次数：

$$N = 30\ 000/1\ 200 = 25\ (次)$$

平均订货间隔周期：

$$T = 365/25 = 14.6\ (天)$$

最低年总库存成本：

$$TC = DP + \frac{DC}{EOQ} + \frac{QK}{2}$$

$$= 30\ 000 \times 20 + \frac{30\ 000 \times 240}{1\ 200} + \frac{1\ 200 \times 10}{2} = 606\ 600\ (元)$$

上述模型是较理想的假设，而在实际订货过程中，会涉及很复杂的情况，这样的假设条件也会越来越少，如在订货的过程中有一定的价格折扣或补货的速度有一定的变化等，对于不同的企业和不同的商品都会有一定的差别。

对于订购商品价格随批量不同有折扣时，有必要确定在各种减价水平的持有成本和订货成本。通过比较不同价格水平下发生的总成本的大小来确定批量。

对于库存被连续补充时，库存一方面被逐渐地补充，一方面又在逐渐地被提取，以满足企业生产需求。此时要求库存供应速度必须高于内部及外部用户的需求速度，否则易造成供应中断。其计算公式如下：

$$EOQ = \sqrt{\frac{2CD}{PF\left(1 - \dfrac{R_d}{R_s}\right)}} \tag{8-11}$$

式中：R_d——需求速度；

R_s——合约约定供应速度。

例 8-3 某仓库 A 商品年需求量为 30 000 个，单位商品的购买价格为 20 元，每次订货成本为 240 元，单位商品的年保管费为 10 元。该仓库在采购中发现，A 商品供应商为了促销，采取以下折扣策略：一次购买 1 000 个以上打 9 折；一次购买 1 500 个以上打 8 折。若单位商品的仓储保管成本为单价的一半，则求在保证供应的条件下，甲仓库的最佳经济订货批量应为多少？

解：根据题意列出多重折扣价格，见表 8-5。

表 8-5

折扣区间	0	1	2
折扣点/个	0	1 000	1 500
折扣价格/(元·个$^{-1}$)	20	18	16

(1) 计算折扣区间 1 的经济批量。

$$EOQ_1^* = \sqrt{\frac{2CD}{K}} = \sqrt{\frac{2 \times 240 \times 30\ 000}{18 \times 0.5}} = 1\ 265\ （个）$$

由于 1 000＜1 265＜1 500，所以取 1 265 个。

(2) 计算折扣区间 2 的经济批量。

$$EOQ_2^* = \sqrt{\frac{2CD}{K}} = \sqrt{\frac{2 \times 240 \times 30\ 000}{16 \times 0.5}} = 1\ 342\ （个）$$

由于 1 342＜1 500，所以取 1 500 个。

(3) 计算 TC_1 和 TC_2 对应的年总库存成本。

$TC_1 = DP_1 + DC/Q_1^* + Q_1^* K/2 = 30\ 000 \times 18 + 30\ 000 \times 240/1\ 265 + 1\ 265 \times 10/2$
　　　$= 552\ 016.7\ （元）$

$TC_2 = DP_2 + DC/Q_2 + Q_2 K/2 = 30\ 000 \times 16 + 30\ 000 \times 240/1\ 500 + 1\ 500 \times 10/2$
　　　$= 492\ 300\ （元）$

由于 $TC_2 < TC_1$，所以在批量折扣的条件下，最佳订货批量 EOQ^* 为 1 500 个。

8.3.2　定期订货法

定期订货法是按预先确定的订货间隔期进行订货的一种库存管理方式。

其基本原理是：预先确定一个订货周期 T 和最高库存量 Q_{max}，周期性的检查库存，根据最高库存量、实际库存、在途订货量和待出库商品数量，计算出每次订货批量，发出订货指令，组织订货，如图 8-10 所示。

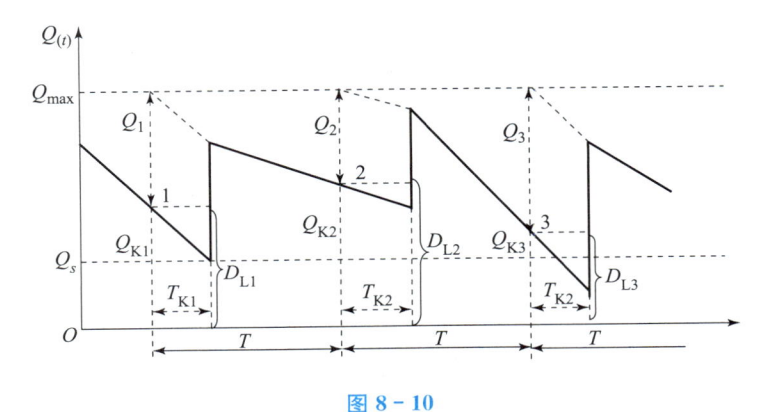

图 8-10

在系统运行之前，先确定好订货周期，假设为 T；确定好仓库库存控制的最高库存量，假设为 Q_{max0}。库存销售按正常规律进行。假设在时间轴的 O 点开始运行定期订货法，这时检查库存量，库存水平在 1 点，库存量假设为 Q_{K1}，则发出订货，订货量取 Q_{K1} 与 Q_{max} 的差值，即第一次的订货量 $Q_1 = Q_{max} - Q_{K1}$。随后进入第一个订货提前期 T_{K1}，提前期结束，所

谓 Q_1 的货物到达，实际库存一下升高了 Q_1，到达高库存。然后进入第二个周期的销售，销售仍然按正常进行，销售过程中可以不管库存量的变化。待经过一个订货周期 T，到了按订货周期该订货的时间，再检查库存量，假设此时（2 点）的库存量为 Q_{K2}，就又发出订货量 Q_2，Q_2 的大小等于 Q_{K2} 与 Q_{max} 的差值。随后进入第二个订货提前期 T_{K2}，提前期 T_{K2} 结束，所订货物 Q_2 到达，将实际库存量又一下提高到高库存。随后进入第三个销售周期，到了下一个订货日，又检查库存、发出订货。这样继续下去。

为什么这样操作能起到既控制库存量又保证满足客户需要的目的呢？

控制库存量是很明显的，整个运行过程的最高库存量不会超过 Q_{max}。实际上，刚订货时，包括订货量在内的"名义"库存量最高就是 Q_{max}，待经过一个订货提前期销售，所订货物实际到达，实际最高库存量比 Q_{max} 还少一个提前期平均需求量，即等于 $Q_{max}-D_{LP}$，所以 Q_{max} 实际上就是最高库存量的控制线，它是定期订货法用以控制库存量的一个关键性的控制参数。

定期订货法如何保证客户需求的满足程度呢？定期订货法在保证用户需求满足程度方面的方法与原理和定量订货法不同。定量订货法是以提前期用户需求量为依据，制定策略的目的是保证提前期内客户需求量的满足程度，它的决策参数 Q_T 就是只能按一定满足程度来保证满足提前期内客户的需求量。定期订货法不是以满足提前期内的客户需求量为目的，而是以满足订货周期内的需求量再加上满足提前期内客户的需求量为目的，即以满足 $T+T_K$ 期间的客户总需求量为目的。它是根据 $T+T_K$ 期间的客户总需求量为依据来确定 Q_{max} 的。因为 $T+T_K$ 期间的总需求量也是随机变化的，所以其也是一个随机变量，其值也是由两部分构成，一部分是 $T+T_K$ 期间的平均需求量，另外一部分是为预防随机性延误而设置的安全库存量。而安全库存量的大小也是根据一定的库存满足率而设置的，库存满足率越高，则安全库存量越多，Q_{max} 也越大，库存满足程度也越高。

定期订货法的实施主要取决于以下三个控制参数：

1. 订货周期（T）

定期订货法中，订货周期决定了订货时机，它也就是定期订货法的订货点。订货间隔期的长短，直接决定了最高库存量的大小，也就是决定了仓库库存水平的高低，因而决定了库存费用的大小。所以订货周期不能太大，太大了，就会使库存水平过高；也不能太小，太小了，订货批次太多，会增加订货费用。其计算公式为

$$T = \frac{EOQ}{D} = \sqrt{\frac{2C}{KD}} \qquad (8-12)$$

式中：T——订货周期；

D——年需求量；

C——每次订货成本；

K——单位产品持有成本。

2. 最高库存量（Q_{max}）

定期订货法的最高库存量应该以满足订货时间间隔期间的需求量为依据。最高库存量的确定应满足三个方面的要求，即订货周期的要求、交货期或订货提前期的要求和安全库存。其计算公式为

$$Q_{max} = tR_d(T+L) + S \qquad (8-13)$$

式中：R_d——需求速度；

L——平均订购时间；

S——安全库存量。

S的计算方法同前，现归纳见表8-6。

表8-6

变化情况 计算参数	需求量变化， 提前期固定时	需求量固定， 提前期变化时	需求量和提前期都随机 变化时
安全库存量（S） 计算公式	$S=zQ_d\sqrt{L+T}$	$S=zR_dQ_l$	$S=z\sqrt{Q_d^2(\overline{L+T})+R_l^2\overline{Q_l^2}}$

3. 订货量（Q）

定期订货法没有固定不变的订货批量，每个周期订货量的大小都是由当时实际库存量的大小确定的，等于当时实际库存量与最高库存量的差值。其计算公式为

$$Q=Q_{max}-Q_0-Q_1+Q_2=R_d(T+L)+S-Q_0-Q_1+Q_2 \qquad (8-14)$$

式中：Q_0——现有库存量；

Q_1——在途库存量；

Q_2——已经售出但尚未提货的库存量。

8.4 瞬时进货模型

在存储控制管理中，基于物资需求率是在确定的条件下所建立的存储模型，称为确定性存储模型。在模型中不含随机变量。

8.4.1 瞬时进货、不允许缺货模型

瞬时进货、不允许缺货模型属于确定性模型之一。该存储模型的特点是：需求是连续均匀的，需求（即销售）的速度为R，不允许发生缺货；一旦存储量下降至零，则通过订货立即得到补充（补充时间极短），即货物瞬时到达，如图8-11所示。

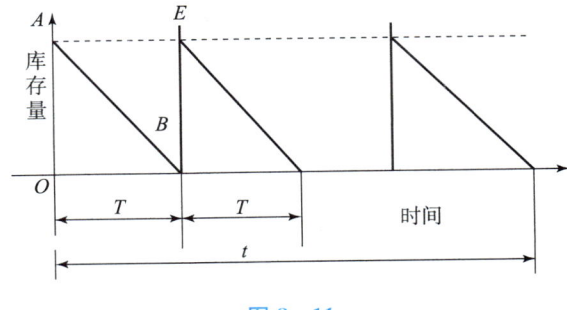

图8-11

销售开始时库存量为OA，随着均匀销售而降到零，即到达点B，通过订货库存量立即补充为$BE(BE=OA)$，之后再销售并重复下去。显然这是一种T形循环策略。

1. 模型假设

（1）需求是连续均匀的，需求速度为常数 R，在时间 t 内的需求量为 Rt。
（2）单位货物的存储费为 C_1，每次订货费为 C_3，且均为常数。
（3）每次订货量都相同，均为 Q。
（4）订货周期 T 固定。
（5）缺货费用为无穷大。

2. 模型建立

从一个计划期 t 内的订货情况来考虑，由于不允许缺货，库存费用就不存在缺货费一项。因此，建立库存费用的数学模型为

$$KF = CF + DF \tag{8-15}$$

下面来讨论，如何根据式（8-15）求得最佳订货量 Q。

由假设条件可计算在一个计划期内的订货次数为

$$n = \frac{Rt}{Q} \tag{8-16}$$

两次订货的时间间隔，即订货周期为

$$T = \frac{Q}{R} \tag{8-17}$$

又由图 8-11 可知，在一个存储周期里货物的存储量为 $\triangle AOB$ 的面积，即 $\frac{1}{2}QT$。据上述条件计算出订货费 DF 和存储费 CF：

$$DF = C_3 n = C_3 \frac{Rt}{Q}$$

$$CF = C_1 \frac{1}{2} QTn = C_1 \frac{1}{2} Q \frac{Q}{R} \frac{Rt}{Q} = \frac{1}{2} C_1 Qt$$

将上述两式分别代入式（8-15），可得库存费用计算公式：

$$KF = CF + DF = \frac{1}{2} C_1 QT + C_3 \frac{Rt}{Q} \tag{8-18}$$

为求得最小库存费用，要对式（8-18）求导，并令一阶导数等于零，便得到最佳订货量 Q^*，即：

$$\frac{\mathrm{d}(KF)}{\mathrm{d}Q} = \frac{1}{2} C_1 t - \frac{C_3 Rt}{Q^2} = 0$$

$$Q^* = \sqrt{\frac{2C_3 R}{C_1}} \tag{8-19}$$

将最佳订货量 Q^* 代入式（8-16）、式（8-17）和式（8-18），可得到最佳订货次数、最佳订货期和最小库存费的计算公式。

最佳订货次数：

$$n^* = \frac{Rt}{Q^*} = \sqrt{\frac{C_1 R}{2C_3}} t \tag{8-20}$$

最佳订货周期：

$$T^* = \frac{Q^*}{R} = \sqrt{\frac{2C_3}{C_1 R}} \tag{8-21}$$

最小库存费用：

$$\min KF = \frac{1}{2}C_1 Q^* t + C_3 \frac{Rt}{Q^*} = \frac{1}{2}C_1 \sqrt{\frac{2C_3 R}{C_1}} t + C_3 \frac{Rt}{\sqrt{\frac{2C_3 R}{C_1}}}$$

$$\min KF = \sqrt{2C_1 C_3 Rt} \qquad (8-22)$$

考查式（8-18），当一个计划期 t 的时间确定后，便可视其为常数，此时库存费用 KF 的值仅取决于订货量 Q 的大小。为了更直观地反映库存费用的构成及其与订货量的关系，可以用图形方式来描绘。图 8-12 显示出了订货量与 KF、CF、DF 的曲线关系，而最佳订货量 Q^* 对应的 KF 值就是最小库存费用，通常也称 Q^* 为经济订购量。

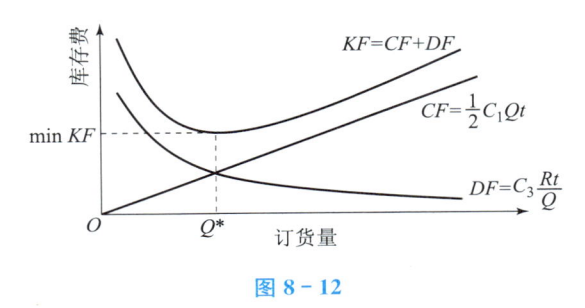

图 8-12

例 8-4 某液化气瓶供应站每天向辖区内用户供应液化气 100 瓶。已知每天每瓶液化气的存储费为 0.2 元，订购费用为每次 40 元。若以 150 天为一个计划期，求该液化气供应站的最佳订货量、最佳订货周期、最佳订货次数以及计划期内的最小库存费用。

解：由于 $R=100$ 瓶/天，$C_1=0.2$ 元/（瓶·天），$C_3=40$ 元/次，$t=150$ 天，则

$$Q^* = \sqrt{\frac{2C_3 R}{C_1}} = \sqrt{\frac{2\times 40\times 100}{0.2}} = 200（瓶／次）$$

$$T^* = \frac{Q^*}{R} = \sqrt{\frac{2C_3}{C_1 R}} = \sqrt{\frac{2\times 40}{0.2\times 100}} = 2（天）$$

$$n^* = \frac{Rt}{Q^*} = \frac{100\times 150}{200} = 75（次）$$

$$\min KF = \sqrt{2C_1 C_3 Rt} = \sqrt{2\times 0.2\times 40\times 100\times 150} = 6\,000（元）$$

值得注意的是，类似于本题中以瓶、件、辆等作为度量单位的商品或物资，在实际中是不能以小数存在的。因此，一旦在最佳订货量中计算出小数值，则应采用进一法取整数。

8.4.2 瞬时进货、允许缺货模型

瞬时进货、允许缺货模型和前述模型大致相同，只是在两次订货的间隔内有一段时间允许暂时缺货，待下次来货再补充货物短缺部分。该模型的存储状态如图 8-13 所示。货物以需求速度 R 均匀地下降至库存为零，但不立即补充，而是停止一段时间 T_2（缺货时间），待下个周期开始时通过订货进行补充。先补充短缺部分 S，再补充库存，这样完成计划期内的一个周期，然后重复下去。

允许缺货意味着货物的库存量可以相应减少，因而存储费可下降，相应地，缺货也会产生缺货费。当存储费的下降程度比缺货费的增加值大时，缺货便更为经济，也就形成了瞬时进货、允许缺货模型应用的前提。

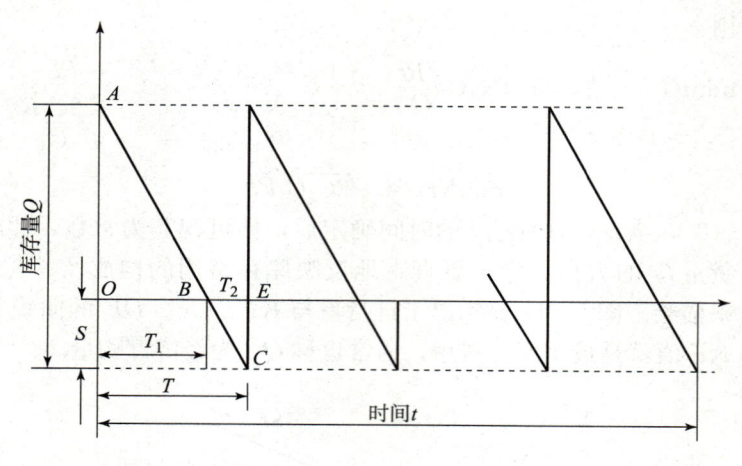

图 8-13

1. 模型假设

（1）需求是连续均匀的，需求速度为常数 R，时间 t 内的需求量为 Rt。
（2）单位货物的存储费为 C_1，单位缺货费为 C_2，每次订货费为 C_3，且都为常数。
（3）订货周期 T 固定，T 分为两段 T_1 和 T_2，T_2 为缺货时间。
（4）每一周期的缺货量相同，均为 S。
（5）每次订货量都相同，均为 Q。

2. 模型建立

建立库存费用在一个计划期 t 内的数学模型：

$$KF = CF + QF + DF \tag{8-23}$$

由假设条件可计算在一个计划期内的订货次数为 $n = \dfrac{Rt}{Q}$；同时一个周期 T 内的订货量应等于 Q，则订货周期为 $T = \dfrac{Q}{R}$。

一个周期内缺货量 S 应等于 RT_2，则 T_1 和 T_2 分别为

$$S = RT_2, T_2 = \frac{S}{R} \tag{8-24}$$

$$Q - S = RT_1, T_1 = \frac{Q-S}{R} \tag{8-25}$$

又由图 8-13 知，在 T_1 段货物的存储量为 $\dfrac{1}{2}(Q-S)T_1$（$\triangle AOB$ 的面积）；T_2 段货物的缺货量为 $\dfrac{1}{2}ST_2$（$\triangle BCE$ 的面积）。据上述条件计算库存费用各项，其中订货费仍为 $DF = C_3 \dfrac{Rt}{Q}$，存储费 CF 和缺货费 QF 的计算如下：

$$CF = C_1 \frac{1}{2}(Q-S)T_1 n = \frac{C_1(Q-S)^2 t}{2Q}$$

$$QF = C_2 \frac{1}{2}ST_2 n = \frac{C_2 S^2 t}{2Q}$$

将上式代入式（8-23）可得库存费用计算公式：
$$KF = CF + QF + DF$$
$$= \frac{C_1(Q-S)^2 t}{2Q} + \frac{C_2 S^2 t}{2Q} + C_3 \frac{Rt}{Q} \quad (8-26)$$

式（8-26）中的 Q、S 都是待求变量，为求得最佳订货量 Q^* 和最佳缺货量 S^*，我们用多元函数求极值的方法，分别对式（8-26）求偏导数，即：

$$\begin{cases} \dfrac{\partial(KF)}{\partial Q} = 0 \\ \dfrac{\partial(KF)}{\partial S} = 0 \end{cases}$$

解上式，便可求出瞬时进货、允许缺货模型的最优解：

$$Q^* = \sqrt{\frac{2C_3 R}{C_1}\left(\frac{C_1+C_2}{C_2}\right)} = \sqrt{\frac{2C_3(C_1+C_2)R}{C_1 C_2}} \quad (8-27)$$

$$S^* = \sqrt{\frac{2C_1 C_3 R}{C_2(C_1+C_2)}} \quad (8-28)$$

考查式（8-27），当 C_2 无穷大（不允许缺货模型假设（5）），即 $C_2 \to \infty$，$\dfrac{C_1+C_2}{C_2} \to 1$ 时，则 $Q^* = \sqrt{\dfrac{2C_3 R}{C_1}}$ 与瞬时进货、不允许缺货模型的最佳订货量完全一致，说明瞬时进货、不允许缺货模型是瞬时进货、允许缺货模型的一个特例。

将 Q^*、S^* 代入式（8-26），得到计划期 t 内（此模型计划期多以 1 个月、1 个季度或 1 年来计量）的最小库费用 minKF，即：

$$\min KF = t\sqrt{\frac{2C_1 C_2 C_3 R}{C_1 + C_2}} \quad (8-29)$$

例 8-5 某电器设备每月需要使用 2 000 只微型变压器，每只成本 150 元，若向外订货，每次订货费用为 100 元，每只微型变压器每年的存储费为成本的 16％。求：在允许缺货的情况下，每月每只微型变压器缺货费为 5 元时，最佳订货量、最佳缺货量、最小月库存费用及订货次数。

解： 根据题意取计划期为一个月。已知 $R = 2\,000$ 只/月，$C_2 = 5$ 元/（只·月），$C_3 = 100$ 元/次，$C_1 = 150 \times 16\% = 24$ 元/（只·年）= 2 元/（只·月）

$$Q^* = \sqrt{\frac{2C_3(C_1+C_2)R}{C_1 C_2}} = \sqrt{\frac{2 \times 100 \times (2+5) \times 2\,000}{2 \times 5}} = 529 \text{（只）}$$

$$S^* = \sqrt{\frac{2C_1 C_3 R}{C_2(C_1+C_2)}} = \sqrt{\frac{2 \times 2 \times 100 \times 2\,000}{5 \times (2+5)}} = 151 \text{（只）}$$

$$\min KF = t\sqrt{\frac{2C_1 C_2 C_3 R}{C_1 + C_2}} = 1 \times \sqrt{\frac{2 \times 2 \times 5 \times 100 \times 2\,000}{2+5}} = 755.93 \text{（元）}$$

$$n^* = \frac{Rt}{Q^*} = \frac{2\,000 \times 1}{529} = 3.8 \text{（次）}$$

计算结果表明：该厂最佳订货量为每次 529 只微型变压器，每次订货前允许缺货量为 151 只，一月中最优的订货次数为 3.8 次，这样可使该厂的微型变压器月库存费用最低（755.93 元）。

8.5 逐渐进货模型

8.5.1 逐渐进货、不允许缺货模型

所谓逐渐进货，是指进货量在一段时间内按一定速度进货。这种情况在企业生产中很常见，如企业生产某产品所需要的部分材料、零配件等是由单位自己生产提供的，为了维持企业正常的生产活动，对这些材料、零配件等，一部分满足需求，剩下部分才作为存储，当生产一定时间后，便停止生产。当存储量降至零时，再开始生产，开始一个新的周期，如图 8-14 所示。

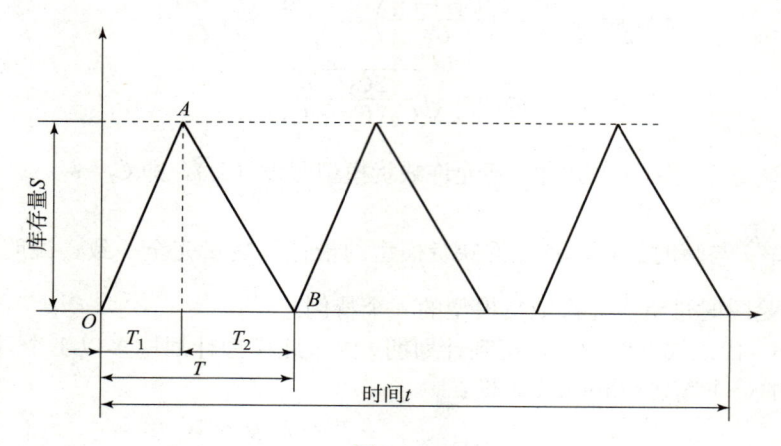

图 8-14

这种存储方式其生产速度 P 和需求速度 R 并不相等，一般要求 $P > R$；而每安排一次生产同样消耗一定的准备费用（相当订货费）。因此，如何组织生产、最佳生产周期多长，便是下面新模型要解决的问题。

1. 模型假设

(1) 需求是连续均匀的，需求速度为常数 R，时间 t 内的需求量为 Rt。
(2) 货物的生产速度为常数 P，时间 t 内的需求量为 Pt。
(3) 生产周期为 T，由生产时间 T_1 和非生产时间 T_2 构成。
(4) 每次生产批量都相同，为 Q。
(5) 最大库存量为 S。
(6) 单位货物的存储费为 C_1，每次生产的准备费为 C_3，且均为常数。
(7) 缺货费用为无穷大。

2. 模型建立

库存费用在一个计划期 t 内的数学模型：

$$KF = CF + DF$$

由于生产批量 Q 既等于时间 T_1 内的生产量 PT_1，有 $Q = PT_1$；同时也等于一个存储周期 T 内货物的需求量 RT，则 $Q = RT$。故有：

$$T_1 = \frac{Q}{P} \tag{8-30}$$

$$T = \frac{Q}{R} \tag{8-31}$$

经生产时间 T_1 后库存已满，即最大库存量为
$$S = (P-R)T_1$$

在计划期 t 内组织补充生产次数为 $n = \frac{Rt}{Q}$，而在 T 内的存储量为 $\frac{1}{2}ST$（即 $\triangle AOB$ 的面积）。据上述条件计算库存费用各项，存储费 CF 和生产的准备费 DF 的计算如下：

$$CF = C_1 \cdot \frac{1}{2}ST \cdot n = C_1 \cdot \frac{1}{2}(P-R)T_1 \cdot T \cdot n$$
$$= C_1 \cdot \frac{1}{2}(P-R) \cdot \frac{Q}{P} \cdot \frac{Q}{R} \cdot \frac{Rt}{Q} = \frac{C_1 Q(P-R)t}{2P}$$

$$DF = C_3 n = C_3 \frac{Rt}{Q}$$

代入库存费用计算公式可得：
$$KF = CF + DF = \frac{C_1 Q(P-R)t}{2P} + C_3 \frac{Rt}{Q} \tag{8-32}$$

式（8-32）就是求得的逐渐进货、不允许缺货库存费用模型。对式（8-32）求导数，便可求得每次生产的最佳批量 Q^*。

最佳批量为
$$Q^* = \sqrt{\frac{2C_3 PR}{C_1(P-R)}} \tag{8-33}$$

最佳生产周期为
$$T^* = \frac{Q^*}{R}\sqrt{\frac{2C_3 P}{C_1 R(P-R)}} \tag{8-34}$$

最大库存量为
$$S^* = (P-R)\frac{Q^*}{P} = \sqrt{\frac{2C_3 R(P-R)}{C_1 P}} \tag{8-35}$$

将 Q^* 代入式（8-32）中，便得到最小库存费用计算公式：
$$\min KF = \frac{C_1 Q^*(P-R)t}{2P} + C_3 \frac{Rt}{Q^*} = t\sqrt{\frac{2C_1 C_3 R(P-R)}{P}} \tag{8-36}$$

例 8-6 某企业生产某种产品，每年需要某种零件 36 000 件，该零件由零件车间生产供给装配车间安装。零件车间生产该零件 5 000 件，每组织一次生产，因改变工具及流水线工艺，需要准备费为 500 元，每个零件的月存储费为 0.05 元。那么，该企业如何组织该零件生产才能使总管理费用最少？

解：根据题意选择计划 1 年，时间单位以月计，则 $t = 12$ 月，$P = 5\,000$ 件/月，$C_1 = 0.05$ 元/(件·月)，$C_3 = 250$ 元/次，企业每月对该零件的需求速度 $R = \frac{36\,000}{12} = 3\,000$（件/月）。

应用式（8-33）计算出每次生产的最佳批量为

$$Q^* = \sqrt{\frac{2C_3PR}{C_1(P-R)}} = \sqrt{\frac{2 \times 250 \times 5\,000 \times 3\,000}{0.05 \times (5\,000 - 3\,000)}} = 8\,660 \text{（件）}$$

若每次按最佳批量组织生产，则计划期内的最小库存费用为

$$\min KF = t\sqrt{\frac{2C_1C_3R(P-R)}{P}} = 12\sqrt{\frac{2 \times 0.05 \times 250 \times 3\,000 \times (5\,000 - 3\,000)}{5\,000}}$$
$$= 2\,078.46 \text{（元）}$$

最佳生产周期为

$$T^* = \sqrt{\frac{2C_3P}{C_1R(P-R)}} = \sqrt{\frac{2 \times 250 \times 5\,000}{0.05 \times 3\,000 \times (5\,000 - 3\,000)}} = 2.887 \text{（月）}$$

最大库存量为

$$S^* = \sqrt{\frac{2C_3R(P-R)}{C_1P}} = \sqrt{\frac{2 \times 250 \times 3\,000 \times (5\,000 - 3\,000)}{0.05 \times 5\,000}} = 3\,464 \text{（件）}$$

以上是应用模型计算确定出相关最优值。但在实际生产中，通常会根据每次生产最佳批量 $Q^* = 8\,660$ 件，近似确定每次生产 9\,000 件，这样一年组织四次生产，每一季度生产一次。这时企业相关费用变化如下。

每年的存储费为

$$CF = \frac{C_1Q(P-R)t}{2P} = \frac{0.05 \times 9\,000 \times (5\,000 - 3\,000) \times 12}{2 \times 5\,000} = 1\,080 \text{（元）}$$

每年的生产准备费为

$$DF = C_3 \cdot n = 250 \times 4 = 1\,000 \text{（元）}$$

企业一年的库存费用为 $1\,080 + 1\,000 = 2\,080$（元），比计算的库存费用略高。

8.5.2 逐渐进货、允许缺货模型

逐渐进货、允许缺货模型的存储状态如图 8-15 所示。在仓库缺货一段时间后，开始生产补充产品，以补足缺货及满足当时的需求，剩余部分作为存储。当存储为零时，新的一个周期重新开始。

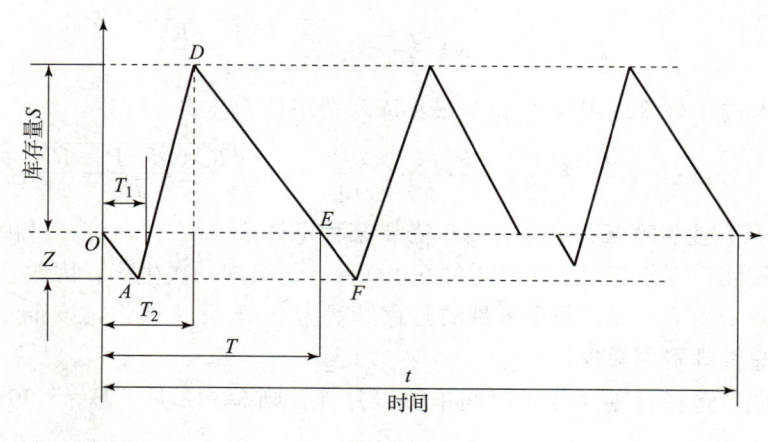

图 8-15

1. 模型假设

（1）需求是连续均匀的，需求速度为常数 R，时间 t 内需求量为 Rt。
（2）货物的生产速度为常数 P，时间 t 内的需求为 Pt。
（3）生产周期为 T，其中缺货时间为 T_1、生产时间为 T_2。
（4）每次生产批量都相同，为 Q。
（5）最大库存量为 S，最大缺货量为 Z。
（6）单位货物的存储费为 C_1，每次生产的准备费为 C_3，单位缺货费为 C_2，且均为常数。

2. 模型建立

建立库存费用在一个计划期 t 内的数学模型：

$$KF = CF + QF + DF$$

由生产批量的性质可知 $Q = RT$，$Q = PT_2$。因此可得到：

$$T = \frac{Q}{R}, T_2 = \frac{Q}{P}$$

继生产时间 T_2 后库存已满，即最大库存量为

$$S = (P-R)T_2 - Z = \frac{(P-R)Q}{P} - Z \tag{8-37}$$

根据图 8-15，由相似三角形对应边成比例的原理，可得出 T_1 的表达式：

$$\frac{T_1}{T} = \frac{Z}{S+Z} = \frac{Z}{(P-R)T_2} = \frac{Z}{(P-R)\frac{Q}{P}} = \frac{ZP}{(P-R)Q}$$

$$T_1 = \frac{ZP}{(P-R)Q}T = \frac{ZP}{(P-R)Q}\frac{Q}{R} = \frac{ZP}{R(P-R)} \tag{8-38}$$

在计划期 t 内的组织补充生产次数为 $n = \frac{Rt}{Q}$，而在 T 内的存储量为 $\frac{1}{2}S(T-T_1)$（即 $\triangle BDE$ 的面积），同时在 T 内的缺货量为 $\frac{1}{2}ZT_1$（即 $\triangle OAB$ 的面积）。据上述条件计算库存费用各项，存储费 CF、缺货费 QF 和生产的准备费 DF 的计算如下：

$$CF = C_1 \cdot \frac{1}{2}S(T-T_1) \cdot n = C_1 \cdot \frac{1}{2}\left[\frac{(P-R)Q}{P} - Z\right] \cdot \left[1 - \frac{PZ}{(P-R)Q}\right] \cdot t$$

$$QF = C_2 \cdot \frac{1}{2}ZT_1 \cdot n = \frac{C_2 Z}{2} \cdot \frac{PZ}{(P-R)Q} \cdot t$$

$$QF = C_3 \cdot n = C_3 \frac{R}{Q} \cdot t$$

代入库存计算公式可得：

$$KF = \frac{C_3 R}{Q}t + \frac{C_1 Q(P-R)}{2P}t + C_1 Zt + \frac{P(C_1+C_2)Z^2}{2(P-R)Q}t \tag{8-39}$$

式（8-39）便是逐渐进货、允许缺货的库存费用模型。对其求导数，并令一阶导数为零，解联立方程，即求得每次生产的最佳批量 Q^*。

最佳批量为

$$Q^* = \sqrt{\frac{2PR(C_1+C_2)C_3}{C_1 C_2 (P-R)}} \tag{8-40}$$

最大允许缺货量为

$$Z^* = \sqrt{\frac{2C_1C_3(P-R)R}{C_2(C_1+C_2)P}} \tag{8-41}$$

最大存储量为

$$S^* = \sqrt{\frac{2C_2C_3(P-R)R}{C_1(C_1+C_2)P}} \tag{8-42}$$

最佳生产周期为

$$T^* = \frac{Q^*}{R} = \sqrt{\frac{2P(C_1+C_2)C_3}{C_1C_2(P-R)R}} \tag{8-43}$$

最大允许缺货时间为

$$T_1^* = \sqrt{\frac{2C_1C_3P}{C_2(C_1+C_2)(P-R)R}} \tag{8-44}$$

值得指出的是，以上模型中未对货物单价加以考虑，认为货物单价均是常量，故与最优存储策略无关。但实际的货物订购中随订货量的不同，单位价格也不同。因此，当货物单价存在有数量折扣的情况下，批量订货模型的建立应对数量折扣因素予以考虑。

例 8-7 现有一洗浴用品生产企业的某种产品生产速度是每月 1 000 件，销售速度是每月 800 件，每件洗浴用品的月存储费为 2 元，每组织一批生产的准备费是 150 元，若允许缺货，则每件缺货的损失费为 5 元。求最佳生产批量、最佳生产周期和最大允许缺货量。

解：已知 $P = 1\,000$ 件/月，$R = 800$ 件/月，$C_1 = 2$ 元/（件·月），$C_2 = 5$ 元/（件·月），$C_3 = 150$ 元/次。

由式（8-40）计算。

最佳生产批量：

$$Q^* = \sqrt{\frac{2PR(C_1+C_2)C_3}{C_1C_2(P-R)}} = \sqrt{\frac{2\times 1\,000 \times 800 \times (2+5) \times 150}{2\times 5 \times (1\,000-800)}} = 917 \text{（件）}$$

最佳生产周期：

$$T^* = \frac{Q^*}{R} = \frac{917}{800} = 1.15 \text{（月）}$$

最佳允许缺货量：

$$Z^* = \sqrt{\frac{2C_1C_3(P-R)R}{C_2(C_1+C_2)P}} = \sqrt{\frac{2\times 2 \times 150 \times (1\,000-800) \times 800}{5 \times (2+5) \times 1\,000}} = 52 \text{（件）}$$

8.6 随机存储模型

前面讨论的存储模型都是假定单位时间的需求量、订货到达时间、各种费用等是确定不变的，我们把它叫定性的存储模型。但是，在许多实际生产活动中，很多情况并非如此，比较突出的便是货物需求量是随机变化的，如果供过于求，某些商品还要降价处理，否则将导致更大的损失。因此，研究随机存储模型，更能反映真实情况。

一般来说，随机型存储问题最重要的特点是需求（速度）量是随机的，这是由于社会现象是复杂的，而引起需求的原因很多，有些可以量化、有些难以量化，这使得货物的需求难以确定。所以需求是一个随机变量,但可假设需求量的分布规律能够通过历史的统计资料来获得。除此之外,到货时间也是随机的,因为从订单发出到货物送达,必定有一段时间延迟,这段延迟时间由于受生产、运输过程中许多偶然因素的影响,经常表现为一个随机变量,因此到货时间经常也是个随机变量。还有库存量也是随机的,在某些存储问题中,实际库存量是随机的;而在另一些存储问题中,实际库存量则要通过对库存的定期盘点才能知道。一般企业中,也仅对重要物资才要求随时掌握库存量。

对需求是随机的情况,首先讨论(T,s,S)型混合策略,然后介绍报童问题,虽然报童问题也有大量的直接应用,但更重要的目的是通过报童问题来揭示更复杂的随机存储问题的分析方法。

8.6.1 (T,s,S)型混合策略

1. 模型假设

(1) 一个阶段内需求量 R 是离散型随机变量,其分布概率为 p_k。
(2) 货物的安全存储量为 s,货物的最大合理存储量为 S。
(3) 阶段初未进货时的库存量为 ω,阶段补充量为 Q,单位货物购置费为 b。
(4) 单位货物的存储费为 C_1,单位缺货费为 C_2,每次订货费为 C_3。

2. 模型建立

设需求量 R 是一离散型随机变量,分布列为 $p_k = p(R=i_k)$,其符合 $p_k \geqslant 0$ 及 $\sum p_k = 1$。在每一阶段初例行检查货物存储量,若低于安全存储量 s,便补充货物,使存储量达到最大合理存储量 S。因此,处理需求为离散型随机变量的库存问题,其关键在于确定 s、S 的值(通常可用边际分析法)。

先讨论应如何确定 S,设在阶段初未进货时的库存量为 ω,补充量为 Q,补充后的库存量 $y = \omega + Q$,若这一阶段的存储费按这一阶段末的库存量来计算,则该阶段存储费的期望值为

$$CF = \sum_{i_k \leqslant y} C_1(y - i_k) p_k$$

假设这一阶段的缺货费也按这一阶段末的缺货量来计算,则该阶段缺货费的期望值为

$$QF = \sum_{i_k > y} C_2(i_k - y) p_k$$

因此,该阶段内库存费用的期望值为

$$KF = C_3 + bQ + \sum_{i_k \leqslant y} C_1(y - i_k) p_k + \sum_{i_k > y} C_2(i_k - y) p_k \tag{8-45}$$

若上述库存量为 y 件是合理的,现分析在此基础上多进一件货物是否合理。对于多进的一件货物,实际需求的概率为 $1 - \sum_{i_k \leqslant y} p_k$,实际滞销的概率为 $\sum_{i_k \leqslant y} p_k$。

因此,多进一件货物的费用期望值为

$$b\left(1 - \sum_{i_k \leqslant y} p_k\right) + (b + C_1) \sum_{i_k \leqslant y} p_k$$

若不多进此件货物,则形成的缺货期望值为

$$C_2\left(1 - \sum_{i_k \leqslant y} p_k\right)$$

若实际多进一件货物是合理的，则应存在多进一件货物费用期望值小于不进此件货物的缺货费期望值，即：

$$b(1-\sum_{i_k\leqslant y}p_k)+(b+C_1)\sum_{i_k\leqslant y}p_k \leqslant C_2(1-\sum_{i_k\leqslant y}p_k)$$

即：
$$\sum_{i_k\leqslant y}p_k \geqslant \frac{C_2-b}{C_2-C_1} \tag{8-46}$$

因此，S 应是满足上式的最大的 y 值再加 1。

下面讨论如何确定安全库存 s。设阶段初库存量为 y，且决定不进货。当该阶段的实际需求量低于 y 时，要支付存储费；当实际需求高于 y 时，要承担缺货费。因此该阶段总费用的期望值为

$$\sum_{i_k\leqslant y}C_1(y-i_k)p_k+\sum_{i_k>y}C_2(i_k-y)p_k$$

若阶段初库存量为 y，现决定补充货物把库存量提高到 S，这样该阶段库存费用的期望值为

$$C_3+b(S-y)+\sum_{i_k\leqslant s}C_1(S-i_k)p_k+\sum_{i_k\leqslant s}C_2(i_k-S)p_k$$

若不进货的费用期望值小于进货费用期望值，即以下不等式成立，则不进货是合理的。

$$\sum_{i_k\leqslant y}C_1(y-i_k)p_k+\sum_{i_k>y}C_2(i_k-y)p_k+by \leqslant C_3+bS+$$
$$\sum_{i_k\leqslant s}C_1(S-i_k)p_k+\sum_{i_k>s}C_2(i_k-S)p_k \tag{8-47}$$

所以 s 满足上式的最小 y 值，可获得合理的经济库存。由以上方法确定的 s、S 值为离散型需求模型的 (T,s,S) 存储策略。

例 8-8 某企业对某种材料的月需求量 R 的概率分布见表 8-7。设每次订货费为 $1\ 000$ 元，每月每件存储费为 100 元，每月每件缺货费为 $3\ 000$ 元，每件材料的购置费为 $1\ 500$ 元，试求 s 和 S 的值。

表 8-7

需求量 i_k/件	100	110	120	130	140	150	160	170	190	200
概率 $p(R=i_k)$	0.02	0.03	0.05	0.10	0.20	0.20	0.10	0.05	0.03	0.02

解：观察周期为一个月，则：

$$\frac{C_2-b}{C_2-C_1}=\frac{3\ 000-1\ 500}{3\ 000+100}=0.483\ 9$$

由于：
$$p(R=100)+p(R=110)+p(R=120)+p(R=130)+p(R=140)$$
$$=0.02+0.03+0.05+0.10+0.20=0.40<0.483\ 9$$
$$p(R=100)+p(R=110)+p(R=120)+p(R=130)+p(R=140)+p(R=150)$$
$$=0.02+0.03+0.05+0.10+0.20+0.20=0.60>0.483\ 9$$

故应取 $S=150$（件），最大合理存储量下的库存费用为

$$C_3+bS+\sum_{i_k\leqslant y}C_1(S-i_k)+\sum_{i_k>s}C_2(i_k-S)p_k$$
$$=1\ 000+1\ 500\times 1\ 501+100\times(50\times 0.02+40\times 0.03+30\times 0.05+20\times 0.01+$$

$10 \times 0.20) + 3\,000 \times (10 \times 0.20 + 20 \times 0.10 + 30 \times 0.05 + 40 \times 0.03 + 50 \times 0.02)$

$= 249\,250$

而在不同 s 下的费用，分别计算当 s 取 120 件与 130 件时的费用值，并比较：

$\sum_{i_k \leqslant y} C_1(y - i_k) p_k + \sum_{i_k > s} C_2(i_k - y) p_k + by$

$= 100 \times (20 \times 0.02 + 10 \times 0.03) + 3\,000 \times (10 \times 0.1 + 20 \times 0.2 + 30 \times 0.2 + 40 \times 0.2 + 50 \times 0.1) + 60 \times 0.05 + 70 \times 0.03 + 80 \times 0.02) + 1\,500 \times 120 = 272\,170 > 249\,250$

$\sum_{i_k \leqslant y} C_1(y - i_k) p_k + \sum_{i_k > s} C_2(i_k - y) p_k + by$

$= 100 \times (30 \times 0.02 + 20 \times 0.03 + 10 \times 0.05) + 3\,000 \times (10 \times 0.2 + 20 \times 0.2 + 30 \times 0.2 + 40 \times 0.1 + 50 \times 0.05 + 60 \times 0.03 + 70 \times 0.02) + 1\,500 \times 130 = 272\,170 > 249\,250$

$= 201\,680 < 249\,250$

故 $s = 130$（件），即 (T, s, S) 存储策略为每月初观测存储量，若存储量少于 130 件，则进货；若存储量多于 130 件，则不必进货。

8.6.2 报童问题

有这样一类存储问题，在全部的需求过程中对采购决策仅有一次，也就是说随着库存的减少甚至耗竭并没有补充库存的机会。由于在这个阶段里的需求是一个不确定的量，这就可能使决策者处于进退两难的境地。为了使全部潜在的收益得以实现，要求批量足够大；而为了避免过剩造成的损失，又要求批量不能太大。街角卖报的报童就面临着这样的问题。

这种模型虽然是为解决报童问题（Newsboy Problem）而提出来并得以命名的，但它适用于许多与之相似的存储问题。例如，为一场球赛应准备多少"热狗"，为一年一度的圣诞节应准备多少圣诞树等。事实上，报童在一天内卖的每一张具体的报纸对研究问题并不重要，重要的只是一天下来到底卖了多少，所以我们可以不对时间段内的一些细节加以考虑。

报童问题的最显著特征就是它的批量决策是一次性的。报童问题中的需求尽管是不确定的，但必须知道批量过大和批量过小后果间的适当关系。

1. 模型假设

（1）若用 c 代表单位货物的采购价，s 代表货物售出价，那么 $s - c$ 就代表售出单位货物的利润额。

（2）用 v 代表单位货物的残值，如果过剩的货物完全报废，则 v 的值为零；有时 v 的取值也可能为负，比如当过剩的货物需要付费处理时就是如此。

（3）在任何情况下都应存在 $c > v$，因为如果不是这样，就会从过剩的货物中获得收益，从而得出批量越大越好的结论。$c - v$ 被称为单位过剩货物的损失。

（4）用 a 代表每次采购的固定费用。

（5）用 p 表示顾客需求没有被完全满足时的单位缺货损失。

（6）用 D 代表不确定的需求，其概率分布为 $P_D(x)$，需求的概率分布 $P_D(x)$ 可以被理解为需求为 x 的概率。

2. 模型建立

为了把收益表示成关于 Q 的表达式，暂时假想 x 是确定的。由于 $x \leqslant Q$ 和 $x > Q$ 对应的收益表达式是不一样的，所以分别就这两种情况加以讨论。

（1）当 $x \leqslant Q$ 时，x 单位的货物能以 s 的价格销售掉，剩余的 $Q-x$ 将以 v 的价格处理掉。由于每次的采购费用为 $a+cQ$，所以收益的表达式应为

$$P(Q \mid x) = sx + v(Q-x) - a - cQ \tag{8-48}$$

（2）当 $x > Q$ 时，所有 Q 单位的货物都能以 s 的价格销售掉。在此情况下，虽然不存在剩余货物的问题，但却造成了缺货损失，所以此时收益的表达式应为

$$P(Q \mid x) = sQ - p(x-Q) - a - cQ \tag{8-49}$$

由式（8-48）和式（8-49）可以得出一个包含各种情况的期望收益表达式。期望收益，即在各种情况下的收益以其发生概率为权重的代数和：

$$E[P(Q)] = \sum_{x=0}^{Q}(sx+vQ-vx-a-cQ)P_D(x) + \sum_{x=Q+1}^{+\infty}(sQ-px+pQ-a-cQ)P_D(x)$$

整理有：

$$E[P(Q)] = \sum_{x=0}^{Q}[(s-v)x+vQ]P_D(x) + \sum_{x=Q+1}^{+\infty}[(s+p)Q-px]P_D(x) - a - cQ$$

$$\tag{8-50}$$

至此，剩下的问题就只有寻找能使 $E[P(Q)]$ 达到最大值的 Q 了。尽管从逻辑上讲 x 和 Q 都是整数型的量，但在此我们仍然将它们处理成连续型的量，这将给整个问题的求解以及解的表示带来极大的方便。为此，原来求和的形式必须由积分的形式来代替，同时 $P_D(x)$ 也应变为随机变量 x 的概率密度函数 $f(x)$。变化后的表达式为

$$E[P(Q)] = \int_{0}^{Q}[(s-v)x+vQ]f(x)\mathrm{d}x + \int_{Q}^{+\infty}[(s+p)Q-px]f(x)\mathrm{d}x - a - cQ$$

$$\tag{8-51}$$

这是一个关于 Q 的连续函数，其图形如图 8-16 所示。

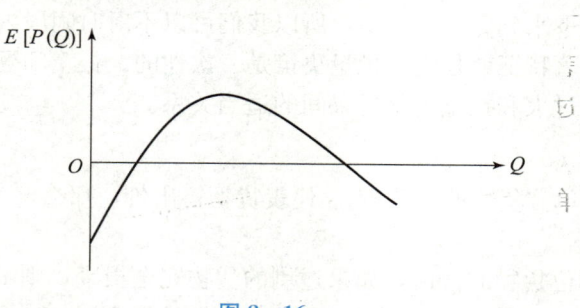

图 8-16

求 $E[P(Q)]$ 的极大值涉及 Q 处于积分限上积分项的微分问题，这并不困难，莱布尼茨（Leibniz）公式就能解决这一问题。现将莱布尼茨公式表述如下：

如果

$$g(u) = \int_{a(u)}^{b(u)} h(u,x)\mathrm{d}x$$

那么

$$\frac{\mathrm{d}g}{\mathrm{d}u} = \int_{a(u)}^{b(u)} \frac{\mathrm{d}h}{\mathrm{d}u} \mathrm{d}x + h[u,b(u)]\frac{\mathrm{d}b}{\mathrm{d}u} - h[u,a(u)]\frac{\mathrm{d}a}{\mathrm{d}u}$$

将莱布尼茨公式应用于式（8-51），可得 $E[P(Q)]$ 的微分形式：

$$\frac{\mathrm{d}E[P(Q)]}{\mathrm{d}Q} = v\int_0^Q f(x)\mathrm{d}x + (s+p)\int_Q^{+\infty} f(x)\mathrm{d}x - c$$

因 $f(x)$ 是一个密度函数，所以：

$$\int_0^Q f(x)\mathrm{d}x + \int_Q^{+\infty} f(x)\mathrm{d}x = 1$$

令 $\dfrac{\mathrm{d}E[P(Q)]}{\mathrm{d}Q} = 0$ 并整理，有：

$$0 = v\left[1 - \int_Q^{+\infty} f(x)\mathrm{d}x\right] + (s+p)\int_Q^{+\infty} f(x)\mathrm{d}x - c$$

$$\int_Q^{+\infty} f(x)\mathrm{d}x = \frac{c-v}{s+p-v} \tag{8-52}$$

除非拥有关于 $f(x)$ 的进一步信息，否则式（8-52）就是批量 Q 的最严密表达式。虽然式（8-52）作为 Q 的解是不够理想的，但它确实可以表明 Q 的取值。式（8-52）左侧的积分可被解释为需求超过 Q 的概率，即最优批量的确定应使顺利售空的概率等于 $\dfrac{c-v}{s+p-v}$。无论什么时候，Q 总是由以其为限的需求的累积分布等于一个固定的代数式来决定的，因此这种解也被称为转折点比率策略。下面利用示例演示这一模型的应用。

例 8-9 假设报童以每张 8 角的价格购进报纸，以每张 15 角的价格出售，如果报纸过剩，报童可以以每张 1 角的价格退回给报社。由于报童进报过少不会造成直接的缺货损失，所以缺货损失定为"0"。再假设需求是以 150 为期望值，以 25 为标准差的正态分布，试求报童最佳的进报量。

解：$c = 8$，$s = 15$，$v = 1$，$p = 0$，$f(x) = \dfrac{1}{25\sqrt{2\pi}}\mathrm{e}^{-\frac{(x-150)^2}{2\times 25^2}}$

$$\int_Q^{+\infty} f(x)\mathrm{d}x = \frac{c-v}{s+p-v} = \frac{8-1}{15+0-1} = 0.5$$

即在 Q 右侧密度函数下方的面积应该为 0.5。根据正态分布的对称性可得采购批量 $Q = 150$（等于期望值），即最优的进报批量刚好与需求的期望值相等。

现假设报童找到了一个愿出 5 角的价格购买其剩余报纸的厂商，即假设 v 从 1 增至 5，此时的转折点比变为

$$\int_Q^{+\infty} f(x)\mathrm{d}x = \frac{c-v}{s+p-v} = \frac{8-5}{15+0-5} = 0.3$$

即最优采购批量增至其右侧的密度函数下方的面积只有 0.3。通过查阅正态分布表可知：

$$Q = 150 + 0.52 \times 25 = 163$$

即由于降低了过剩的损失（风险），所以采购批量有所增加。

采购的固定费用 a 并没有在转折点比率中出现，也就是说 a 并不会影响 Q 的取值。然而，对 Q 的影响 a 有时也会扮演一个重要的角色，当 a 大到使最优期望收益变为负值时，最

优策略将变为根本不从事这一商业活动。

例 8-10 某商店为今年的圣诞节准备圣诞树，每棵的进货价为 50 元，售价为 70 元，未能售出的圣诞树商店可以以 40 元的价格返销给生产商。已知销售量 x 是一个服从泊松分布的随机变量，即存在 $P(x)=\dfrac{\mathrm{e}^{-\lambda}\lambda^x}{x!}$。据以往经验，需求的期望值 $\lambda=6$，问该商店应采购多少棵圣诞树？

解：$c=50$，$s=70$，$v=40$，$p=0$，$P(x)=\dfrac{\mathrm{e}^{-\lambda}\lambda^x}{x!}=\dfrac{\mathrm{e}^{-6}6^x}{x!}$

$$\sum_{x=Q+1}^{+\infty}P(x)=\frac{c-v}{s+p-v}=\frac{50-40}{70+0-40}\approx 0.333$$

于是有：

$$F(Q)=\sum_{x=0}^{Q}P(x)=1-0.333\approx 0.667$$

$$F(6)=\sum_{x=0}^{6}P(x)=\sum_{x=0}^{6}\frac{\mathrm{e}^{-6}6^x}{x!}\approx 0.606<0.667$$

$$F(7)=\sum_{x=0}^{7}P(x)=\sum_{x=0}^{7}\frac{\mathrm{e}^{-6}6^x}{x!}\approx 0.744>0.667$$

故最佳的采购量 $Q^*=7$，即该店应购进 7 棵圣诞树，此时的期望收益最大。

知识总结

(1) 首先介绍了库存的基本概念，着重探讨了 ABC 库存决策的实际应用。
(2) 分析了定期订货法和定量订货法两大类模型。
(3) 在允许缺货和不允许缺货两个方面重点介绍了瞬时进货模型和逐渐进货模型。
(4) 根据随机需求的情况，介绍了 (T，s，S) 存储策略和报童问题。

自测练习

8.1 简述 ABC 分类法的原理和主要步骤。

8.2 某电器公司为了降低库存成本，采用了定量订货法控制库存。该公司对电磁炉的年需求量为 735 个，每次订货成本为 60 元，每年每个电磁炉的持有成本为 0.5 元。如果安全库存为 2 天，订货提前期为 5 天，请确定该产品的订货点与订货批量。

8.3 某物流配送中心每天向市区配送某种货物的量为 2 吨，存储货物的费用为每天每吨 0.2 元，订购费用为每次 10 元。若以一年（按 360 天计算）为一个计划期，求该存储系统的最佳订货量、最佳订货次数以及计划期内的最小费用。

8.4 因生产需要，某厂定期向外单位订购一种零件。这种零件平均日需求量为 100 个，每个零件一天的存储费为 0.05 元，订购一次的费用为 80 元。假定不允许缺货，求最佳订购量、订购间隔和单位时间总费用。

8.5 某批发站每月需要某种产品 1 000 件，已知该产品每次的订货费用为 100 元，每件每月的存储费为 5 元，缺货每月每件损失 1 元，求最佳定货量、最小月库存费用及订货次数。

8.6 某公司经理一贯采用瞬时进货、不允许缺货的方式来确定订货量。但由于市场竞争的压力使他不得不考虑采用允许缺货策略。已知对该公司所销产品的需求为每年800件，每次的订货费用为150元，存储费为每年每件3元，发生短缺时的损失为每年每件20元。试据此条件分析比较采用允许缺货的策略与原先不允许缺货策略在费用上的不同。

8.7 甲厂向乙厂订购原料，每年订购量为3 600吨，订购一次需订购费120元；每吨原料保管一年的存储费为0.85元，每吨原料延期到货一年的缺货费用为40元。求甲厂的最佳订货量、最优缺货量、订购间隔期和单位时间总费用。

8.8 某印刷厂负责印刷一本年度销量为120万册的图书，需求均匀地进行。该厂有充分的生产能力，每年的印刷量可达300万册。完成每批印刷任务，需要换版印刷其他的图书，假设由于换版所产生的每批固定费用为2 000元。如果每万册图书每年的存储费用为250元，试求分别在不允许缺货和允许缺货两种不同情况下的经济印刷批量（允许缺货时，每万册图书缺货一年的费用为5 000元）。

8.9 某公司每年需要电感器5 000个，每次的订购费为50元，每年每个电感器的存储费用为1元，不得缺货。若采购量较少，则每个电感器的成本为2元；若采购量在1 500个以上，则每个成本为1.9元。请分析该公司每次应该采购多少个电感器。

8.10 某企业对于某种材料每月需求量的概率分布如表8-8所示。

表8-8

需求量/吨	50	60	70	80	90	100	110	120
概率	0.05	0.10	0.15	0.25	0.20	0.10	0.10	0.05

每次订购费为500元，每吨材料订购单价为1 000元，每月每吨的存储费为50元，每月每吨的缺货费为1 500元。试求s和S。

8.11 某食杂店经销面包，其进价为1元，零售价为1.5元，如果当日的面包过剩，则可以0.3元的价格返销给面包厂。假设需求服从正态分布，期望值为200，标准差为250，试确定该食杂店面包的最佳进货批量。

8.12 一自动售货机销售三明治，店主每天早晨放入新的并取出前一天的剩货。三明治的购入价为1.35元，售出价为1.85元，隔夜三明治只能以0.62元的价格销售给流浪者食堂。假设三明治的日需求服从泊松分布，期望值为100，试确定每日放入自动售货机中三明治的最佳数量。

第 9 章 图与网络分析

知识要点

理解物流路径问题的相关概念；掌握最短路问题的数学模型以及Dijkstra标号法和Floyd标号法；掌握网络最大流问题的标号法算法以及最小费用最大流问题的算法；掌握中国邮递员问题的奇偶点图上作业法和旅行商问题的基本解法。

核心概念

图与网络分析（Graph Theory and Network Analysis）
最短路问题（Shortest-Route Problems）
Dijkstra标号法（Dijkstra Algorithm）
Floyd标号法（Floyd Algorithm）
最大流问题（Maximal-Flow Problems）

典型案例

某配货车辆每天都要从配送中心出发，对零售店进行配货。在配送中心到零售店之间有多条路线可以选择。如图 9-1 所示，用 v_1 表示配送中心所在地，每一条边代表一条交通线，其长度用边旁的数字表示，每一个顶点 v_i 代表交通线的连接点，v_7 表示零售店所在地。试问配货车辆应该怎样选择路线才能使所走路径最短。

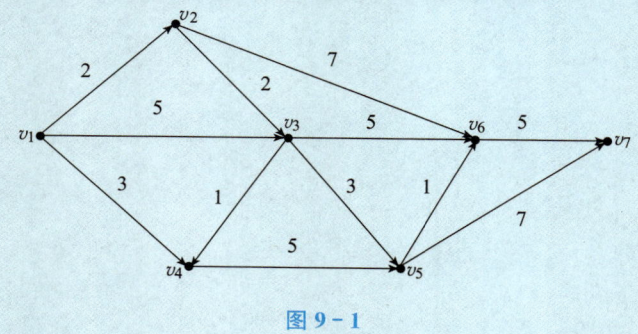

图 9-1

9.1　图与网络分析的基本问题

对于上述典型案例中提出的问题，是在路径规划中经常遇到的问题，解决这类问题，一般使用运筹学中的网络规划方法。网络规划为描述系统各组成部分之间的关系提供了非常有效的直观和概念上的帮助，广泛应用于科学、社会和经济活动的各个领域中，其研究的对象往往可以用一个网络图来表示，如图9-1所示，研究的目的归结为网络图的极值问题。

网络图具有下列特征：

（1）用点表示研究对象，用连线（不带箭头的边或带箭头的弧）表示对象之间某种关系；如果连线是带箭头的弧，则叫作有向图；如果连线是不带箭头的边，则叫作无向图。

（2）强调点与点之间的关联关系，不讲究图的比例大小与形状。

（3）每条边上都赋有一个权，其图称为赋权图。实际中权可以代表两点之间的距离、费用、利润、时间和容量等不同的含义。

（4）建立一个网络模型，求最大值或最小值。

根据如图9-1所示网络可以提出许多极值问题：

（1）将某个点 v_i 的物资或信息送到另一个点 v_j，使运送成本最小。这属于最小费用流问题。

（2）将某个点 v_i 的物资或信息送到另一个点 v_j，使流量最大。这属于最大流问题。

（3）从某个点 v_i 出发到达另一个点 v_j，怎样安排路线使得总距离最短或总费用最小。这属于最短路径问题。

（4）从某个点 v_i 出发走过其他所有点后回到原点 v_i，如何安排路线使总路程最短。这属于货郎担问题或旅行售货员问题。

（5）邮递员从邮局 v_i 出发要经过每一条边将邮件送到用户手中，最后回到邮局 v_i，如何安排路线使总路程最短。这属于中国邮递员问题。

9.2　最短路径问题

9.2.1　最短路径问题概述

最短路问题是网络理论中应用最广泛的问题之一，最普遍的应用是在两个点之间寻找最短路径。许多优化问题可以使用这个模型，如设备更新、管道铺设、线路安排、厂区布局等。

在这里我们所说的路径是一种广义的说法，它可以是"纯距离"意义上的最短路径，可以是"经济距离"意义上的最短路径，也可以是"时间"意义上的最短路径，不同意义下的距离都可以被抽象为网络图中边的权数。所以最短路径问题就是如何从众多的线路中找出一条权数最小的线路。

9.2.2　Dijkstra 标号法

最短路径问题最好的求解方法是 1959 年 E. W. Dijkstra 提出的标号法，一般称为 Dijkstra 标号法，其优点是不仅可以求出起点到终点的最短路径及其长度，而且可以求出起点到其他任何一个顶点的最短路径及其长度。

1. Dijkstra 标号法的基本思想

Dijkstra 标号法是求最短路径问题的一种简单、有效的算法。它的基本思想是：若某条线路是最短线路，则从这条线路的起点到该线路上任何一个中间点的线路也必是最短线路。

从这个基本思想出发，得出求最短线路的基本方法是：从起点开始，在与起点为端点的所有线路上，寻找与起点构成最短线路的邻近点，起点与邻近点的线路一定是整个最短线路上的一部分。然后，以邻近点为新的起点，再找出一个与它有最短线路的邻近点，依次下去，直到终点，最后得出一个从起点到终点的最短线路。

2. Dijkstra 标号法的具体计算步骤

在网络图中指定两个顶点，确定为起点和终点。首先从起点开始，给每一个顶点标一个数，称为标号。这些标号又进一步区分为 T 标号和 P 标号两种类型。其中，每一个顶点的 T 标号表示从起点到该点最短路径长度的上界，这种标号为临时标号；P 标号表示从起点到该点的最短路径长度，这种标号为固定标号。

在最短路径计算过程中，对于已经得到 P 标号的顶点，不再改变其标号；对于凡是没有标上 P 标号的顶点，先给它一个 T 标号；算法的每一步就是把顶点的 T 标号逐步修改，将其变为 P 标号。当线路上的所有点都变成 P 标号时，也就找到了最优线路。具体标号过程如下：

开始，先给 v_1 标上 P 标号 $P(v_1)=0$，其余各点标上 T 标号 $T(v_j)=+\infty(j\neq 1)$。

(1) 如果刚刚得到 P 标号的点是 v_i，考虑以 v_i 为始点的所有弧段 (v_i,v_j)，当 v_j 是 P 标号时，对 v_j 不标号；当 v_j 是 T 标号时，对 v_j 的标号进行以下修改：

$$T(v_j)=\min\{T(v_j),P(v_i)+w_{ij}\}$$

式中：括号内的 $T(v_j)$ 是 v_1 原有的 T 标号。

(2) 在现有的 T 标号中，寻找最小者，并将它改为新的 P 标号。

重复上述过程，直到所有的 T 标号都变成 P 标号为止。

以典型案例为例，说明具体的操作过程。

首先给 v_1 标上 P 标号 $P(v_1)=0$，表示从 v_1 到 v_1 的最短路径为零。其他点（v_2，v_3，…，v_7）标上 T 标号 $T(v_j)=+\infty(j=2,3,…,7)$。

第一步：

① v_1 是刚得到 P 标号的点。因为 (v_1,v_2)、(v_1,v_3)、$(v_1,v_4)\in E$，而且 v_2、v_3、v_4 是 T 标号，所以修改这三个点的 T 标号为

$$T(v_2)=\min[T(v_2),P(v_1)+w_{12}]=\min(+\infty,0+2)=2$$
$$T(v_3)=\min[T(v_3),P(v_1)+w_{13}]=\min(+\infty,0+5)=5$$
$$T(v_4)=\min[T(v_4),P(v_1)+w_{14}]=\min(+\infty,0+3)=3$$

② 在所有 T 标号中，$T(v_2)=2$ 最小，于是令 $P(v_2)=2$。

第二步：

①v_2 是刚得到 P 标号的点。因为 (v_2, v_3)、$(v_2, v_6) \in E$，而且 v_3、v_6 是 T 标号，故修改 v_3 和 v_6 的 T 标号为

$$T(v_3) = \min[T(v_3), P(v_2)+w_{23}] = \min(5, 2+2) = 4$$
$$T(v_6) = \min[T(v_6), P(v_2)+w_{26}] = \min(+\infty, 2+7) = 9$$

②在所有的 T 标号中，$T(v_4)=3$ 最小，于是令 $P(v_4)=3$。

第三步：

①v_4 是刚得到 P 标号的点。因为 $(v_4, v_5) \in E$，而且 v_5 是 T 标号，故修改 v_5 的 T 标号为

$$T(v_5) = \min[T(v_5), P(v_4)+w_{45}] = \min(+\infty, 3+5) = 8$$

②在所有的 T 标号中，$T(v_3)=4$ 最小，故令 $P(v_3)=4$。

第四步：

①v_3 是刚得到 P 标号的点。因为 (v_3, v_5)、$(v_3, v_6) \in E$，而且 v_5 和 v_6 为 T 标号，故修改 v_5 和 v_6 的 T 标号为

$$T(v_5) = \min[T(v_5), P(v_2)+w_{35}] = \min(8, 4+3) = 7$$
$$T(v_6) = \min[T(v_6), P(v_3)+w_{36}] = \min(9, 4+5) = 9$$

②在所有的 T 标号中，$T(v_5)=7$ 最小，故令 $P(v_5)=7$。

第五步：

①v_5 是刚得到 P 标号的点。因为 (v_5, v_6)、$(v_5, v_7) \in E$，而且 v_6 和 v_7 都是 T 标号，故修改它们的 T 标号为

$$T(v_6) = \min[T(v_6), P(v_5)+w_{56}] = \min(9, 7+1) = 8$$
$$T(v_7) = \min[T(v_7), P(v_5)+w_{57}] = \min(+\infty, 7+7) = 14$$

②在所有 T 标号中，$T(v_6)=8$ 最小，于是令 $T(v_6)=8$。

第六步：

①v_6 是刚得到 P 标号的点。因为 $(v_6, v_7) \in E$，而且 v_7 为 T 标号，故修改它的 T 标号为

$$T(v_7) = \min[T(v_7), P(v_6)+w_{67}] = \min(14, 8+5) = 13$$

②目前只有 v_7 是 T 标号，故令 $P(v_7)=13$。

因此，从配送中心 v_1 到零售店 v_7 之间的最短路径为 $v_1 \to v_2 \to v_3 \to v_5 \to v_6 \to v_7$，最短路径长度为 13。

9.2.3 Floyd 标号法

Dijkstra 标号法仅仅适用于线路权数 $w_{ij} \geqslant 0$ 的情况，对于 $w_{ij} < 0$ 时就要使用 Floyd 标号法进行求解，二者的标号过程基本相同，区别是 Floyd 标号法的 P 标号不是永久性的标号，在标号过程中，它可以被其他数值所代替，改为 T 标号，以图 9-2 所示为例来说明其解法。

（1）对起点 v_1 给予 P 标号 $P(v_1)=0$，其余各点均为 $T(v_j)=\infty$。

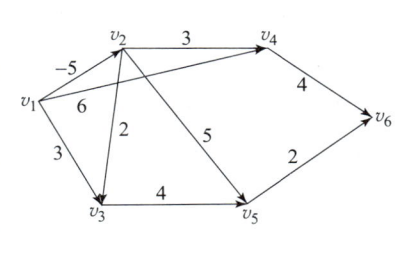

图 9-2

(2) 考查以 v_1 为始点的弧终点 v_2、v_3、v_4，计算：
$$P(v_1)+w_{12}=-5<T(v_2)=\infty$$
$$P(v_1)+w_{13}=3<T(v_3)=\infty$$
$$P(v_1)+w_{14}=6<T(v_4)=\infty$$

所以，将 v_2、v_3、v_4 的标号分别改为 $T(v_2)=-5$，$T(v_3)=3$，$T(v_4)=6$，将其中标号最小者 v_2 的标号 $T(v_2)$ 改为 $P(v_2)=-5$。

(3) 考查以新的 P 标号点 v_2 为始点的弧，弧终点分别是 v_3、v_4、v_5，计算：
$$P(v_2)+w_{23}=-5+2=-3<T(v_3)=3$$
$$P(v_2)+w_{24}=-5+3=-2<T(v_4)=6$$
$$P(v_2)+w_{25}=-5+5=0<T(v_5)=\infty$$

所以，将 v_3、v_4、v_5 的标号分别改为 $T(v_3)=-3$，$T(v_4)=-2$，$T(v_5)=0$，将其中标号最小者 v_3 的标号 $T(v_3)$ 改为 $P(v_3)=-3$。

(4) 考查以新的 P 标号点 v_3 为始点的弧，弧终点为 (v_3, v_5)，该弧终点 v_5 的标号为 $T(v_5)=0$，计算：
$$P(v_3)+w_{35}=-3+4=1>T(v_5)=0$$

所以，v_5 的标号 $T(v_5)=0$ 不改变，在现有的所有标号 T 标号中，$T(v_4)$ 最小，故改标号 $P(v_4)=-2$。

(5) 考查以新的 P 标号点 v_4 为始点的弧 (v_4, v_6)，该弧终点 v_6 的标号为 $T(v_6)=\infty$，计算：
$$P(v_4)+w_{46}=-2+4=2<T(v_5)=\infty$$

所以，v_6 改的标号 $T(v_6)=2$ 不改变，在现有的所有标号 T 标号中，仅有 $T(v_5)=0$，$T(v_6)=2$，其中 $T(v_5)$ 最小，故改标号 $P(v_5)=0$。

(6) 考查 v_5：
$$P(v_5)+w_{56}=0+2=T(v_6)$$

所以，给 v_6 改标号为 $P(v_6)=2$。

至此，所有点的标号全是 P 标号，因此可求得下面的最短线路：
$$v_1 \to v_2 \to v_4 \to v_6 \quad \text{或者} \quad v_1 \to v_2 \to v_5 \to v_6$$

例 9-1 假设某产品的六个销售点及其间的公路联系如图 9-3 所示。每一顶点代表一个销售点，每一条边代表连接两个销售点之间的公路，每一条边旁的数字代表该条公路的长度。现要在六个销售点中选取一个作为配送服务点。试问该配送服务点应该设在哪一个销售点（顶点）？

解：第一步：用标号法求出每一个顶点 v_i 至其他各个顶点 v_j 的最短路径长度 $d_{ij}(i, j=1, 2, \cdots, 6)$，并将它们写成以下距离矩阵：

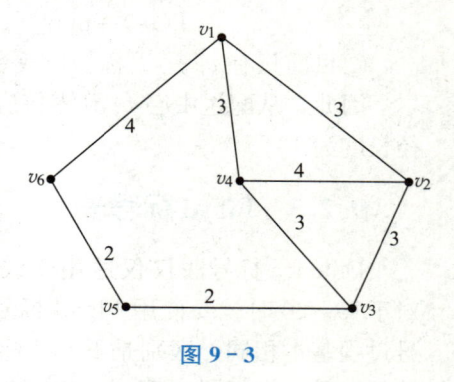

图 9-3

$$\boldsymbol{D}=\begin{pmatrix} d_{11} & d_{12} & d_{13} & d_{14} & d_{15} & d_{16} \\ d_{21} & d_{22} & d_{23} & d_{24} & d_{25} & d_{26} \\ d_{31} & d_{32} & d_{33} & d_{34} & d_{35} & d_{36} \\ d_{41} & d_{42} & d_{43} & d_{44} & d_{45} & d_{46} \\ d_{51} & d_{52} & d_{53} & d_{54} & d_{55} & d_{56} \\ d_{61} & d_{62} & d_{63} & d_{64} & d_{65} & d_{66} \end{pmatrix} = \begin{pmatrix} 0 & 3 & 6 & 3 & 6 & 4 \\ 3 & 0 & 3 & 4 & 5 & 7 \\ 6 & 3 & 0 & 3 & 2 & 4 \\ 3 & 4 & 3 & 0 & 5 & 7 \\ 6 & 5 & 2 & 5 & 0 & 2 \\ 4 & 7 & 4 & 7 & 2 & 0 \end{pmatrix}$$

第二步：求每一个顶点的最大服务距离。显然，它们分别是矩阵 $\boldsymbol{D}$ 中各行的最大值，即：

$$e(v_1)=6, e(v_2)=7, e(v_3)=6, e(v_4)=7, e(v_5)=6, e(v_6)=7$$

第三步：判定。因为 $e(v_1)=e(v_3)=e(v_5)=\min\{e(v_i)\}=6$，所以 v_1、v_3、v_5 都是中心点。也就是说，销售点设在 v_1、v_3、v_5 中任何一个顶点上都是可行的。

例 9-2 某产品有六个销售点，各销售点所拥有的客户数 $a(v_i)$（$i=1, 2, \cdots, 7$）以及各销售点之间的距离 w_{ij}（$i, j=1, 2, \cdots, 7$）如图 9-4 所示。现在要在六个销售点中选取一个作为配送服务点。问该配送服务点应该设在哪一个销售点（顶点）？

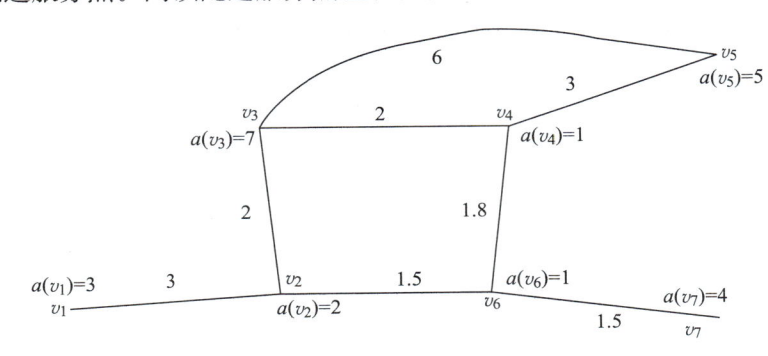

图 9-4

解：第一步：用标号法求出每一个顶点 v_i 至其他各个顶点 v_j 的最短路径长度 d_{ij}（$i, j=1, 2, \cdots, 7$），并将其写成以下距离矩阵：

$$\boldsymbol{D}=\begin{pmatrix} d_{11} & d_{12} & d_{13} & d_{14} & d_{15} & d_{16} & d_{17} \\ d_{21} & d_{22} & d_{23} & d_{24} & d_{25} & d_{26} & d_{27} \\ d_{31} & d_{32} & d_{33} & d_{34} & d_{35} & d_{36} & d_{37} \\ d_{41} & d_{42} & d_{43} & d_{44} & d_{45} & d_{46} & d_{47} \\ d_{51} & d_{52} & d_{53} & d_{54} & d_{55} & d_{56} & d_{57} \\ d_{61} & d_{62} & d_{63} & d_{64} & d_{65} & d_{66} & d_{67} \\ d_{71} & d_{72} & d_{73} & d_{74} & d_{75} & d_{76} & d_{77} \end{pmatrix}=\begin{pmatrix} 0 & 3 & 5 & 6.3 & 9.3 & 4.5 & 6 \\ 3 & 0 & 2 & 3.3 & 6.3 & 1.5 & 3 \\ 5 & 2 & 0 & 2 & 5 & 3.5 & 5 \\ 6.3 & 3.3 & 2 & 0 & 3 & 1.8 & 3.3 \\ 9.3 & 6.3 & 5 & 3 & 0 & 4.8 & 6.3 \\ 4.5 & 1.5 & 3.5 & 1.8 & 4.8 & 0 & 1.5 \\ 6 & 3 & 5 & 3.3 & 6.3 & 1.5 & 0 \end{pmatrix}$$

第二步：以各顶点的载荷（人口数）加权，求每一个顶点至其他各个顶点最短路径长度的加权和：

$$S(v_1)=\sum_{j=1}^{7} a(v_j)d_{1j}=122.3 \text{；} S(v_2)=\sum_{j=1}^{7} a(v_j)d_{2j}=71.3$$

$$S(v_3)=\sum_{j=1}^{7} a(v_j)d_{3j}=69.5 \text{；} S(v_4)=\sum_{j=1}^{7} a(v_j)d_{4j}=69.5$$

$$S(v_5) = \sum_{j=1}^{7} a(v_j)d_{5j} = 108.5 ; S(v_6) = \sum_{j=1}^{7} a(v_j)d_{6j} = 72.8$$

$$S(v_7) = \sum_{j=1}^{7} a(v_j)d_{7j} = 95.3$$

第三步：判断。

$$因为 S(v_3) = S(v_4) = \min_i \sum_{j=1}^{7} a(v_j)d_{ij} = 69.5$$

所以，v_3 和 v_4 都是图 9-4 所示的中心点，即配送服务点设在点 v_3 或者 v_4 都是可行的。

思政融合

不畏艰难、目光长远的人生信念：

最短路径问题是运筹学中的一个经典问题，从起点到终点，要经过许多的中间点。在选择路径时，若每次都选择与当前点最近的中间点作为下一迭代点，这样得到的路径往往不是最优路径，其选择策略犯了因小失大的错误，即为了初始阶段的轻松容易，失去了后面更快抵达目的地的机会。最优路径选择策略告诫我们，应秉持不贪图享乐、不畏艰难、目光长远的人生信念。

9.3 最大流问题

在许多实际的网络系统中都存在流量和最大流问题。例如铁路运输系统中的车辆流、城市给排水系统的水流等。

9.3.1 最大流的基本概念

1. 网络流

网络：设一个赋权有向图 $G=(V, A)$，在 v 中指定一个发点 v_s 和一个收点 v_t，其他的点叫作中间点。对于 G 中的每一弧 $(v_i, v_j) \in A$，都有一个权 c_{ij}（称为弧的容量）。我们把这样的图 G 称为一个网络系统，简称网络，记作 $G=(V, A, C)$。

网络流：在一定条件下通过一个网络的某种流在各边上流量的集合。定义在弧集合 A 上的一个函数 $F=\{f(v_i, v_j)\} = \{f_{ij}\}$，则 $f(v_i, v_j) = f_{ij}$ 称为弧在 (v_i, v_j) 上的流量，记为 f_{ij}。

如图 9-5（a）所示，数字为弧容量；如图 9-5（b）所示，括号内数字为弧流量。

网络流的特点：

(1) 发点的总流出量和收点的总流入量必相等；

(2) 每一个中间点的流入量与流出量相等；

(3) 每一弧上的流量不能超过其最大通过能力（容量）。

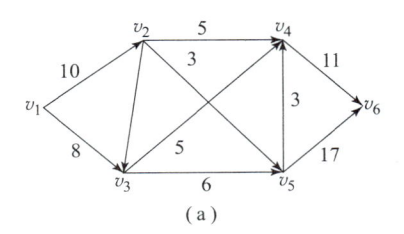

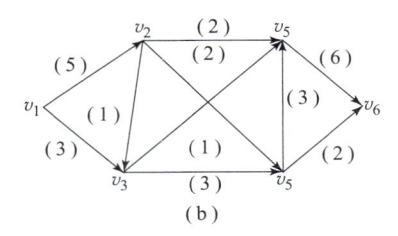

图 9-5

2. 可行流

可行流是指满足以下条件的一个网络流。

（1）容量限制条件：表示通过边的流量不能超过该边的容量；

（2）流量守恒条件：表示在每个中间点，流进与流出该点的总流量相等，即保持中间点的流量平衡。

3. 最大流

最大流是指在一个网络中，流量最大的可行流。

在可行流中，流量与容量相等的弧称为饱和弧；流量小于容量的弧称为不饱和弧；流量大于零的弧称为正弧；流量等于零的弧称为零弧。如图 9-6 所示，(v_4, v_3) 是饱和弧，其他的弧是非饱和弧并且都是非零弧。

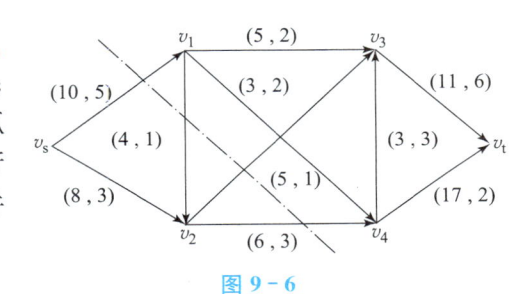

图 9-6

4. 正向弧与反向弧

正向弧：弧的方向与链的方向一致，正向弧的全体记作 P^+；

反向弧：弧的方向与链的方向相反，反向弧的全体记作 P^-。

如图 9-6 所示，在链 $(v_s, v_1, v_2, v_3, v_4, v_t)$ 中，$P^+ = \{(v_s, v_1), (v_1, v_2), (v_2, v_3), (v_4, v_t)\}$，$P^- = \{(v_4, v_3)\}$。

5. 增广链

增广链是指在某可行流上，沿着始点到终点的某条链调整各弧上的流量，可以使网络的流量增大，得到一个比原可行流流量更大的可行流。

增广链必须满足以下两个条件：

（1）该链上前向弧流量小于容量，即流量可以增加；

（2）该链上后向弧流量大于零，即流量可以减少。

若在网络中存在一条增广链，则表明当前可行流不是最大流，即其调整方法如下：

（1）沿着增广链观察，计算所有前向弧的最大可增加量（即每条前向弧容量与当前流量的差值）及所有后向弧的最大可减少量（即后向弧上的流量），其中的最小值即调整量 θ。

（2）令当前可行流的增广链上所有前向弧加上调整量、所有后向弧减去调整量。

6. 截集与截集容量

若 $A \subseteq V$，$s \in A$，$t \in V - A$，且 A 中各点不需要经由 $\overline{A}$ 中的点而均连通，则把始点在 A 中、终点在 $\overline{A}$ 中的一切弧所构成的集合，称为一个分离 v_s 和 v_t 的截集或者割，记作 C。某一个截集的所有弧容量之和称为该截集的容量，简称截量，记为 $C(A, \overline{A})$。

在图 9-6 中，$A=(v_s,\ v_2)$，则：
$$\bar{A}=(v_1,\ v_3,\ v_4,\ v_t) \quad (A,\bar{A})=\{(v_s,v_1),(v_2,v_4),(v_2,v_3)\}$$
$$C(A,\bar{A})=c_{s1}+c_{24}+c_{23}=10+5+6=21$$

在一个网络中，截量最小的截集称为最小截集。网络中从 v_s 到 v_t 最大流的流量等于分离 v_s 和 v_t 最小截集的截量。这就是最大流量—最小截量定理，依此原理来求网络的最大流。

9.3.2 网络最大流的标号法

1. 最大流算法的基本思想

判别网络 N 中当前给定的流 f（初始时，取 f 为零流）是否存在增广链，若没有，则该流 f 为最大流；否则，求出 f 的改进流 f'，把 f' 看成 f，再进行判断和计算，直到找到最大流为止。

2. 算法（标号法）

这种方法分为以下两个过程：标号过程（通过标号过程寻找一条可增广轨）和增流过程（沿着可增广轨增加网络的流量）。

这两个过程的步骤分述如下。

（1）标号过程。

先给 v_s 标号 $(0,\infty)$，这时 v_s 是标号未检查的点，其他都是未标号点。一般取一个标号未检查点记为 v_i，对一切未标号点表示为 v_j。

① 若在弧 (v_j,v_i) 上，流量小于其容量，那么给 v_j 标号 $(v_i,l(v_j))$，其中 $l(v_j)=\min\{l(v_i),(c_{ij}-f_{ij})\}$。这时，$v_j$ 成为标号未检查点。

② 若在弧 (v_i,v_j) 上，流量大于零，那么给 v_j 标号 $(-v_i,l(v_j))$，其中 $l(v_j)=\min\{l(v_i),(f_{ji})\}$。这时，$v_j$ 成为标号未检查点。

于是 v_i 成为标号已近检查的点。重复以上步骤，如果所有的标号都已经检查过，而标号过程无法继续进行下去，则标号结束，这时的可行流就是最大流。但是，如果 v_t 被标上号，则表示得到一条增广链 P，转入下一步调整过程。

（2）调整过程。

首先按照 v_t 和其他点的第一个标号反向追踪，找出增广链 P。例如，令 v_t 的第一个标号是 v_k，则弧 (v_k,v_t) 在 P 上。再看 v_k 的第一个标号，若是 v_i，则弧 (v_i,v_k) 都在 P 上。依次类推，直到 v_s 为止。这时所找出的弧就成为网络的一条增广链。取调整量 $\theta=l(v_t)$，即 v_t 的第二个标号。

令
$$f'_{ij}=\begin{cases}f_{ij}+\theta,(v_i,v_j)\in P^+\\ f_{ij}-\theta,(v_i,v_j)\in P^-\end{cases}$$

非增广链上的各弧流量不变。

再去掉所有的标号，对新的可行流重新进行标号过程，直到找到网络的最大流为止。

例 9-3 求图 9-7 中网络的最大流。

解：采用标号法。

（1）标号过程。

① 首先给 v_s 标号 $(0,\infty)$。

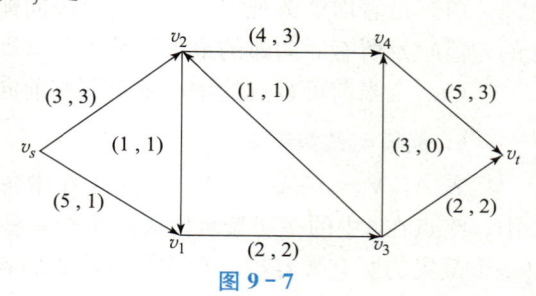

图 9-7

②看 v_s：在弧 (v_s,v_2) 上，流量等于容量 3，不具备标号条件。在弧 (v_s,v_1) 上，流量为 1，小于容量 5，故给 v_1 标号 $(v_s,l(v_1))$。其中，
$$l(v_1)=\min\{l(v_s),(c_{s1}-f_{s1})\}=\min\{+\infty,5-1\}=4$$

③看 v_1：在弧 (v_1,v_3) 上，流量等于容量 2，不具备标号条件。在弧 (v_2,v_1) 上，流量为 $1>0$，故给 v_2 标号 $(-v_1,l(v_2))$。其中，
$$l(v_2)=\min\{l(v_1),f_{21}\}=\min\{4,1\}=1$$

④看 v_2：在弧 (v_2,v_4) 上，流量为 3，小于容量 4，故给 v_4 标号 $(v_2,l(v_4))$。其中，
$$l(v_4)=\min\{l(v_2),(c_{24}-f_{24})\}=\min\{1,1\}=1$$

在弧 (v_3,v_2) 上，流量为 $1>0$，故给 v_3 标号 $(-v_2,l(v_3))$。其中，
$$l(v_3)=\min\{l(v_2),f_{32}\}=\min\{1,1\}=1$$

⑤在 v_3、v_4 中任意选一个，比如 v_3，在弧 (v_3,v_t) 上，流量为 1，小于容量 2，故给 v_t 标号 $(v_3,l(v_t))$。其中，
$$l(v_t)=\min\{l(v_3),(c_{3t}-f_{3t})\}=\min\{1,1\}=1$$

因为 v_t 被标上号，根据标号法，转入调整过程。

(2) 调整过程

从 v_t 开始，按照标号点的第一个标号，用反向追踪的方法，找出一条从 v_s 到 v_t 的增广链 P，如图 9-8 所示的双箭线。

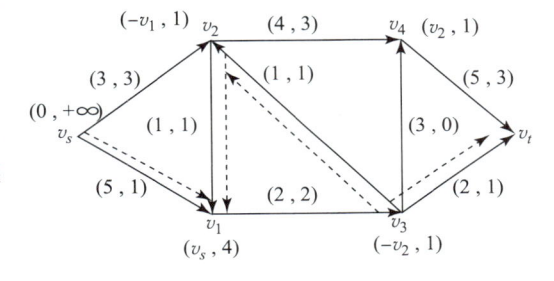

不难看出：
$P^+=\{(v_s,v_1),(v_3,v_t)\}$，$P^-=\{(v_2,v_1),(v_3,v_2)\}$

取 $\theta=1$，在 P 上调整 f，得到：
$$f'_{ij}\begin{cases}f_{s1}+\theta=1+1=2\in P^+\\ f_{3t}+\theta=1+1=2\in P^+\\ f_{21}-\theta=1-1=0\in P^-\\ f_{32}-\theta=1-1=0\in P^-\end{cases}$$

图 9-8

其他的 f_{ij} 不变。

调整后的可行流如图 9-9 所示，再对这个可行流重新进行标号，寻找增广链。

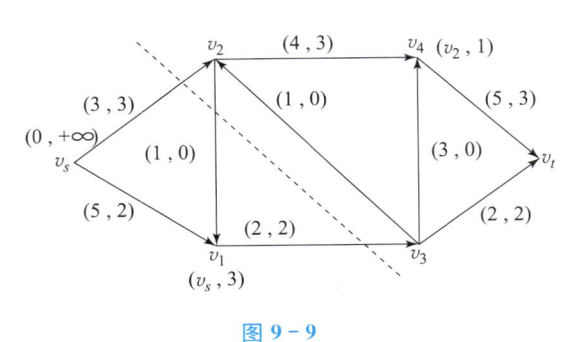

首先给 v_s 标号 $(0,\infty)$。看 v_s，给 v_1 标号 $(v_s,3)$。看 v_1，在弧 (v_1,v_3) 上，流量等于容量，在弧 (v_2,v_1) 上，流量为 0，均不符合条件。因此，标号过程无法继续进行下去，不存在从 v_s 到 v_t 的增广链，算法结束。此时，网络中的可行流就是最大流，最大流的流量为 $3+2=5$。同时，也找到最小截集 $(A,\overline{A})$，其中 $A=(v_s,v_1)$ 是标号的集合，$\overline{A}=(v_2,v_3,v_4,v_t)$ 是没有标号的集合。

图 9-9

9.4 最小费用最大流问题

在运输网络流中，设 w_{ij}、c_{ij}、f_{ij} 分别表示边 (i, j) 的单位流费用、容量和流量，且最大流的流量为 λ。所谓最小费用最大流问题就是从发点到收点怎样以最小费用输送一已知量为 λ 的总流量。

该问题的解决思路是，在求网络的最大流时，一般是从某个可行流出发，找到关于这个流的一条增广链，如此反复调整流量到最大，这个过程中，增广链的选择是没有优先顺序的。那么在最小费用最大流问题中，在寻找增广链以增加流量时，要找到当前网络可行流中费用最小的增广链，优先安排调运，即进行流量调整；调整后，得到新的可行流，需要再寻找费用最小的增广链，优先安排调运。如此反复进行，直到找不到费用最小的增广链为止。这样得到的就是费用最小的最大流，具体步骤如下。

开始取 $f^{(0)}=0$ 为初始可行流，一般情况下，如果在第 $k-1$ 步得到最小费用流 $f^{(k-1)}$，则构造赋权有向图 $G=(f^{(k-1)})$，在 $G=(f^{(k-1)})$ 中，寻求从 v_s 到 v_t 的最短路，若不存在最短路，则 $f^{(k-1)}$ 就是最小费用最大流；若存在最短路，则在原网络中得到相应的增广链，在增广链上对 $f^{(k-1)}$ 进行调整，调整规则参见最大流标号法。调整后得到新的可行流 $f^{(k)}$，再重复上述步骤。

下面通过例题来具体说明。

例 9-4 求图 9-10（a）所示的最小费用最大流。弧旁数字为 (w_{ij}, c_{ij})，当前流量为 0。

解：（1）取 $f^{(0)}=0$ 为初始可行流。

（2）构造赋权有向图 $G=(f^{(0)})$，寻求从 v_s 到 v_t 的最短路 (v_s, v_2, v_1, v_t) 进行调整，费用为 $1+2+1=4$，如图 9-10（b）所示。

（3）在原网络中对于这条最短路相应的增广链 (v_s, v_2, v_1, v_t) 进行调整，根据求网络最大流的增广链调整原则，$\theta=5$，得到新的可行流 $f^{(1)}=5$，如图 9-10（c）所示。

（4）构造当前可行流的赋权有向图 $G=(f^{(1)})$。构造规则遵循三个要点：对于零弧，流向保持不变；对于饱和弧，流向与初始方向相反；对于非零不饱和弧，构造反方向的弧。在新构造的 $G=(f^{(1)})$ 中，求出从 v_s 到 v_t 的最短路 (v_s, v_1, v_t)，费用为 $4+1=5$，如图 9-10（d）所示。

（5）在原网络中对于这条最短路相应的增广链 (v_s, v_1, v_t) 进行调整，根据求网络最大流的增广链调整原则，$\theta=2$，得到新的可行流 $f^{(2)}=7$，如图 9-10（e）所示。

（6）构造当前可行流的赋权有向图 $G=(f^{(2)})$。在新构造的 $G=(f^{(2)})$ 中，求出从 v_s 到 v_t 的最短路 (v_s, v_2, v_3, v_t)，费用为 $1+2+3=6$，如图 9-10（f）所示。

（7）在原网络中对与这条最短路相应的增广链 (v_s, v_2, v_3, v_t) 上进行调整，根据求网络最大流的增广链调整原则，$\theta=3$，得到新的可行流 $f^{(3)}=10$，如图 9-10（g）所示。

（8）构造当前可行流的赋权有向图 $G=(f^{(3)})$。在新构造的 $G=(f^{(3)})$ 中，求出从 v_s 到 v_t 的最短路 $(v_s, v_1, v_2, v_3, v_t)$，费用为 7，如图 9-10（h）所示。

（9）在原网络中对与这条最短路相应的增广链 $(v_s, v_1, v_2, v_3, v_t)$ 上进行调整，根据求网络最大流的增广链调整原则，$\theta=1$，得到新的可行流 $f^{(4)}=11$，如图 9-10（i）所示。

（10）构造当前可行流的赋权有向图 $G=(f^{(4)})$，如图 9-10（g）所示。在新构造的 $G=(f^{(4)})$ 中，不存在从 v_s 到 v_t 的最短路，所以 $f^{(4)}$ 为最小费用最大流。

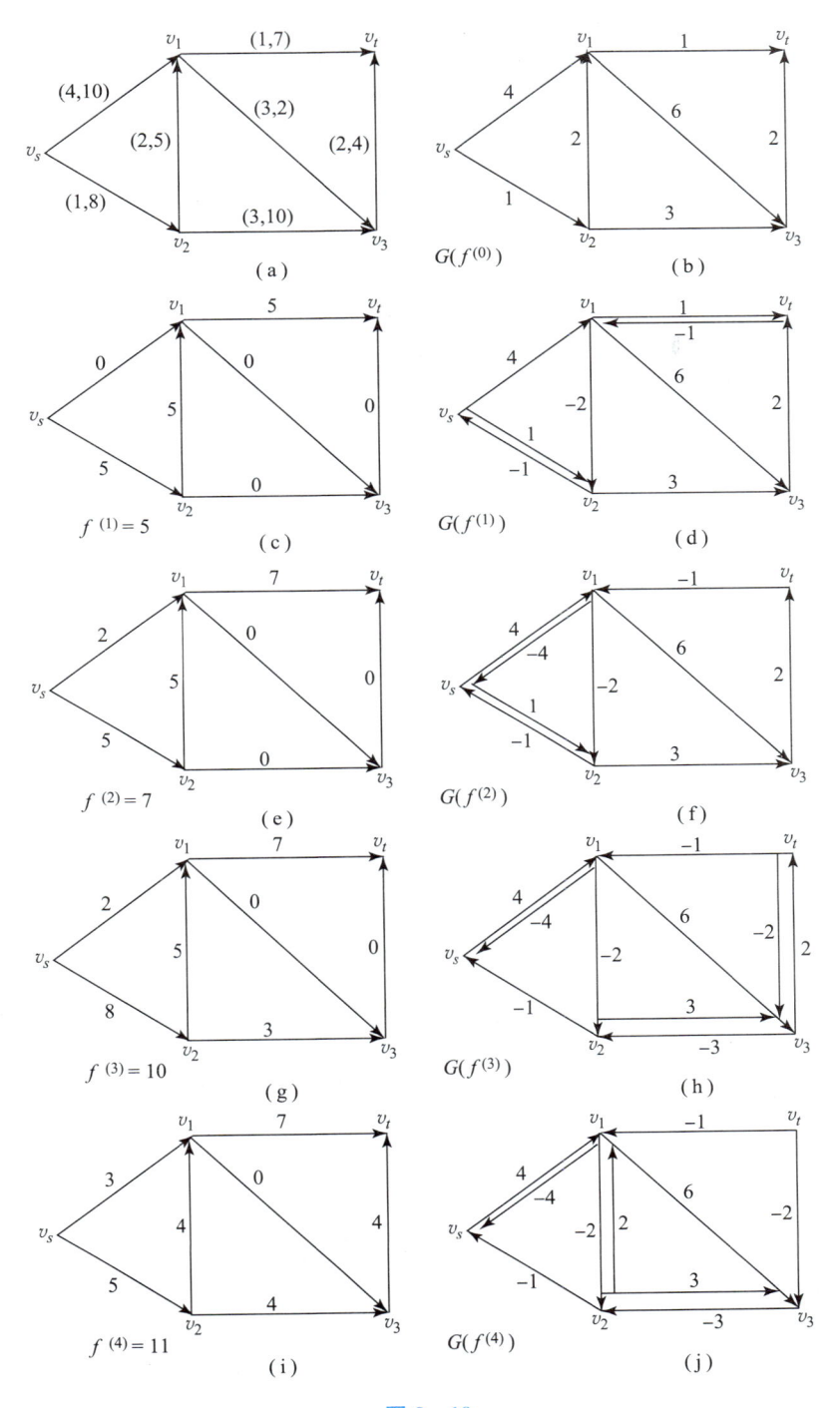

图 9-10

9.5 中国邮递员问题

中国邮递员问题是著名的网络论问题之一。邮递员从邮局出发送信，要求对辖区内每条街，都至少通过一次，再回邮局。在此条件下，怎样选择一条最短路线？此问题由中国数学家管梅谷于 1960 年首先研究并给出算法，因此，在国际上通常称为"中国邮递员问题"。这个问题实际上就是一类物流配送的最短路径问题。本节先介绍欧拉问题的基本定理，然后在此基础上探讨中国邮路问题的求解方法。

思政融合

致敬中国杰出运筹大家管梅谷、钱学森等先生：
1960 年中国数学家管梅谷先生提出中国邮递员问题，是著名图论问题之一。经过多年的发展，我国运筹学虽然取得了长足的发展，但还是与西方先进水平存在着不少的差距。在运筹学这一学科领域，缩短与西方国家的差距并超越它们，是我国新时代大学生肩负的使命。

9.5.1 一笔画问题的基本定理

所谓一笔画问题，就是从某一点开始画画，笔不离纸，各条线路仅画一次，最后回到原来的出发点。俄国大数学家欧拉用一笔画来比喻著名的"哥尼斯堡七孔桥问题"。在一笔画问题中，只有始点与终点的线路是只进不出或者只出不进，其他点都是一进一出，所有始点与终点都是奇点，其他点都是偶点。凡是能一笔画出的图，奇点的个数最多有两个；始点与终点重合的一笔画问题，奇点个数必是零。

在连通图 G 中，若存在一条道路，经过每边一次且仅一次，则称这条路为欧拉链。若存在一个圈，经过每边一次且仅一次，则称这个圈为欧拉圈。一个图若有欧拉圈，则称为欧拉图。

定理 无向连通图 G 是欧拉图，当且仅当 G 中无奇点。

推论 无向连通图 G 有欧拉链，当且仅当 G 中有两个奇点。

上述定理和推论为我们提供了一种识别一个图能否一笔画出的较为简单的办法。

9.5.2 奇偶点图上作业法

1. 确定一个可行方案

某一邮递员负责某街区的邮件投递工作，每次都要从邮局出发，走遍他负责的所有街道，再回到邮局，如果在他负责的街道图中没有奇点，那么他所走过的线路必是欧拉图，这样他所走的路程最短。这就是一笔画问题。但在实际情况中，往往不能满足欧拉图的要求，即街道图中有奇点，这样邮递员就必须在街道上重复一次或多次。这样的线路图就不可能通过一笔而画出。

实际上，这个问题用图论语言描述：给定一个连通图 G，每边有非负权 $W(g)$，要求一个圈经过每边至少一次，且满足总权最小。

如果 G 中有奇点，要求连续走过每边至少一次，必然有些边不止一次走过，这相当于在图 G 中对某些边增加了一些重复边，使所得到的新图 G' 没有奇点且满足总路程最短。

在图 9-11 所示的街道图中，有 4 个奇点 v_2、v_4、v_6、v_8，所以它不能一笔画出。当在图 9-11 中添加弧段 (v_1,v_2)，(v_1,v_4)，(v_2,v_8)，(v_6,v_9)，(v_8,v_9) 之后，图 9-11 中就没有奇点了，则该图就可以一笔画出。例如：

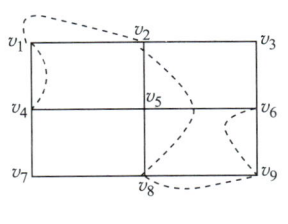

图 9-11

$v_1 \rightarrow v_2 \rightarrow v_3 \rightarrow v_6 \rightarrow v_9 \rightarrow v_8 \rightarrow v_7 \rightarrow v_4 \rightarrow v_1 \rightarrow v_2 \rightarrow v_5 \rightarrow v_8 \rightarrow v_9 \rightarrow v_6 \rightarrow v_5 \rightarrow v_4 \rightarrow v_1$

这就是说，邮递员只要在添加的弧段上多走一次，就可以从邮局出发，经过各个线路段，完成任务之后，重新回到邮局了，所以求解邮递员问题，首先是确定出一条行走线路。方法是在图中的奇点与奇点之间作出一条链，把链中的所有边添加到图中，使图成为欧拉图，自然就得到一条邮递员可以行走的线路了。

2. 对最优线路的判断

由于奇点与奇点之间增加的链有多种方式，所以首先得到的线路也有许多种表示，如何在它们之间找出最优线路来，这就需要知道如何判断最优线路。

由于任何一条可行线路的总长度等于原线路长度与添加的线路长度之和，所以最优线路必是重复线路中具有最短线路的那一条。要求：

（1）每条边上最多有一条重复边；

（2）每个圈上重复边的总长度不得超过该圈长度的一半。

因为添加重复边的目的是将图中的所有奇点都变成偶点，使该图成为欧拉图，从而得到一个可行解，所以添加的重复边必须为一条、三条、五条等奇数条，将多余一条的重复边成对划去，并不影响该点的奇偶性，只会降低重复边的长度，所以在最优线路中，重复边或者没有，或者只有一条。

在一个圈上，当重复边的总长度超过了该圈总长度的一半时，说明邮递员走了远路。

所以上面两条标准是衡量最优线路的根本标准。不符合其中任何一条标准的解均不是最优解。

3. 对最优线路的调整

如何从一条非最优线路开始，找到一条最优线路，这是问题的关键。下面举例说明。

例 9-5 在图 9-12 中，有 4 个奇点 v_2、v_4、v_6、v_8，将这 4 个奇点配对，如 v_2 和 v_6 成一对，v_4 和 v_8 成一对。任取一条连接 v_2 和 v_6 的链 $\{v_2, v_9, v_6\}$，并在图 9-12 中增加该链所对应的边：$[v_2, v_9]$，$[v_9, v_6]$。同样，任取 v_4 和 v_8 的链 $\{v_8, v_9, v_4\}$，并在图 9-12 中增加该链所对应的边：$[v_8, v_9]$，$[v_9, v_4]$。则该图为欧拉图，重复边长为 16。

在图 9-12 中，有重复边的圈为 $\{v_1, v_2, v_9, v_8, v_1\}$，总长度为 $7+4+4+2=17$，重复边长为 $4+4=8<17/2$，所以将该圈的重复边调整为该圈的其他边长，如图 9-13 所示。

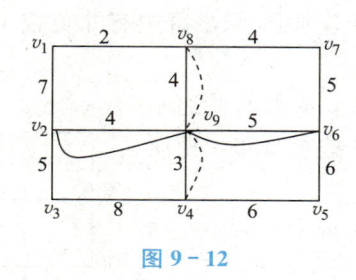

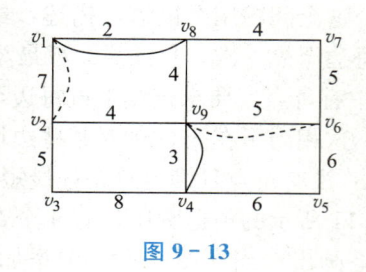

在图 9-12 中的另一个有重复边的圈为 $\{v_4, v_5, v_6, v_9, v_4\}$，总长度为 $6+6+3+5=20$，重复边长为 $3+5=8<10$，无须调整线路。所以图 9-13 中的线路就是最短线路。

选择最短线路的方法可以归结为下面三句话：

先分奇点和偶点，奇点分对连；

每条连线仅一条，多余要去完；

每圈所有连线长，不得过半圈。

9.5.3 旅行商问题

旅行商问题又为货郎担问题，也是最基本的路线问题，该问题是在寻求单一旅行者由起点出发，通过所有给定的需求点之后，最后再回到原点的最小路径成本。最早的旅行商问题的数学规划是由 Dantzig（1959 年）等人提出的。旅行商问题在物流中的描述是对应一个物流配送公司，欲将 n 个客户的订货沿最短路线全部送到，如何确定最短路线。此类问题规则虽然简单，但在地点数目增多后求解却极为复杂。一般当地点数量不太多时，利用动态规划方法求解最方便。下面举例说明。

例 9-6 求解四个城市推销员旅行问题，其距离矩阵如表 9-1 所示，当推销员从城市 1 出发时，经过每个城市一次且仅有一次，最后回到城市 1，问按照怎样的路线走，能使总的行程距离最短？

表 9-1

距离 城市 i 城市 j	城市 1	城市 2	城市 3	城市 4
城市 1	0	8	5	6
城市 2	6	0	8	5
城市 3	7	9	0	5
城市 4	9	7	8	0

解：按顺序解法的思路。

第一阶段：从城市 1 开始，中间经过一个城市到达某城市 i 的最短距离。

当 $i=2$ 时，经过城市 3 的最短距离为

$$d_{132} = d_{13} + d_{32} = 5+9 = 14$$

当 $i=2$ 时，经过城市 4 的最短距离为

$$d_{142} = d_{14} + d_{42} = 6+7 = 13$$

当 $i=3$ 时，经过城市 2 的最短距离为

$$d_{123} = d_{12} + d_{23} = 8+8 = 16$$

当 $i=3$ 时，经过城市 4 的最短距离为
$$d_{143} = d_{14} + d_{43} = 6+8 = 14$$
当 $i=4$ 时，经过城市 2 的最短距离为
$$d_{124} = d_{12} + d_{24} = 8+5 = 13$$
当 $i=2$ 时，经过城市 3 的最短距离为
$$d_{134} = d_{13} + d_{34} = 5+5 = 10$$

第二阶段：从城市 1 开始，中间经过两个城市（顺序随便）到达某城市 i 的最短距离。

当 $i=2$ 时，经过城市 3、4 的最短距离为
$d_{1[34]2} = \min[d_{134}+d_{42}, d_{143}+d_{32}] = [10+7, 14+9] = 17$，线路为 1—3—4—2。

当 $i=3$ 时，经过城市 2、4 的最短距离为
$d_{1[24]3} = \min[d_{124}+d_{43}, d_{142}+d_{23}] = [13+8, 13+8] = 21$，线路为 1—2—4—3。

当 $i=4$ 时，经过城市 2、3 的最短距离为
$d_{1[23]4} = \min[d_{123}+d_{34}, d_{132}+d_{24}] = [16+10, 14+5] = 19$，线路为 1—3—2—4。

第三阶段：从城市 1 开始，中间经过三个城市（顺序随便）回到城市 1 的最短距离为
$d_{1[234]1} = \min[d_{1\,342}+d_{21}, d_{1\,243}+d_{31}, d_{1\,324}+d_{41}] = [17+6, 21+7, 19+9] = 23$

由此可知，推销员的最短旅行路线是 1—3—4—2—1，最短总距离是 23。

9.6 利用 Excel 上机解决物流路径问题

9.6.1 用 Excel 求解最短路问题

有 9 个城市 $v_1 \sim v_9$，其公路网如图 9-14 所示，弧旁数字是该段公路的长度，有一批货物要从 v_1 运到 v_9，问走哪条路最短？

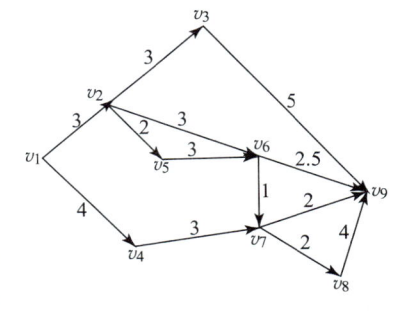

图 9-14

（1）按照图 9-14 所示，在相应的单元格内输入文本；按照表 9-2 所示，在相应的单元格内输入公式。

表 9-2

K14	=SUM（C14：J14）	C22	=SUM（C14：C21）	C24	=K15
K15	=SUM（C15：J15）	D22	=SUM（D14：D21）	D24	=K16
K16	=SUM（C16：J16）	E22	=SUM（E14：E21）	E24	=K17
K17	=SUM（C17：J17）	F22	=SUM（F14：F21）	F24	=K18
K18	=SUM（C18：J18）	G22	=SUM（G14：G21）	G24	=K19
K19	=SUM（C19：J19）	H22	=SUM（H14：H21）	H24	=K20
K20	=SUM（C20：J20）	I22	=SUM（I14：I21）	I24	=K21
K21	=SUM（C21：J21）	J22	=SUM（J14：J21）	J24	=K14

(2) 规划求解参数设置，如图 9-15 所示。

其中可变单元格为 C14，E14，D15，F15，G15，J16，H17，G18，H19，J19，I20，J20，J21，如图 9-16 所示，并将矩形区域中其他单元格（底色为浅绿色）设置为 0，在"选项"中选取"假定非负"和"采用线性模型"，在约束条件中还要将所有可变单元格设置为 0—1 变量。

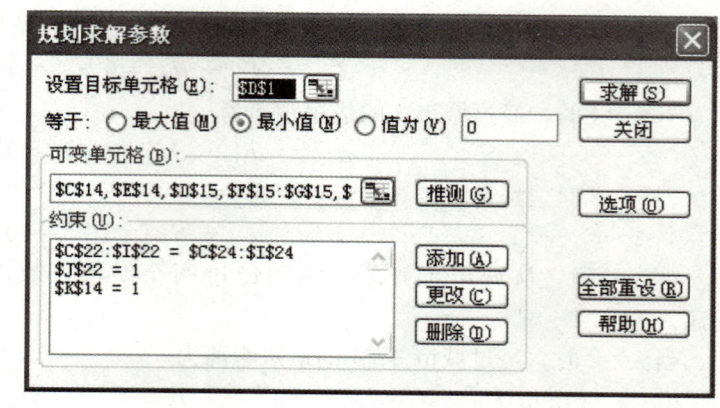

图 9-15

图 9-16

(4) 最后得到结果，如图 9-17 所示。

图 9-17

9.6.2 用 Excel 求解最大流问题

求如图 9-18 所示的网络最大流（每弧旁的数字是该弧的容量和实际流量）。

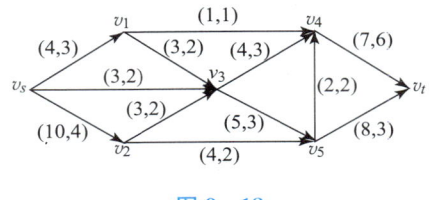

图 9-18

(1) 按照图 9-18 所示，在相应大单元格内输入文本；按照表 9-3 所示，在相应单元格内输入公式。

表 9-3

单元格	公式	单元格	公式	单元格	公式
I11	=SUM（C11：H11）	C17	=SUM（C11：C16）	C19	=I12
I12	=SUM（C12：H12）	D17	=SUM（D11：D16）	D19	=I13
I13	=SUM（C13：H13）	E17	=SUM（E11：E16）	E19	=I14
I14	=SUM（C14：H14）	F17	=SUM（F11：F16）	F19	=I15
I15	=SUM（C15：H15）	G17	=SUM（G11：G16）	G19	=I16
I16	=SUM（C16：H16）	H17	=SUM（H11：H16）	H19	=I11

(2) 规划求解参数设置，如图 9-19 所示。

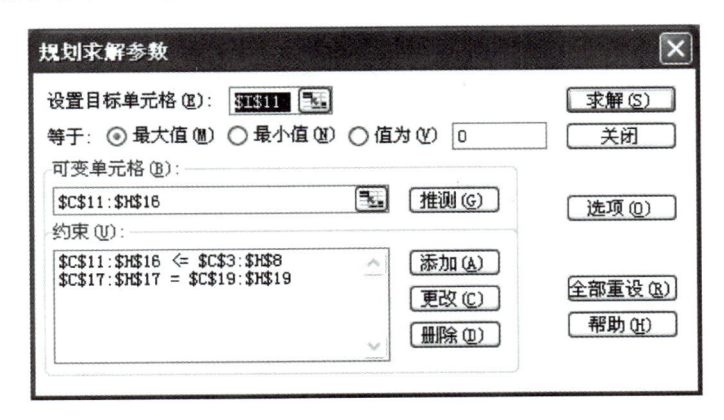

图 9-19

其中，"选项"中选取"假定非负"和"采用线性模型"。

(3) 最后得到结果，如图 9-20 所示。

	A	B	C	D	E	F	G	H	I	J
1										
2		容量	v_1	v_2	v_3	v_4	v_5	v_t		
3		v_s	4	10	3	0	0	0		
4		v_1	0	0	3	1	0	0		
5		v_2	0	0	3	0	4	0		
6		v_3	0	0	0	4	5	0		
7		v_4	0	0	0	0	0	7		
8		v_5	0	0	0	2	0	8		
9									始点的发出量	
10		实际流量	v_1	v_2	v_3	v_4	v_5	v_t		
11		v_s	4	7	3	0	0	0	14	
12		v_1	0	0	3	1	0	0	4	
13		v_2	0	0	3	0	4	0	7	
14		v_3	0	0	0	4	5	0	9	
15		v_4	0	0	0	0	0	7	7	
16		v_5	0	0	0	2	0	7	9	
17			4	7	9	7	9	14	终点的流入量	
18			=	=	=	=	=	=		
19			4	7	9	7	9	14	始点的发出量	
20										

图 9-20

知识总结

（1）最短路问题是网络理论中应用最广泛的问题之一，最普遍的应用是在两个点之间寻找最短路径，许多优化问题可以使用这个模型，如设备更新、管道铺设、线路安排、厂区布局等。本书主要介绍了 Dijkstra 标号法和 Floyd 标号法。

（2）在许多实际的网络系统中都存在流量和最大流问题，最大流算法的基本思想是通过判别网络当前给定的流是否存在增广链来判断是否为最大流。

（3）最小费用最大流问题是在最大流问题的基础上增加了一个费用变量，主要是指从发点到收点怎样以最小费用输送一已知的总流量。该问题的解决思路是，在求网络的最大流时，从某个可行流出发，找到关于这个流的一条增广链，如此反复调整流量到最大。

（4）中国邮递员问题实际上就是一类物流配送的最短路径问题。解决此类问题一般是在了解欧拉问题的基本定理基础上，利用奇偶点图上作业法来求解。

自测练习

9.1 求图 9-21 所示中起点到终点的最短线路。

9.2 求图 9-22 中所示网络的最大流与最小截集，弧旁数字为该弧的容量和初始可行流量。

9.3 求图 9-23 所示中网络的最小费用最大流。

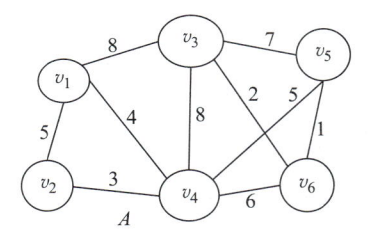

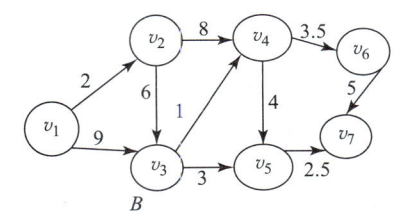

图 9-21

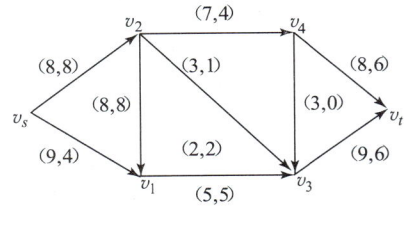

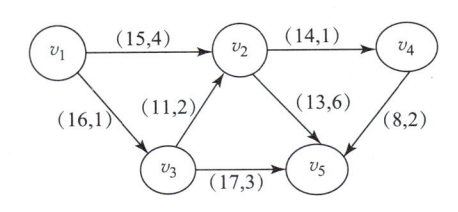

图 9-22

图 9-23

9.4 求图 9-24 所示中邮递员问题的最佳投递线路（@表示邮局）。

9.5 求解下列城市旅行商推销员问题，其距离矩阵如表 9-4 所示，设推销员从城市 1 出发，经过每个城市一次且仅一次，最后回到城市 1，问走怎样的路线使总的行程最短？

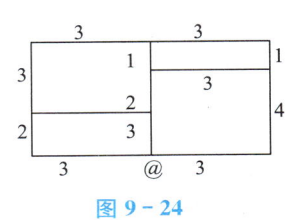

图 9-24

表 9-4

城市	城市 1	城市 2	城市 3	城市 4	城市 5
城市 1	0	10	20	30	40
城市 2	12	0	18	30	21
城市 3	23	9	0	5	15
城市 4	34	32	4	0	16
城市 5	45	27	11	10	18

第 10 章　网络计划技术

知识要点

理解网络计划中网络图等相关基本概念；掌握网络图的绘制方法，并会计算网络图中的时间参数；掌握网络优化的原则及其具体应用。

核心概念

网络计划技术（Network Planning Technology）
计划评审法（Program Evaluation and Review Technique，PERT）
关键线路法（Critical Path Method，CPM）
网络图（Network Plot）
网络参数（Network Parameter）
网络优化（Optimization of Network）

典型案例

某项工程由表 10-1 缩写的工序组成，根据表 10-1 中资料画出工序网络图，并确定关键路线。

表 10-1

工序	紧前工序	工序时间/天
a	/	10
b	/	20
c	a	5
d	c	8
e	b、c	12
f	d	30
g	e、f	15

第 10 章　网络计划技术

10.1　网络计划概述

在社会的生产经济活动中,科学地组织管理是不容忽视的重要工作,而制订好计划并组织计划的实施是组织管理工作的核心。在一项复杂的生产或施工活动中,由于生产或施工的工作繁多,参加人员众多,环节错综复杂,有的可以同步进行,有的需按先后顺序实施,因此在实施以前,必须制订一个周密的实施计划。一个好的计划可以省时间、省人力、省费用。

开篇案例是一个典型的网络计划问题,它是一种帮助人们分析工序活动规律、提示任务内在矛盾的科学方法。不管是在工序中还是在生活中,每个人都会面临多项任务,只有了解这些任务的内在关系,才能够更好地统筹安排这些任务,最终找到一个最好的安排方案,达到效率最优或者收益最大。网络计划还提供了一套编制和调整计划的完整技术——网络计划技术。网络计划技术是以工序所需时间为时间因素,用描述工序之间相互联系的网络和网络时间的计算,反映整个工程或任务的全貌,并在规定条件下全面筹划、统一安排,来寻求达到目标最优方案的技术。

网络计划技术（Network Planning Technology）主要是用来计划工程项目并对整个过程进行有序控制的技术,起始于 20 世纪 50 年代末。1956 年,美国杜邦公司在制定企业不同业务部门的系统规划时,制订了第一套网络计划。这种计划借助于网络表示各项工序与所需要的时间以及各项工序的相互关系。通过网络分析研究工程费用与工期的相互关系,并找出在编制计划及计划执行过程中的关键路线。这种方法称为关键路线法（Critical Path Method，CPM）。

1958 年,美国海军武器部在制订研制"北极星"导弹计划时,同样应用了网络分析方法与网络计划,但它注重于对各项工序安排的评价和审查,这种计划称为计划评审法（Program Evaluation and Review Technique，PERT）。鉴于这两种方法的差别,CPM 主要应用于以往在类似工程中已取得一定经验的承包工程,PERT 更多地应用于研究与开发项目。日本、英国等也在工程中普遍应用了网络计划技术。

CPM 法和 PERT 法尝试成功得到披露后,曾引起广泛的重视。20 世纪 60 年代初,美国官方宣布政府雇员都必须接受这方面的培训。

20 世纪 60 年代初期,著名科学家华罗庚也将网络计划方法引入了我国。1964 年,他以国外的 CPM（关键线路法）和 PERT（计划评审法）为核心,进行提炼加工,通俗形象化,提出了中国式的统筹方法,并于 1965 年出版了小册子《统筹方法平话》（后于 1971 年出版了修订本《统筹方法平话及补充》）。

总之,网络计划技术在不断发展、完善,已经被多个国家公认为当前最行之有效的管理方法。网络计划技术的应用范围广泛,如建筑施工和新产品的研制计划、计算机系统的安装调试、军事指挥及各种大型复杂工程的控制管理等,无论在哪个领域,都可以依据网络计划技术进行有效安排从而降低成本、提高效率。

10.2　网络图

网络计划技术的核心是网络图（Network Plot）。它提供了一种描述计划任务中各项活动相互间（工艺或组织）逻辑关系的图解模型。网络图是一种类似流程图的箭线图，它描绘出项目所包含的各种活动的先后次序，标明每项活动的时间或费用成本。管理者可以借助网络图辨认出项目中关键的环节，并比较不同方法的成本和进度，选择最优的方案执行下去，达到效率最高或者效益最优。

网络图把施工过程中的各有关工作组成了一个有机的整体，能全面而明确地表达出各项工作开展的先后顺序及反映出各项工作之间的相互制约和相互依赖的关系；能进行各种时间参数的计算；在名目繁多、错综复杂的计划中找出决定工程进度的关键工作，便于计划管理者集中力量抓主要矛盾，确保工期，避免盲目施工；能够从许多可行方案中选出最优方案；在计划的执行过程中，某一工作由于某种原因推迟或者提前完成时，可以预见到它对整个计划的影响程度，而且能够根据变化了的情况，迅速进行调整，保证自始至终对计划进行有效的控制与监督；利用网络计划中反映出的各项工作的时间储备，可以更好地调配人力、物力，以达到降低成本的目的；更重要的是，它的出现与发展使现代化的计算工具——电子计算机在建筑施工计划管理中得以应用。

10.2.1　网络图中的元素

网络图是由很多元素构成的。在了解网络图之前，先了解构成一个网络图的各种元素。

1. 工序

任何一个项目计划都包含许多待完成的工作，这些待完成的工作就构成了网络图的一种元素类型，称为工序。这些工序需要在人、财、物力的投入下，经过一段时间才能够完成。

具体将这个过程反映到网络图中，即工序用矢箭表示，箭尾表示工序的开始，箭头表示工序的完成，箭头的方向表示工序的前进方向（从左向右）。工序的名称或内容可以写在箭线的上面，工序的持续时间可以写在箭线的下面。例如，耗时 8 天的"设计"工序在网络图中的表示方法如图 10-1 所示。

图 10-1

2. 虚工序

虚工序是用来表明工序之间的逻辑关系的，不消耗资源也不占用时间，用虚箭线表示。设立虚工序是由于工序之间的逻辑关系有些复杂，单单依靠工序这一元素无法将所有工序之间的逻辑关系表示完整。虚工序是虚构出来的，只为了表示清楚工序之间的顺序、逻辑关系，故虚工序没有名称，持续时间为 0，可以写在虚箭线下面，如图 10-2 所示。

图 10-2

3. 事项

事项是用来连接各个工序，将所有工序连成一体，从而表示整个项目过程的符号。每个事项都意味着一个或者几个工序的结束，同时也是其他一些工序开始的标志。这意味着前后工序的交接，因此事项也称结点。在网络图中，事项用圆圈表示，圆圈中编上整数号码，称为事项编号，用于区别不同的事项，如图10-3所示。

由图10-3可以看出，事项2是"设计"工序的结束，也是"施工"工序的开始。完成了"设计"工序，才能够进入到"施工"环节。

10.2.2 网络图中工序之间可能存在的关系

网络图是用来描述整个工序进程中，各个工序之间相关关系的，所以要画出正确的网络图，必须先弄清楚工序之间的关系。总的来说，工序之间可能存在的关系有以下4种。

1. 紧前工序

紧前工序是描述两个工序之间的逻辑关系的。如果工序 a 是工序 b 的紧前工序，则表明工序 a 完成后才有可能进行工序 b。工序 a 在开工顺序上早于工序 b，且是工序 b 开工的必要条件。例如：建造一个房子，有两道工序，"设计"以及"工程建设"。在进行"工程建设"前，必须先要将整个房子的构造、样式设计出来，那么我们就称"设计"这道工序是"工程建设"这道工序的紧前工序，如图10-4所示。

2. 紧后工序

紧后工序是与紧前工序相对的。工序 a 是工序 b 的紧前工序，那么工序 b 必然就是工序 a 的紧后工序。不论是紧前工序还是紧后工序，它们所涉及的两个工序之间的逻辑关系是一定的。如图10-4所示，"设计"是"工程建设"的紧前工序，则"工程建设"是"设计"的紧后工序，两者描述的逻辑关系是一样的。

3. 平行工序

平行工序是指能同时进行的工序，它们在时间段上是一致的，逻辑关系是平行不悖的。通常紧前工序相同的工序之间就是平行工序的逻辑关系。例如：建造好房子后，还需要安装电器、安装管道以及进行室内装修，这三个工序是可以同时进行的，则它们互为平行工序，如图10-5所示。

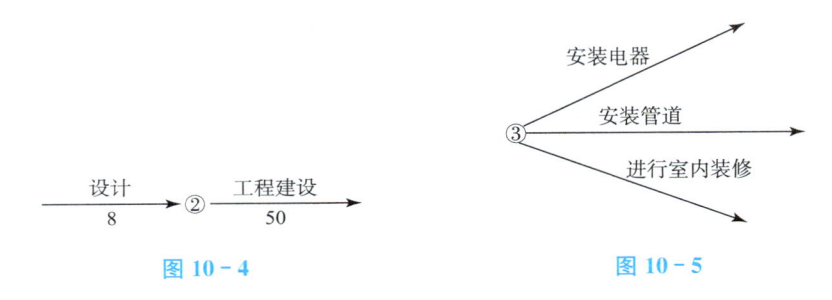

4. 交叉工序

交叉工序是指工序与工序可以相互交替进行。在项目过程中，为了加快项目进程，在条件允许时，常常在一道工序未全部完成时就开始其紧后工序。两道或者两道以上工序交叉进行，即交叉工序。例如：某高速公路工程中的勘测、设计、施工三个工序，本来的顺序应该是勘测—设计—施工，但是为了加快速度，可以将三道工序人为分为几部分，交叉进行，节省时间。交叉工序如图10-6所示。

①——a/9——②——b/6——③

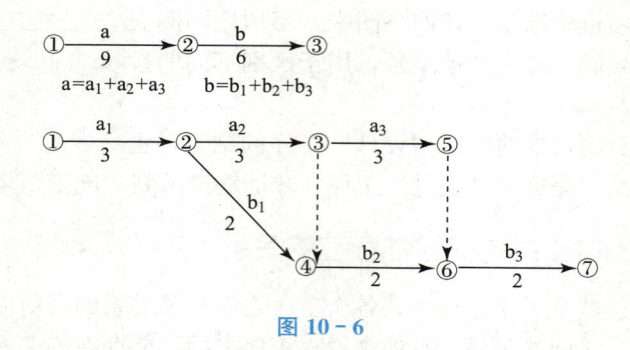

a=a₁+a₂+a₃   b=b₁+b₂+b₃

①——a₁/3——②——a₂/3——③——a₃/3——⑤
                  ╲b₁/2   ┆   ┆
                    ╲   ↓   ↓
                     ④——b₂/2——⑥——b₃/2——⑦

图 10 - 6

为了赶工，将工序 a 分阶段拆分为三个工序，将工序 b 也拆分为三个工序，这样在中间阶段可以同时进行工序 a 和 b，节省了时间，加快了工程进度。

10.2.3 网络图的绘制原则

一个正确的网络图，不但需要明确地表达出工序的内容，而且要准确地表达出各项工序之间的先后顺序和相互关系。在这个过程中，还必须遵守一定的规则。具体来说，必须遵守的原则如下：

（1）不得有两个以上的矢箭同时从一个事件发出且同时指向另一事件，如图 10 - 7 所示的画法是错误的。

（2）网络图上不得存在闭合回路，如图 10 - 8 所示的画法是错误的。

图 10 - 7   图 10 - 8

（3）一个网络图只能有一个事项表示整个计划的开始点，同时也只能有一个事项表示整个计划的完成点。所有没有紧前工序的工序都是从第一个事项出发，所有没有紧后工序的工序最终都将指向最后的事项。例如：在一个项目中，有三个工序需要完成，分别是工序 a、b、c，工序 a、b 没有紧前工序，工序 c 是工序 b 的紧后工序，则网络如图 10 - 9 所示。

（4）除了第一个事项和最后一个事项外，所有的事项必然是至少一个工序的开始，也必然是至少一个工序的结束，否则网络图一定是错误的。如图 10 - 10 所示的画法是错误的。

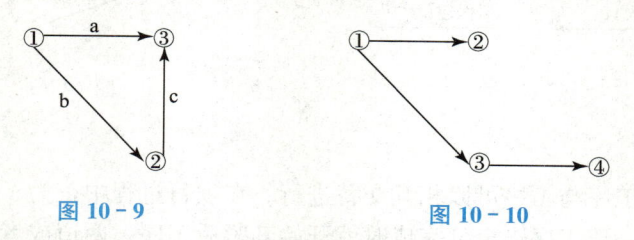

图 10 - 9   图 10 - 10

（5）网络图绘制力求简单明了，箭线最好画成水平线或具有一段水平线的折线；箭线尽量避免交叉；尽可能将关键路线布置在中心位置。

10.2.4 网络图的绘制步骤

绘制网络图可以分为以下几个步骤：

（1）项目分解。先将整个项目切分为多道工序。

（2）根据各个工序之间的逻辑关系以及绘图基本原则，绘制网络图。

（3）给网络图中的事项编号。

第（1）步工序需要统筹安排的工序人员完成。在本书中，不考虑第（1）步，直接研究第（2）和第（3）步。下面举例说明网络图的绘制。

例 10-1 已知某项目由 5 道工序 a、b、c、d、e 组成，它们之间的关系如表 10-2 所示。

表 10-2

工序	a	b	c	d	e
紧前工序	—	—	a，b	b	d

解：根据表 10-2，可以分步作网络图。

（1）在表 10-2 中，工序 a、工序 b 没有紧前工序，也即这两个工序在项目开始时即可同时进行，故从一个事项出发画出工序 a 以及工序 b，如图 10-11 所示。

（2）工序 a、b 是工序 c 的紧前工序，也即工序 a、b 完成后，可以进行工序 c，但因工序 a、工序 b 结束点不一致，则需要添加虚工序。将工序 a 连着的事项作为工序 c 的起点，则可以表示出工序 a 是工序 c 的紧前工序。添加工序 b 结束事项到工序 a 结束事项的虚工序，则虚工序可以视作工序 b 的延伸，虚工序的结束意味着工序 b 的结束。这样表示，即可说明工序 b 也是工序 c 的紧前工序。如图 10-12 所示。

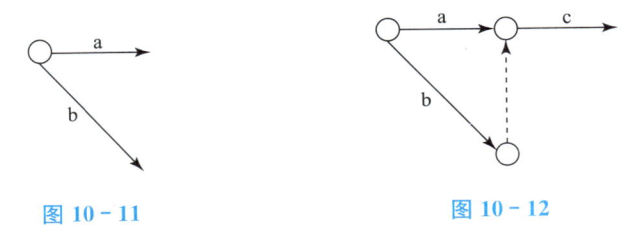

图 10-11

图 10-12

（3）工序 d 的紧前工序是工序 b，则从工序 b 结束的事项出发画出工序 d 即可，如图 10-13 所示。

（4）工序 d 是工序 e 的紧前工序，则从工序 d 结束的事项出发画出工序 e，且工序 e、工序 c 都没有紧后事项，则可将两个工序结束点归为同一事项。如图 10-14 所示。

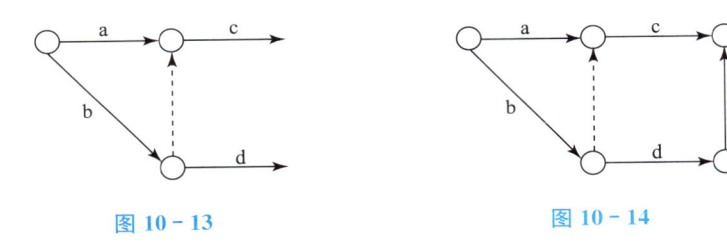

图 10-13

图 10-14

(5) 给各事项编号，最终形成网络图，如图 10-15 所示。

总之，在绘制网络图过程中，一定要弄清楚各个工序之间的逻辑关系，并要参照网络图绘制的规则来进行绘制。掌握了以上两点，必然能够正确绘制出网络图。对于复杂的网络图，也可以先画草图。在草图中可以多画几条虚工序，把工序与工序之间的逻辑关系理顺之后，再看是否能够省去一些不必要的虚工作。

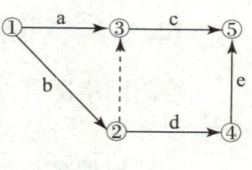

图 10-15

本节中介绍的网络图的绘制为双代号网络图绘制法。除此之外，还存在一种绘制网络图的方法，即单代号网络图，它也是由许多节点和箭线组成的，表现方式上和双代号网络图基本没有什么不同。不同点在网络图中，每个符号代表的意义不同。在双代号网络图中，箭线表示工序，事项连接各个工序，表示工序之间的先后关系；而在单代号网络图中，事项表示工序，而箭线仅表示各项工序之间的逻辑关系，两者刚好相反。另外，两者的绘图规则也有少许不同。在单代号网络图中当有多项起始工作或多项结束工作时，应在网络图的两端分别设置一项虚拟的工序，作为网络图的起点和终点。

10.3　网络图的关键路线以及时间参数

绘制出网络图后，即可根据网络图进行分析判断，考查各个工序之间的关系以及时间耗费，并依据分析做出最佳的安排。在项目中，有一个重要的因素是进行分析判断中需要着重注意的，那就是时间的控制，不仅是整个项目完成的时间，还包括不同阶段各个工序时间上的控制。时间不仅仅关系到是否能够如期完成项目，还影响着项目的成本。

10.3.1　关键路线

路线，是指网络图中自网络始点开始，顺着箭线的方向，经过一系列连续不断的工序和事项直至网络终点的通道。一条路线上各项工序的时间之和是该路线的总长度。在一个网络图中有很多条路线，其中总长度最长的路线称为"关键路线"，关键路线上的各工序为关键工序，关键路线上的总时间等于整个工程的总工期，总工期记为 T。

有时一个网络图中的关键路线不止一条，即若干条路线长度相等。除关键路线外，其他的路线统称为非关键路线。关键路线并不是一成不变的，在一定的条件下，关键路线与非关键路线可以相互转化。例如，当采取一定的技术组织措施，缩短了关键路线上的作业时间时，就有可能使关键路线发生转移，即原来的关键路线变成非关键路线，与此同时，原来的非关键路线却变成关键路线。

下面我们以典型案例为例说明关键路线的解决方法。

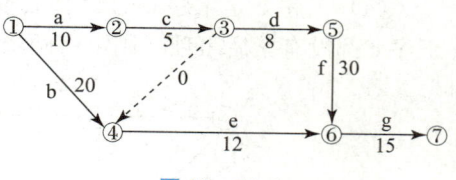

图 10-16

解：根据表 10-1，可以画出网络图 10-16。

从图 10-16 中可以看到，从起点到终点有三条路线，分别是：

①→②→③→⑤→⑥→⑦　　总长度为：10+5+8+30+15=68

①→②→③→④→⑥→⑦　　总长度为：10+5+0+12+15=42

①→④→⑥→⑦　　　　　　总长度为：20＋12＋15＝47

三个路线中，长度最大的是第一个路线，故可以判定第一条路线为关键路线。关键路线是用时最长的路线。在项目进行过程中，它决定着完工的时间，所以要想尽快地完成项目，关键路线上每道工序必须严格按照既定的计划执行，每一道关键工序完成后，马上进入到紧后工序的实施阶段，这样才能够保证在总工期内完成项目。

10.3.2　时间参数

网络图是确定各工序逻辑顺序的，绘制网络图后，就要根据网络图进行施工，而项目的完成时间则关系甚大，所以要弄明白几个时间参数。

1. 工序时间参数

（1）工序最早可能开始和最早可能结束时间。

某项工序的最早开始时间等于该工序箭尾结点的最早可能开始时间，也等于其紧前工序最早结束时间。而它的最早可能结束时间等于它的最早可能开始时间加上工序的持续时间。所以只要能够计算出工序的最早可能开始时间，也就可以计算出最早可能结束时间。

先来考查工序最早可能开始时间。工序最早可能开工时间记为 $T_{ES}(i,j)$，其中 i 为工序开始时的事项编号，j 为工序结束时的事项编号。根据定义可知：

$$T_{ES}(1,j)=0 \tag{10-1}$$

处于中间的每一道工序要想开始，那么必须等到它所有的紧前工序都结束才可以，也即紧前工序结束的最晚时间就是这道工序开始的最早时间。而每一道紧前工序结束的时间即紧前工序最早开始的时间＋这一道工序持续的时间。一般情况下，用公式表示为

$$T_{ES}(i,j)=\max\{T_{ES}(k,i)+t(k,i)\} \quad k<i \tag{10-2}$$

因为网络图中可能会出现虚工序，公式（10-2）不适用，则只需遵循工序的最早开工时间为工序所有紧前工序最早开工时间和该紧前工序持续时间之和最大的时间即可。

工序最早结束时间记为 $T_{EF}(i,j)$，则：

$$T_{EF}(i,j)=T_{ES}(i,j)+t(i,j) \tag{10-3}$$

根据 $T_{ES}(i,j)$ 算出即可。所以如果在题目中，要求算出工序的最早结束时间，那么就可以先求出每一道工序最早开始时间，然后加上每一道工序的持续时间。

例 10-2　设物流工程的网络如图 10-17 所示（时间单位为天）。试计算工序最早可能开工时间 T_{ES} 和最早结束时间 T_{EF}。

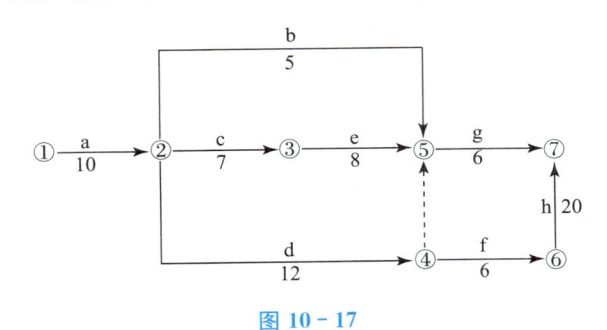

图 10-17

解：根据图 10-17 可知：

a 工序的最早可能开始时间为
$$T_{ES}(1,2)=0$$
a 工序的最早可能结束时间为
$$T_{EF}(1,2)=T_{ES}(1,2)+t(1,2)=0+10=10$$
b 工序的最早可能开始时间为
$$T_{ES}(2,5)=T_{ES}(1,2)+t(1,2)=0+10=10$$
b 工序的最早可能结束时间为
$$T_{EF}(2,5)=T_{ES}(2,5)+t(2,5)=10+5=15$$
c 工序的最早可能开始时间为
$$T_{ES}(2,3)=T_{ES}(1,2)+t(1,2)=0+10=10$$
c 工序的最早可能结束时间为
$$T_{EF}(2,3)=T_{ES}(2,3)+t(2,3)=10+7=17$$
d 工序的最早可能开始时间为
$$T_{ES}(2,4)=T_{ES}(1,2)+t(1,2)=0+10=10$$
d 工序的最早结束时间为
$$T_{EF}(2,4)=T_{ES}(2,4)+t(2,4)=10+12=22$$

从网络图上可以看到，工序 b、c、d 的紧前工序同为工序 a，三者互为平行工序，从平行工序的定义以及计算结果上来看，平行工序的最早开始时间是相同的，且同紧前工序 a 的最早结束时间保持一致。在以后的计算过程中，可以充分利用这些规律。

e 工序的最早开始时间为
$$T_{ES}(3,5)=T_{EF}(2,3)=17$$
e 工序的最早结束时间为
$$T_{EF}(3,5)=T_{ES}(3,5)+t(3,5)=17+8=25$$
f 工序的最早开始时间为
$$T_{ES}(4,6)=T_{EF}(2,4)=22$$
f 工序的最早结束时间为
$$T_{EF}(4,6)=T_{ES}(4,6)+t(4,6)=28$$

一方面，从网络图上来看，工序 b、e、d 同为工序 g 的紧前工序。一个虚工序可以看作是工序 d 的延伸，因为网络图中可能会出现虚工序，故公式（10-2）不适用，则只需遵循工序的最早开始时间为工序所有紧前工序最早开始时间和该紧前工序持续时间之和的最大时间即可。另一方面，紧前工序的最早结束时间也是紧前工序的最早开始时间加上工序持续时间，所以有：

g 工序的最早开始时间为
$$T_{ES}(5,7)=\max\{T_{EF}(2,5),T_{EF}(3,5),T_{EF}(2,4)\}=\max\{15,25,22\}=25$$
j 工序的最早结束时间为
$$T_{EF}(5,7)=T_{ES}(5,7)+t(5,7)=25+6=31$$
h 工序的最早开始时间为
$$T_{ES}(6,7)=T_{EF}(4,6)=28$$
h 工序的最早结束时间为

$$T_{EF}(6,7) = T_{ES}(6,7) + t(6,7) = 28 + 20 = 48$$

(2) 工序最迟必须开始和最迟必须结束时间。

某项工序的最迟必须开始和最迟必须结束时间是指在不影响计划总工期的情况下各工序开始时间和结束时间的最后期限。某工序的最迟必须结束时间等于该工序箭头连接事项的最迟开始时间,而某工序的最迟结束时间减去工序的持续时间即其最迟必须开始时间。

因为由关键路线决定的总工期不变,所以对于关键路线上的工序,最迟开始时间即最早开始时间,最迟必须结束时间即最早结束时间;也即关键路线上工序的安排只有一种,那就是严格按照工期一道工序接着一道工序进行,这样才是最优的。

不管是工序的最迟开始时间还是最迟结束时间,都要保证是在总工期不变的情况下。所以从项目进行的过程来说,要想保持总工期不受到影响,则至少与最后一个事项连接的工序的最迟结束时间必然等于总工期。工序最迟开工时间记为 $T_{LS}(i,j)$,其中 i 为工序开始时的事项编号,j 为工序结束时的事项编号,$T_{LF}(i,j)$ 则为工序的最迟结束时间。记最后一个事项编号为 n,相邻编号分别为 $m_1, m_2, \cdots$,则有:

$$T_{LF}(m_i, n) = T \tag{10-4}$$

对于工序的最迟必须开始和必须结束时间可以采取逆推的方式,先找出总工期不变的情况下,最后一道工序的最迟必须结束时间,然后递推出其他工序的最迟结束时间。再根据某工序的最迟结束时间减去工序的持续时间,求出工序的最迟必须开始时间。从定义上来看,工序的最迟结束时间必然不会超过它所有紧后工序的最迟开始时间。则根据定义有:

$$T_{LF}(i,j) = \min\{T_{LS}(j,k)\} \quad j < k \tag{10-5}$$

$$T_{LS}(i,j) = T_{LF}(i,j) - t(i,j) \quad j < k \tag{10-6}$$

其中,工序 i 是工序 j 的紧前工序,后者为前者的紧后工序。

在实际的案例中,求解工序的最迟结束时间以及最迟开工时间,其步骤如下:

第 1 步:先求出关键路径和总工期 T。

第 2 步:根据式(10-4)~式(10-6)进行计算。

以例 10-2 为例,计算各道工序的最迟结束时间以及最迟开始时间。

解:第 1 步:根据网络图,共有 4 条路线:

①→②→⑤→⑦　总长度为:10+5+6=21;
①→②→③→⑤→⑦　总长度为:10+7+8+6=31;
①→②→④→⑤→⑦　总长度为:10+12+0+6=28;
①→②→④→⑥→⑦　总长度为:10+12+6+20=48。

则第 4 条路线为关键路线,且 $T = 48$。

第 2 步:根据公式有:

工序 h 的最迟结束时间为

$$T_{LF}(6,7) = 48$$

工序 h 的最迟开始时间为

$$T_{LS}(6,7) = T_{LF}(6,7) - t(7,8) = 48 - 20 = 28$$

即工序 h 的最迟结束时间为第 48 天,工序 h 的最迟开始时间为第 28 天。

工序 g 的最迟结束时间为

$$T_{LF}(5,7) = 48$$

工序 g 的最迟开始时间为
$$T_{LS}(5,7) = T_{LF}(5,7) - t(5,7) = 48 - 6 = 42$$
也即工序 g 的最迟结束时间为第 48 天,工序 g 的最迟开始时间为第 42 天。

工序 f 的最迟结束时间为
$$T_{LF}(4,6) = T_{LS}(4,6) = 28$$
工序 f 的最迟开始时间为
$$T_{LS}(4,6) = T_{LF}(4,6) - t(4,6) = 28 - 6 = 22$$
工序 e 的最迟结束时间为
$$T_{LF}(3,5) = T_{LS}(5,7) = 42$$
工序 e 的最迟开始时间为
$$T_{LS}(3,5) = T_{LF}(3,5) - t(3,5) = 42 - 8 = 34$$
工序 d 的最迟结束时间为
$$T_{LF}(2,4) = \min\{T_{LS}(5,7), T_{LS}(4,6)\} = 22$$
工序 d 的最迟开始时间为
$$T_{LS}(2,4) = T_{LF}(2,4) - t(2,4) = 22 - 12 = 10$$
工序 c 的最迟结束时间为
$$T_{LF}(2,3) = T_{LS}(3,5) = 34$$
工序 c 的最迟开始时间为
$$T_{LS}(2,3) = T_{LF}(2,3) - t(2,3) = 34 - 7 = 27$$
工序 b 的最迟结束时间为
$$T_{LF}(2,5) = T_{LS}(5,7) = 42$$
工序 b 的最迟开始时间为
$$T_{LS}(2,5) = T_{LF}(2,5) - t(2,5) = 42 - 5 = 37$$
工序 a 的最迟结束时间为
$$T_{LF}(1,2) = \min\{T_{LS}(2,3), T_{LS}(2,4), T_{LS}(2,5)\} = 10$$
工序 a 的最迟开始时间为
$$T_{LS}(1,2) = T_{LF}(1,2) - t(1,2) = 10 - 10 = 0$$

(3) 工序的总时差。

总时差就是工序在最早开始时间至最迟开始时间之间所具有的机动时间,也可以说是在不影响计划总工期的条件下,各工作所具有的机动时间。工序 i → 工序 j 的总时差记为 $R(i,j)$,且 $R(i,j) = T_{LS}(i,j) - T_{ES}(i,j)$。

对例 10-2 来说:

a 工序的总时差为
$$R(1,2) = T_{LS}(1,2) - T_{ES}(1,2) = 0 - 0 = 0$$
b 工序的总时差为
$$R(2,5) = T_{LS}(2,5) - T_{ES}(2,5) = 37 - 10 = 27$$
c 工序的总时差为
$$R(2,3) = T_{LS}(2,3) - T_{ES}(2,3) = 27 - 10 = 17$$

d 工序的总时差为
$$R(2,4) = T_{LS}(2,4) - T_{ES}(2,4) = 10 - 10 = 0$$
e 工序的总时差为
$$R(3,5) = T_{LS}(3,5) - T_{ES}(3,5) = 42 - 17 = 25$$
f 工序的总时差为
$$R(4,6) = T_{LS}(4,6) - T_{ES}(4,6) = 22 - 22 = 0$$
g 工序的总时差为
$$R(5,7) = T_{LS}(5,7) - T_{ES}(5,7) = 42 - 25 = 17$$
h 工序的总时差为
$$R(6,7) = T_{LS}(6,7) - T_{ES}(6,7) = 42 - 42 = 0$$

最后确定关键工作：a，d，f，h。

根据结果可以看出，非关键路线上每一道工序的总时差总为正数，有着一定的机动范围。关键路线上的每一道工序，它们的总时差都为0，也即非关键路线上工序的开始和结束时有一定的选择性，项目负责人可以根据具体的情况来安排，这就为降低成本、提高效率提供了契机。

2. 事项（结点）时间参数

(1) 事项的最早时间 $t_E(i)$。

它的计算是从始点开始，自左至右逐个结点向前计算，直至最后一个结点为止。若结点只有一个箭杆进入的话，则箭头结点的最早开始时间等于箭尾结点的最早时间与活动延续时间的和；若结点有数个箭杆进入的话，则对每个箭杆都做如上计算后，从中选最大值作为该结点的最早时间。依然以例题10-2为例。

从结点①开始：
$$t_E(1) = 0$$
$$t_E(2) = t_E(1) + t(1,2) = 0 + 10 = 10$$
$$t_E(3) = t_E(2) + t(2,3) = 10 + 7 = 17$$
$$t_E(4) = t_E(2) + t(2,4) = 10 + 12 = 22$$

如果在该结点结束的工序有两个以上，则结点最早时间应选取箭尾最早时间与箭杆时间之和的最大者。

在结点（事项）⑤结束的活动有（2，5），（3，5），（4，5）三根箭杆，则计算结果为
$$t_E(5) = \max\{[t_E(2) + t(2,5)], [t_E(3) + t(3,5)], [t_E(4) + t(4,5)]\}$$
$$= \max\{[10+5], [17+8], [22+0]\} = 25$$

在结点⑥：
$$t_E(6) = t_E(4) + t(4,6) = 22 + 6 = 28$$

在结点⑦结束的活动有（5，7），（6，7），其计算结果为
$$t_E(7) = \max\{[t_E(5) + t(5,7)], [t_E(6) + t(6,7)]\}$$
$$= \max\{[25+6], [28+20]\} = 48$$

现将计算结果写入该结点上的□内，如图10-18所示。

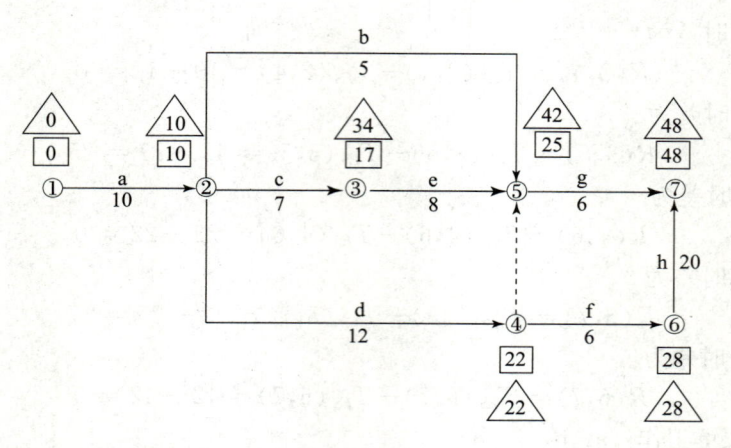

图 10-18

(2) 事项最迟时间 $t_L(j)$。

它的计算是从终点（最后的结点）开始，自右向左逐个结点后退计算，直至最前一个结点（始点）止。

一个箭杆尾部结点的最迟时间，由其箭头结点的最迟时间减去箭杆时间来决定。若结点只有一个箭杆尾部，则结点最迟结束时间为箭头结点的最迟结束时间减去箭杆时间；若结点有数个箭尾，对每个箭杆都作如上计算后，取其中最小的作为该结点的最迟结束时间。具体计算如下：

因终点的最迟时间等于最早时间，即 $t_L(n)=t_E(n)$，也就是工程的总工期最后结点（即终点）编号的时间。

在此网络中：
$$t_L(7)=t_E(7)=48$$

在结点⑥：
$$t_L(6)=t_L(7)-t(6,7)=48-20=28$$

在结点⑤：
$$t_L(5)=t_L(7)-t(5,7)=48-6=42$$

在结点④：
$$t_L(4)=\min\{[t_L(6)-t(4,6)],[t_L(5)-t(4,5)]\}$$
$$=\min\{[28-6],[42-0]\}=22$$

在结点③：
$$t_L(3)=t_L(5)-t(3,5)=42-8=36$$

在结点②：
$$t_L(2)=\min\{[t_L(5)-t(2,5)],[t_L(3)-t(2,3)],[t_L(4)-t(2,4)]\}$$
$$=\min\{[42-5],[34-7],[22-12]\}=10$$

在结点①（始点）：
$$t_L(1)=t_L(2)-t(1,2)=10-10=0$$

将计算结果填入图 10-18 各结点上方的△中。

（3）结点的时差。

由以上计算得到结点或事项的时间参数 $t_L(i)$、$t_E(i)$ 计算结点的时差：

$$\text{结点 } i \text{ 的时差} = t_L(i) - t_E(i)$$

结点时差表明进入该结点的各活动，在不影响其紧后工序开工的前提下，最迟可延长多少时间再完工，时差为 0 的结点叫关键结点。图 10-18 得到了关键结点，按照方法（3）已经得到了关键路线。

为直观起见，将事项最早开始时间 $T_E(i)$ 用 □ 在图上标出，最迟开始时间 $T_L(j)$ 用 △ 在图上标出，如图 10-18 所示。

总时差为 0 的工序称为关键工序，故当 □ 和 △ 中的两个数据相同时，说明该工序的总时差为 0，相应的工序 a、d、f、h 为关键工序，由关键工序组成的路线为关键路线，图 10-18 所示中粗线标出的即为该网络的关键路线：①→②→④→⑥→⑦。

例 10-3 某项目作业明细如表 10-3 所示，根据表 10-3 所示中数据完成如下工作。

表 10-3

工序	紧前工序	工序时间/天	工序	紧前工序	工序时间/天
a	—	6	g	a，b	10
b	—	9	h	e，f	12
c	a	13	i	d，h	8
d	c	5	j	i	17
e	c	16	k	h，g	20
f	a，b	12	l	g	25

（1）绘制项目网络图，并在图上计算各工序的最早开始和最迟开始时间。

（2）用表格计算工序的 5 个时间参数。

（3）指出项目的关键工序和关键路线。

（4）求项目的完工时间。

解：（1）首先根据表 10-3，可以直接画出网络，如图 10-19 所示。

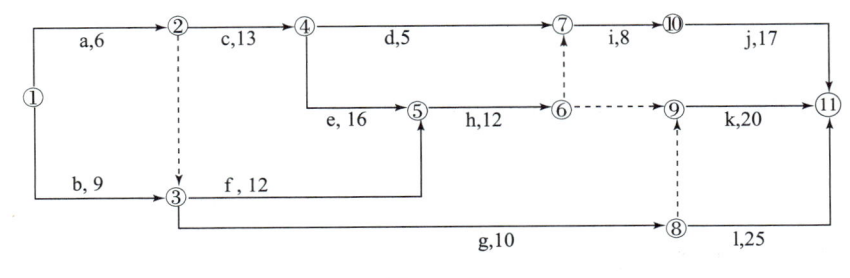

图 10-19

（2）再根据前面所讲的工序时间参数的公式分别计算出最早开始时间 $T_{ES}(i,j)$、最早结束时间 $T_{EF}(i,j)$、最迟开始时间 $T_{LS}(i,j)$、最迟结束时间 $T_{LF}(i,j)$ 和工序时差 $R(i,j)$，结果如表 10-4 所示。

表 10-4

工序	(i,j)	$t(i,j)$	$T_{ES}(i,j)$	$T_{EF}(i,j)$	$T_{LS}(i,j)$	$T_{LF}(i,j)$	$R(i,j)$	关键工序
a	(1, 2)	6	0	6	0	6	0	是
b	(1, 3)	9	0	9	14	23	14	
c	(2, 4)	13	6	19	6	19	0	是
d	(4, 7)	5	19	24	42	47	23	
e	(4, 5)	16	19	35	19	35	0	是
f	(3, 5)	12	9	21	23	35	14	
g	(3, 8)	10	9	19	37	47	28	
h	(5, 6)	12	35	47	35	47	0	是
i	(7, 10)	8	47	55	47	55	0	是
j	(10, 11)	17	55	72	55	72	0	是
k	(9, 11)	20	47	67	52	72	5	
l	(8, 11)	25	19	44	47	72	28	

(3) 根据工序时差 $R(i,j)$ 为 0，判断关键工序为 a、c、e、h、i、j，直接写在表 10-4 的最右列。

将工序的最早开始时间 $T_{ES}(i,j)$ 用 □ 在图上标出，最迟开始时间 $T_{LS}(i,j)$ 用 △ 在图上标出，如图 10-20 所示。

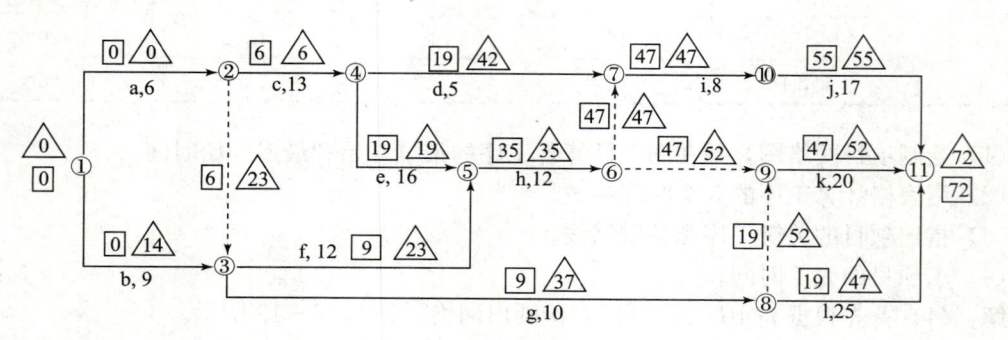

图 10-20

关键路线：①→②→④→⑤→⑥→⑦→⑩→⑪。

(4) 事项⑪的最迟结束时间或最早开始时间即工程的完工时间：72 天。

思政融合

认识团队统筹合作的重要性：
在进行网络关键路线计算时，各工序的时间参数计算是紧密联系的，某个关键工序拖期，就会影响整个项目团队的进度。在项目团队、生产车间、建设工地上，各个班组任务的分配、各种机械设备的调度、工期进度的统筹等，处处都需要用到网络计划技术，各工序、班组、团队之间必须前后协调一致，高度契合。2020 年年初新冠肺炎疫情爆发期间，中国 10 天就建造具有千张床位的高标准医院——火神山、雷神山两所医院，被全世界称为"中国奇迹"。这离不开党和国家的高度重视和正确领导及全国人民的殷切期盼和深情嘱托,更加离不开建设者整齐划一、合作团结、整体筹谋、雷厉风行的工作作风。

10.4 网络计划优化

网络计划优化,就是在满足一定条件下,利用时差来平衡时间、资源与费用三者的关系,寻求工期最短、费用最低、资源利用最好的网络计划过程。但是,目前还没有使这三个方向因素同时优化的数学模型。目前能进行的网络计划优化是时间优化、时间—费用优化和时间—资源优化。

10.4.1 时间优化

时间优化就是不考虑人力、物力、财力资源的限制,只是单纯追求完工的速度。这种情况通常发生在任务紧急、资源有保障的情况。项目所花费的时间主要是由关键路线上活动的时间所决定,进行时间优化必然要压缩关键路线所耗费的时间。

一般来说,网络计划的时间优化可按下列步骤进行:

(1) 确定初始网络计划的关键线路以及总工期。

(2) 按时间要求计算应缩短的时间。

(3) 选择应缩短时间的关键工序。选择压缩工序时宜在关键工序中考虑下列因素:

①缩短持续时间对质量和安全影响不大的工序;

②有充足备用资源的工序;

③缩短持续时间所需增加的费用最少的工序。

(4) 将所选定的关键工作的持续时间压缩至要求的时间,并重新确定计算工期和关键线路。若原来的关键路线依旧是关键路线,则到此为止;若不是,则应该继续下一步。

(5) 重复上述步骤(2)~(4),直至计算工期满足要求工期或计算工期已不能再缩短为止。

(6) 当所有关键工作的持续时间都已达到其能缩短的极限而寻求不到继续缩短工期的方案,但网络计划的计算工期仍不能满足要求工期时,应对网络计划的原技术方案、组织方案进行调整,或对要求工期重新审定。

由于压缩了关键路线上活动的时间,故会导致原来不是关键路线的路线成为关键路线。若要继续缩短工期,就要在所有关键路线上赶工或进行平行交叉作业。随着关键路线的增多,压缩工期所付出的代价就变大。因此,单纯地追求工期最短而不顾资源的消耗一般来说是不可取的,其只有在特殊情况下才可以使用。

10.4.2 时间—费用优化

时间—费用优化就是在使工期尽可能短的同时,也使费用尽可能少。能够实现时间—费用优化的原因是,工程总费用可以分为直接费用和间接费用两部分,这两部分费用随工期变化而变化的趋势是相反的，这样就有了在缩短工期的情况下反而降低费用的可能。要对工程进行时间—费用优化必须综合考虑直接费用和间接费用，弄清两者的联系，才能找到最佳的安排。

直接费用是指能够直接计入成本计算对象的费用，如工人工资、原材料费用等。直接费用随工期的缩短而增加。一项活动如果按正常工作进度进行，耗费时间称为正常时间，记为 T_1，所需费用称为正常费用，记为 C_1。若增加直接费用投入，则可以缩短这项活动所需的时间，但活动所需时间不可能无限缩短。如加班加点，一天也只有 24 小时，生产设备有限，投入更多的人力也不会增加产出。称赶工时间条件下活动所需最少时间为极限时间，记为 T_2；相应所需费用为极限费用，记为 C_2。直接费用与活动时间之间的关系如图 10-21 所示。

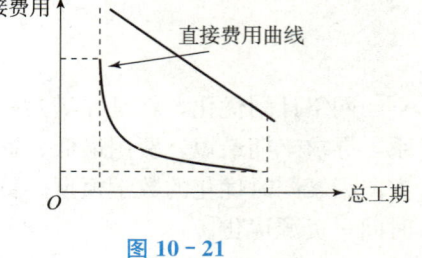

图 10-21

为简化处理，可将时间—费用关系视为一种线性关系。在线性假定条件下，活动每缩短一个单位时间所引起直接费用增加称为直接费用变化率，记为 e。

$$e = (c_2 - c_1)/(T_1 - T_2) \tag{10-7}$$

间接费用是与整个工程有关的、不能或不宜直接分摊给某一活动的费用，包括工程管理费用、拖延工期罚款、提前完工的奖金、占用资金应付利息，等等。间接费用与工期成正比关系，即工期越长，间接费用越高；反之则越低。通常将间接费用与工期的关系作为线性关系处理。

工程总费用、直接费用、间接费用与工期的关系如图 10-22 所示。

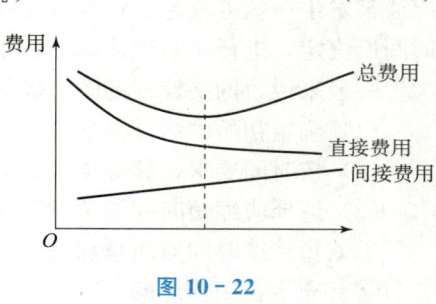

图 10-22

从图 10-22 上我们可以看到，总费用先随工期缩短而降低，然后又随工期进一步缩短而上升。总费用的这一变化特点告诉人们，其间必有一最低点，此点上费用达到最低，且工期也不长，其他点上不论工期短还是工期长的费用都比它高，所以在该点上，时间和费用达到最优的组合。该点所对应的工期就是最佳工期。

时间—费用优化的过程，就是寻求总费用最低的过程。时间—费用优化点总费用最低，其他情况下费用都相对高。所以，判断工程安排是否达到时间—费用最优，可以从费用这个角度来考察。若缩短工期导致总费用减少，那么还有优化的空间，应当进一步缩短工期，直到总费用是增加为止。

10.4.3 时间—资源优化

资源是为完成任务所需的人力、材料、机械设备和资金等的统称。一个部门或者单位在一定时间内所能提供的各种资源（劳动力、机械及材料）是有一定限度的，此外还有一个如何经济而有效地利用这些资源的问题。在资源计划安排时有两种情况：一种情况是网络计划，需要资源受到限制，如果不增加资源数量，有时也会使工期延长，或者不能进行供应；另一种情况是在一定时间内如何安排各工序活动时间，使可供资源均衡地消耗。消耗是否平衡，将影响企业管理的经济效果。例如网络计划在某一时间内材料消耗数量比较大，为了满足计划进度，供应部门就要突击供应，将大量的材料运至现场，不仅会增加搬运费用，而且还会造成现场拥挤。这都将给企业带来不必要的经济损失。

资源优化的目的是，在资源有限的条件下，寻求完成计划的最短工期，或者在工期规定条件下力求资源均衡消耗。通常把两方面的问题分别称为"资源有限，工期最短"和"工期固定，资源均衡"。

例 10-4 项目工序的正常时间、应急时间及对应的费用见表 10-5。表中正常成本是在正常时间完成工序所需要的成本，应急成本是在采取应急措施时完成工序的成本。每天的应急成本是工序缩短一天额外增加的成本。

（1）绘制项目网络图，按正常时间计算完成项目的总成本和工期。
（2）按应急时间计算完成项目的总成本和工期。
（3）按应急时间的项目完工期，调整计划使总成本最低。
（4）已知项目缩短 1 天额外获得奖金 5 万元，减少间接费用 1 万元，求总成本最低的项目完工期，即最低成本日程。

表 10-5

工序	紧前工序	时间/天 正常	时间/天 应急	成本/万元 正常	成本/万元 应急	时间的最大缩量/天	应急增加成本/（万元·天$^{-1}$）
A	—	19	15	52	80	4	7
B	A	21	19	62	90	2	14
C	B	24	22	24	30	2	3
D	B	25	23	38	60	2	11
E	B	26	24	18	26	2	4
F	C	25	23	88	102	2	7
G	D, E	28	23	19	39	5	4
H	F	23	23	30	30	0	—
I	G, H	27	26	40	55	1	15
J	I	18	14	17	21	4	1
K	I	35	30	25	35	5	2
L	J	28	25	30	60	3	10
M	K	30	26	45	57	4	3
N	L	25	20	18	28	5	2
总成本				506	713		

解：（1）首先根据表 10-5，可以直接画出网络图 10-23。

再根据前面所讲的事项时间参数的公式，分别计算工序的最早开工时间 $T_{ES}(i,j)$，用 □ 在图 10-23 上标出；事项的最迟开工时间 $T_{LS}(i,j)$，用 △ 在图 10-23 上标出。

从图 10-23 可以看出项目的完工期为 210 天；□ 和 △ 中数字相等即关键事项，因此关键路线为 ①→②→③→④→⑤→⑦→⑧→⑨→⑩→⑫（图 10-23 中已用加粗箭线标出）。

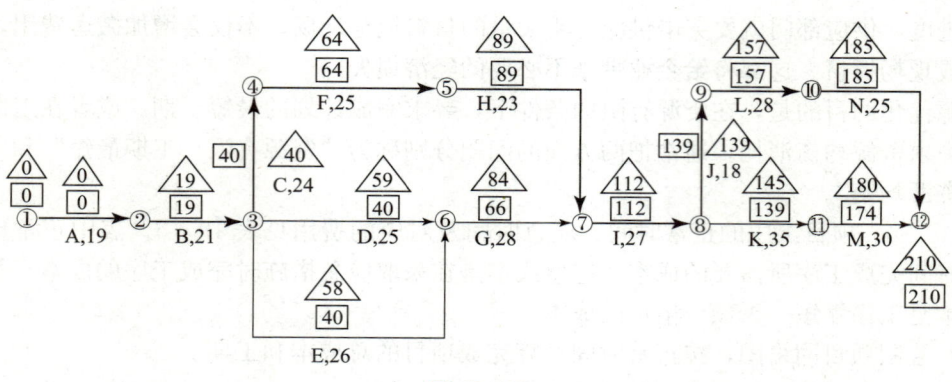

图 10-23

将表 10-5 正常成本一列相加得到总成本为 506 万元。

（2）按应急时间计算时，项目网络图不变，时间参数按照应急时间重新计算，如图 10-24 所示。

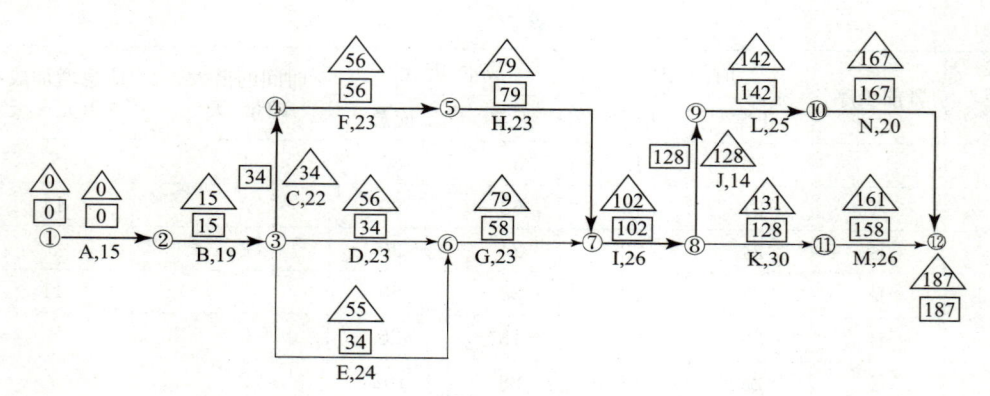

图 10-24

从图 10-24 所示中可以看出，项目的完工期为 187 天，将表 10-5 应急成本一列相加得到总成本为 713 万元。

（3）在图 10-23 中，非关键工序是 D、E、G、K 和 M。

假设将工序 D、E、G 按正常时间施工，其他工序依然按照应急时间施工。重新计算这几道工序的最早开始和最迟开始时间，如图 10-25 所示，□和△的数据还是不相等，说明工序 D、E、G 依旧不是关键工序，因此工序 D、E、G 按正常时间施工不影响项目的完工期（187 天）。此处节约的费用为

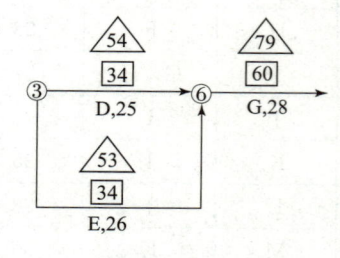

$$2 \times 11 + 2 \times 4 + 5 \times 4 = 50（万元）$$

图 10-25

假设工序 K 和 M 按正常时间施工，其他工序依然按照应急时间施工。工序 K 和 M 正常时间路长为

$$35 + 30 = 65$$

应急时间路长为

$$30 + 26 = 56$$

而图 10-26 中与 K→M 路线并列的关键路线为

· 248 ·

$$J \to L \to N$$

其路长为

$$14+25+20=59 > 56$$

因此，K→M 路线上共要缩短时间为 65－59＝6（天），如图 10－26 所示。

⑧ → ⑨ → ⑩ → ⑫
　J,14　L,25　N,20
应急时间路长：59

⑧ → ⑪ → ⑫　　⑧ → ⑪ → ⑫
　K,35　M,30　　　K,30　M,26
正常时间路长：65　　应急时间路长：56

图 10－26

又因为工序 M 应急增加的成本为 3（万元/天），大于工序 K 应急增加的成本 2（万元/天），所以优先压缩工序 K 的时间。工序 K 时间最多可以压缩 5 天，完全按照应急时间 30 天来施工；工序 M 压缩的时间为 6－5＝1（天），实际施工时间为 30－1＝29（天）。工序 K 和 M 实际的时间路长如图 10－27 所示。节约的费用为 3×3＝9（万元）。

⑧ → ⑪ → ⑫
　K,30　M,29

图 10－27

因此最优的决策方案是：关键工序 A、B、C、F、H、I、J、L、N 全部按应急时间施工，总成本等于各工序应急成本之和；工序 D、E、G 按正常时间施工，成本等于各工序正常成本之和；工序 K 缩短 5 天，工序 M 缩短 1 天，成本等于正常成本加应急时间增加的成本。

按项目完工期 187 天施工的最小成本为

$$713-50-9=654（万元）$$

调整后有两条关键路线，如图 10－28 所示。

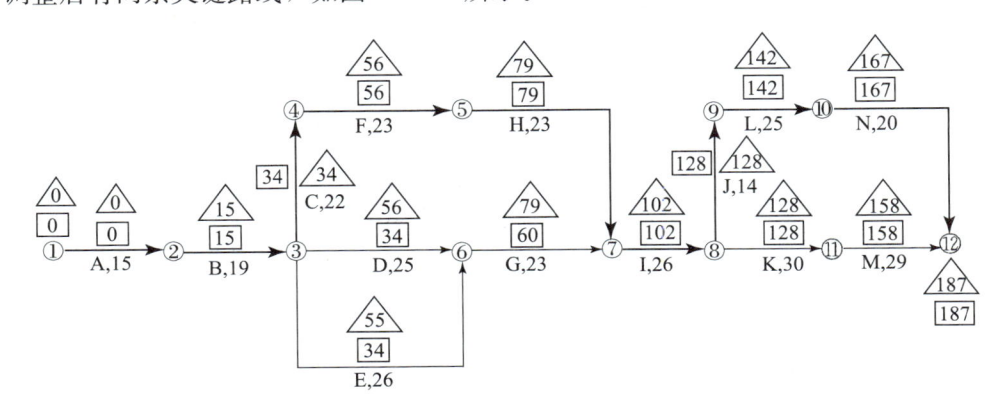

图 10－28

（4）因为项目缩短 1 天额外获得奖金 5 万元，减少间接费用 1 万元，因此，考虑缩短关键工序的时间。选择一天应急增加的成本小于等于 6 的关键工序采取应急措施来缩短时间，这样的关键工序有 C、J、N。

工序 C 最多可以缩短 2 天，而且缩短 2 天后工序 C 依然是关键工序。

因为工序 J→L→N 部分的总时长是 71 天，K→M 部分的总时长是 65 天。因此，工序 J、

N 一共可以缩短的时长是 71－65＝6（天）。由于工序 J 的应急成本是 1，小于工序 N 的应急成本 2，所以优先缩短工序 J，J 最多可以缩短 4 天，工序 N 缩短的时间是 6－4＝2（天）。

因此，工序 C 缩短 2 天，工序 J 缩短 4 天，工序 N 缩短 2 天。对图 10－23 进行第一次调整得到图 10－29，即得到两条关键路线，工序 K 和 M 变为关键工序，项目完工期为 202 天，一共缩短了 8 天。总成本变动额为

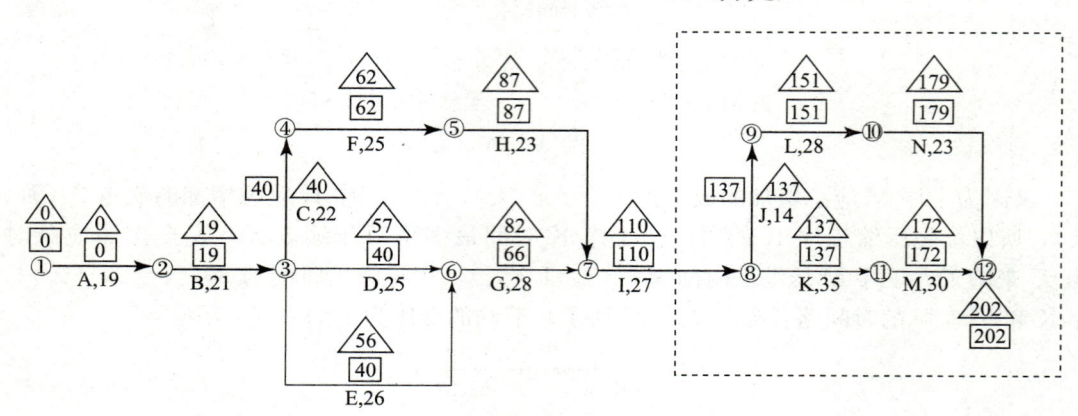

$$2\times 3+4\times 1+2\times 2-8\times 6=-34（万元）$$

图 10－29

检查图 10－29 中虚线围起来的部分。要缩短工期，必须两条关键路线同时缩短时间，上面一条路线工序 N 还能缩短 3 天，因此下面一条路线只对工序 K 缩短 3 天（工序 K 的应急成本小于 M 的应急成本），对图 10－29 进行调整得到图 10－30。项目的完工期为 199 天，又缩短了 3 天，总成本变动额为

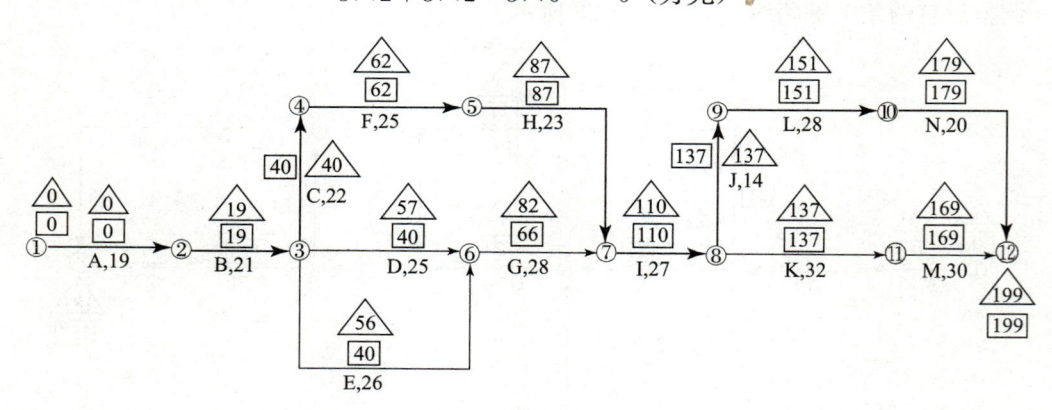

$$3\times 2+3\times 2-3\times 6=-6（万元）$$

图 10－30

继续检查发现，缩短任何关键工序都不能降低成本，则总成本最低的项目工期是 199 天，总成本为

$$506-34-6=466（万元）$$

思政融合

培养系统协调、多边互赢的思维：

时间—费用优化、时间—资源优化都是系统协调和多边思考的问题。工作过程中，很多时候需要进行团队协助，但是各个团队之间会存在利益冲突，必须强调突出整体性、系统性和协调性，各团队之间应该凝聚共识、共谋互赢、共话发展。

知识总结

（1）通过典型案例引出网络计划问题，介绍了网络计划各个元素所代表的含义、逻辑关系以及网络图绘制规则与步骤。

（2）通过解答典型案例，介绍了关键路径的确定和关键路径中最早开工时间、最早结束时间、最迟开工时间、最迟结束时间以及时差的确定。

（3）理论与案例结合介绍了网络优化中时间—费用优化思路和方法。

自测练习

10.1 已知某项配送物资的配送工序明细表，如表 10-6 所示。

（1）画出网络图；

（2）确定关键路线；

（3）求配送的最短时间；

（4）求出各道工序开工时间范围。

表 10-6

工序	紧前工序	紧后工序	持续时间/天
a	—	b，c	3
b	a	d，e	4
c	a	d，f	6
d	b，c	g，h	8
e	b	g	5
f	c	h	4
g	d，e	i	6
h	d，f	i	7
i	g，h	—	5

10.2 物流基地工程需要 6 道工序，工序之间的关系、花费时间和费用如表 10-7 所示。

表 10 - 7

工序名称	紧前工序	需要耗时/天	正常工序费率/（元·天$^{-1}$）
设计	无	8	1 000
主体工程	设计	50	1 500
上顶	主体工程	8	2 000
安装电器设备	主体工程	6	800
安装管道	主体工程	10	800
室内装修	上顶、安装电器设备、安装管道	10	1 000

如果要赶工进行，那么赶工一天，则在正常工序费用的前提下，每天仍需要额外花费 3 000 元。如果你是工程总负责人，那么：

(1) 这项工程在正常施工的情况下，需要耗费多少钱？一共最少需要多少天才能完成？

(2) 如果客户愿意支付 130 000 元，要求 65 天完工，你是否能够接受？

10.3 已知表 10-8 所列资料。

(1) 绘制网络图；

(2) 计算各工序的最早开工、最早完工、最迟开工、最迟完工时间及总时差；

(3) 确定关键路线。

表 10 - 8

工序	紧前工序	工序时间/天	工序	紧前工序	工序时间/天	工序	紧前工序	工序时间/天
a	/	12	f	c	5	x	h	3
b	/	3	g	c	6	p	f	7
c	b	5	h	a, g	4	r	n	3
d	b	7	n	d, e	3	w	m	2
e	b	8	m	e	8	y	x, p, r	2

10.4 已知一个车库基建工程的作业明细如表 10-9 所示，求：

(1) 工程从开始施工到全部结束的最短周期为多少？

(2) 如果工序 l 拖 10 天，对整个工程有何影响？

(3) 如果工序 j 的工序时间由 12 天缩短到 8 天，对整个工程进度有何影响？

(4) 为保证整个工程进度在最短周期内完成，工序 i 最迟在哪天开工？

(5) 如果要求工程在 62 天完工，要不要采取措施？应从哪些方面采取措施？

表 10 - 9

工序代号	工序名称	工序时间/天	紧前工序
a	清理场地，准备施工	10	/
b	备料	8	/
c	车库地面施工	6	a, b

续表

工序代号	工序名称	工序时间/天	紧前工序
d	预制墙及房顶桁架	16	b
e	车库混凝土地面保养	24	c
f	立墙架	4	d, c
g	立房顶桁架	4	f
h	装窗及边墙	10	f
i	装门	4	f
j	装天花板	12	g
k	油漆	16	h, i, j
l	引道混凝土施工	8	c
m	引道混凝土保养	24	l
n	清理场地，交工验收	4	k, m

10.5 在上题中，试确定70天内完工又使工程费用最低的施工方案。各工序的正常进度和赶工进度的工序时间及费用情况如表10-10所示。

表10-10

工序代号	正常进度 工序时间/天	正常进度 每天费用/元	赶工进度 工序时间/天	赶工进度 每天费用/元
a	10	50	6	75
b	8	40	8	40
c	6	40	4	60
d	16	60	12	85
e	24	5	24	5
f	4	40	2	70
g	4	20	2	30
h	10	30	8	40
i	4	30	3	45
j	12	25	8	40
k	16	50	12	80
l	8	40	6	60
m	24	5	24	5
n	4	10	4	10

第 11 章　对策论

知识要点

掌握对策论的基本概念以及对策行为的基本要素；了解矩阵对策的数学模型及其策略；了解非零和对策的基本定义及其基本性质。

核心概念

对策论（Game Theory）
局中人（Player）
策略（Strategy）
赢得函数（Score）
矩阵对策（Matrix Games）
赢得矩阵（Winning Matrix）
混合策略（Mixed Strategy）
纳什均衡（Nash Equilibrium）

典型案例

战国时期，齐威王有一天提出与大司马田忌赛马。双方约定各选三匹马参赛，比赛分三轮进行，每轮各出一匹马，以千金为注。虽然同序的马（上、中、下）都是齐王的好于田忌的，但田忌的上、中马却可取胜齐王的中、下马。于是田忌的谋士孙膑让田忌以他的下马对齐王上马，以上马对齐王的中马，以中马对齐王的下马。于是田忌一负二胜，赢得了千金。由此看来，他们各自采取什么样的出马顺序对胜负是至关重要的。

11.1 对策论的基本概念

11.1.1 对策论的基本概念

对策论亦称博弈论,是研究具有竞争性质现象的数学理论和方法。对策论的发展历史并不长,但由于它所研究的现象与人们的政治、经济、军事活动乃至日常的生活都有着密切的关系,所以日益引起人们的广泛关注。

具有竞争或对抗性质的行为称为对策行为。在对策行为中,竞争或对抗的各方各自具有不同的目标和利益,为达到自己的目标和利益,各方必须考虑对方可能采取的各种行动方案并力图选取对自己最有利或最为合理的方案。对策论就是研究对策行为中竞争各方是否存在着最合理的行动方案,以及如何寻找这个合理的行动方案的数学理论和方法。对策行为大量存在,如日常生活中的下棋、打牌,政治生活中的选举策略、外交策略,经济生活中的谈判策略、价格策略,等等,举不胜举。对策论中的对策行为具有广泛的内涵,许多表面不具有对抗性质的行为,完全可能转换为深层次上的对抗行为,如在生产过程中,如果将管理者看成对抗的一方,那么各种费用便可看成对抗的另一方,从而构成对抗行为。对策的思想很早就已经存在,"齐王赛马"就是一个典型的例子。

11.1.2 对策行为的基本要素

对策行为具有三个基本要素,即局中人、策略和赢得函数。分析对策行为首先必须清楚这三个基本要素。

1. 局中人(Player)

在一局对策中,有权决定自己行动方案的参加者称为局中人,通常用 P 表示局中人的集合。"齐王赛马"的局中人集合可表示为:$P=\{$齐王,田忌$\}$。一般一个对策行为中至少应有两个局中人。

局中人这一概念具有广义性,可以理解为一个人,也可以理解为一群人,甚至是一种自然事物。比如在桥牌游戏中,虽然有 4 个人参加,但由于东与西、南与北是联盟关系,有着完全一致的目的,东与西只能看成一个局中人,南与北也只能看成一个局中人,所以系统中的局中人有 2 个;再比如,在研究不确定气候条件的生产决策时,大自然成了对策行为的一方。需要强调的是,在对策行为中总是假设每个局中人都是"理智的"决策者,不存在利用他人失误来扩大自身利益的可能性。

2. 策略(Strategy)

在一局对策中,可供局中人选择的完整的行动方案称为策略。所谓完整的行动方案是指一局对策中自始至终的全局规划,而不是其中某一步或某几步的安排。在"齐王赛马"这一引例中,如果用(上、中、下)表示上、中、下马参赛的顺序,那么(上、中、下)便是一个完整的行动方案,即一个策略。显然局中人齐王和田忌各自都有(上、中、下)、(上、下、中)、(中、上、下)、(中、下、上)、(下、上、中)、(下、中、上)六个策略。

3. 赢得函数（Score）

在一局对策中，局中人使用每一策略都会有所得失，这种得失可能是胜利或失败、收入或支出以及名次的先后。每个局中人在一局对策中的得失，通常不仅与其自身采取的策略有关，而且还与其他局中人所采取的策略有关。也就是说，每个局中人的得失是全体局中人所采取的一组策略的函数，这一函数称为局中人的赢得函数。在"齐王赛马"这一引例中，当齐王和田忌各自采取不同策略时，齐王的赢得函数值如表 11-1 所示。

表 11-1

齐王 \ 田忌	上中下	上下中	中上下	中下上	下上中	下中上
上、中、下	3	1	1	1	−1	1
上、下、中	1	3	1	1	1	−1
中、上、下	1	−1	3	1	1	1
中、下、上	−1	1	1	3	1	1
下、上、中	1	1	1	−1	3	1
下、中、上	1	1	−1	1	1	3

在一局对策中，各局中人所选定的策略所形成的策略组称为一个局势，如果用 s_i 表示第 i 个局中人所采取的策略，则 n 个局中人所形成的策略组 $S = (s_1, s_2, \cdots, s_n)$ 就是一个局势。当局势出现后，对策的结果也就随之确定了，即对任意一个局势 S，局中人 i 可以得到一个赢得 $H_i(S)$。

11.1.3 对策行为的分类

对策行为可以根据不同的标志分成许多不同的种类。根据局中人的数量不同，对策行为可以分为二人对策和多人对策，多人对策又可划分为结盟对策和不结盟对策；根据局中人策略集合的有限或无限，对策行为可以分为有限对策和无限对策。根据全部局中人赢得函数的代数和（赢者为正，输者为负）是否为零，可以分为零和对策及非零和对策。

在众多的对策模型中，占有最重要地位的是二人有限零和对策，这类对策又称为矩阵对策。矩阵对策是目前理论研究和求解方法都比较完善的一类对策，它的研究思想和理论结果是研究其他类型对策模型的基础。

思政融合

领悟"以己之长击彼之短"：
博弈论的核心思想，从古代齐王赛马之博弈智慧，让我们不仅能够领悟到运筹博弈的内涵，更加可以启发我们懂得在总的劣势条件下，以己之长击彼之短，以最小的代价换取最大胜利的古典运筹思想。

11.2 矩阵对策

矩阵对策就是二人有限零和对策，两个局中人的赢得之和总是等于零，即对策双方的利益是激烈对抗的，一人的赢是建立在另一人输的基础之上的。"齐王赛马"就是一个矩阵对策的例子，齐王和田忌各有 6 个策略，一局对策结束后，齐王的赢得必为田忌的损失，反之亦然。

11.2.1 矩阵对策的数学模型

一般用甲、乙表示两个局中人，假设甲有 m 个策略，表示为 $S_1 = (\alpha_1, \alpha_2, \cdots, \alpha_m)$；乙有 n 个策略，表示为 $S_2 = (\beta_1, \beta_2, \cdots, \beta_n)$。当甲选定策略 α_i、乙选定策略 β_j 后，就形成了一个局势 (α_i, β_j)，可见这样的局势有 $m \times n$ 个。对任一局势 (α_i, β_j)，甲的赢得值为 a_{ij}，即甲的赢得矩阵 $\boldsymbol{A}_{m \times n} = \{a_{ij}\}$。因为对策是零和的，所以乙的赢得矩阵为 $-\boldsymbol{A}_{m \times n}$。

建立二人零和对策模型，就是要根据对实际问题的叙述，确定甲和乙的策略集合以及相应的赢得矩阵。下面通过例子说明二人零和对策模型的建立。

例 11-1 甲、乙两名儿童玩猜拳游戏，游戏中双方的策略集均为拳头（代表石头）、手掌（代表布）和两个手指（代表剪刀）。如果双方所选策略相同，算和局，双方均不得分。试建立儿童甲的赢得矩阵。

解：根据题意有表 11-2。

表 11-2

得分　　甲 乙	石头	剪刀	布
石头	0	1	-1
剪刀	-1	0	1
布	1	-1	0

由此，儿童甲的赢得矩阵为

$$\boldsymbol{A} = \begin{bmatrix} 0 & 1 & -1 \\ -1 & 0 & 1 \\ 1 & -1 & 0 \end{bmatrix}$$

矩阵对策模型给定后，各局中人面临的问题便是如何选取自己最为有利的策略，以谋取最大的赢得或最小的损失。

11.2.2 矩阵对策的策略

例 11-2 设矩阵对策 $\boldsymbol{G} = \{\boldsymbol{S}_1, \boldsymbol{S}_2, \boldsymbol{A}\}$，其中

$$\boldsymbol{S}_1 = \{\alpha_1, \alpha_2, \alpha_3, \alpha_4\}$$
$$\boldsymbol{S}_2 = \{\beta_1, \beta_2, \beta_3\}$$

$$A = \begin{bmatrix} -4 & 2 & -6 \\ 4 & 3 & 5 \\ 8 & -1 & -10 \\ -3 & 0 & 6 \end{bmatrix}$$

由于假设两个局中人都是理智的，所以每个局中人都必须考虑到对方会设法使自己的赢得最少，谁都不能存在侥幸心理。"理智行为"就是从最坏处着想，去争取尽可能好的结果。

当局中人甲选取策略 α_1 时，他的最小赢得是 -6，这是选取此策略的最坏结果。一般地，局中人甲选取策略 α_i 时，他的最小赢得是 $\min_j \{a_{ij}\}$（$i=1,2,\cdots,m$）。对本例而言，甲选取策略 α_1、α_2、α_3、α_4 时，其最小赢得分别为 -6、3、-10、-3。在最坏的情况下，最好的结果是 3，因此，局中人甲应选取策略 α_2。这样，不管局中人乙选取什么策略，局中人甲的赢得均不小于 3。

同理，对于局中人乙来说，选取策略 β_j 时的最坏结果是赢得矩阵 A 中第 j 列各元素的最大者，即 $\max_i \{a_{ij}\}$（$j=1,2,\cdots,n$）。对本例而言，乙选取策略 β_1、β_2、β_3 时，其最大损失分别是 8、3、6。在最坏的情况下，最好的结果是损失 3，因此，局中人乙应选取策略 β_2。这样，不管局中人甲选取什么策略，局中人乙的损失均不超过 3。

对本例而言，赢得矩阵 A 各行最小元素的最大值与各列最大元素的最小值相等，即：

$$\max_i \{-6, 3, -10, -3\} = \min_j \{8, 3, 6\} = 3$$

所以该矩阵对策的解（最佳局势）为 $\{\alpha_2, \beta_2\}$，结果是甲赢得 3、乙损失 3。

上例之解是对策均衡的产物，任何一方如果擅自改变自己的策略都将为此付出代价。对于一般矩阵对策，有以下定义：

定义 11-1 设 $G=\{S_1, S_2, A\}$ 为矩阵对策，其中双方的策略集和赢得矩阵分别为 $S_1=\{\alpha_1, \alpha_2, \cdots, \alpha_m\}$、$S_2=\{\beta_1, \beta_2, \cdots, \beta_n\}$、$A=\{a_{ij}\}_{m \times n}$，则有等式：

$$\max_i [\min_j (a_{ij})] = \min_j [\max_i (a_{ij})] = a_{i^* j^*} \tag{11-1}$$

成立，其中，$a_{i^* j^*}$ 为对策 G 的值，局势（α_{i^*}，β_{j^*}）为对策 G 的解或平衡局势。α_{i^*} 和 β_{j^*} 分别称为局中人甲、乙的最优策略。之所以把策略 α_{i^*} 和 β_{j^*} 称为最优策略，是由于当一方采取上述策略时，若另一方存在侥幸心理而不采取相应的策略，则他就会为自己的侥幸付出代价。事实上，当 $a_{i^* j^*} > 0$ 时，局中人甲有立于不败之地的策略，所以他是不愿意冒险的，其必定要选取他的最优策略，这就迫使局中人乙不能存在侥幸心理，相应地也选取最优策略。同理，当 $a_{i^* j^*} < 0$ 时，也会得出局中人双方都将采取最优策略的结论。

由于 $a_{i^* j^*}$ 既是其所在行的最小元素，同时又是其所在列的最大元素，即：

$$a_{ij^*} \leqslant a_{i^* j^*} \leqslant a_{i^* j} \tag{11-2}$$

所以将这一事实推广到一般矩阵对策，可得以下定理。

定理 11-1 矩阵对策 $G=\{S_1, S_2, A\}$ 在策略意义上有解的充分必要条件是存在着局势（α_{i^*}，β_{j^*}），使对于一切 $i=1,2,\cdots,m$ 和 $j=1,2,\cdots,n$ 均有式（11-2）成立。

证明：（1）充分性。

由于对于一切 $i=1,2,\cdots,m$ 和 $j=1,2,\cdots,n$ 均有式（11-2）成立，故：

$$\max_i (a_{ij^*}) \leqslant a_{i^* j^*} \leqslant \min_j (a_{i^* j})$$

又因为：

$$\min_j[\max_i(a_{ij})] \leqslant \max_i(a_{ij^*}) \text{、} \min_j(a_{i^*j}) \leqslant \max_i[\min_j(a_{i^*j})]$$

所以有：
$$\min_j[\max_i(a_{ij})] \leqslant a_{i^*j^*} \leqslant \max_i[\min_j(a_{ij})] \tag{11-3}$$

此外，由于对于一切 $i=1,2,\cdots,m$ 和 $j=1,2,\cdots,n$ 均有：
$$\min_j(a_{ij}) \leqslant a_{ij} \leqslant \max_i(a_{ij})$$

所以有：
$$\max_i[\min_j(a_{ij})] \leqslant \min_j[\max_i(a_{ij})] \tag{11-4}$$

由式（11-3）和式（11-4）有：
$$\max_i[\min_j(a_{ij})] = \min_j[\max_i(a_{ij})] = a_{i^*j^*}$$

（2）必要性。

设存在 i^* 和 j^* 使 $\min_j(a_{i^*j}) = \max_i[\min_j(a_{ij})]$、$\max_i(a_{ij^*}) = \min_j[\max_i(a_{ij})]$

则由：
$$\max_i[\min_j(a_{ij})] = \min_j[\max_i(a_{ij})]$$

有：
$$\max_i(a_{ij^*}) = \min_j(a_{i^*j}) \leqslant a_{i^*j^*} \leqslant \max_i(a_{ij^*}) = \min_j a_{i^*j}$$

所以，对于一切 $i=1,2,\cdots,m$ 和 $j=1,2,\cdots,n$ 均有：
$$a_{ij^*} \leqslant \max_i(a_{ij^*}) \leqslant a_{i^*j^*} \leqslant \min_j(a_{i^*j}) \leqslant a_{i^*j}$$

为了便于对更广泛的对策情形进行分析，现引入关于二元函数鞍点的概念。

定义 11-2 设 $f(x,y)$ 为定义在 $x \in A$ 及 $y \in B$ 上的实函数，若存在 $x^* \in A$、$y^* \in B$，使得一切 $x \in A$ 和 $y \in B$ 满足：
$$f(x,y^*) \leqslant f(x^*,y^*) \leqslant f(x^*,y) \tag{11-5}$$

则称 (x^*,y^*) 为函数 $f(x,y)$ 的一个鞍点。

例 11-3 矩阵对策 $G = \{S_1, S_2, A\}$，其中，赢得矩阵：

$$A = \begin{bmatrix} 7 & 5 & 6 & 5 \\ 2 & -3 & 9 & -4 \\ 6 & 5 & 7 & 5 \\ 0 & 1 & -1 & 2 \end{bmatrix}$$

直接在矩阵上计算，每一行的最小值列向量为 $(5, -4, 5, -1)^T$，每一列的最大值行向量为 $(7, 5, 9, 5)$，于是有：
$$\max_i[\min_j(a_{ij})] = \min_j[\max_i(a_{ij})] = a_{i^*j^*} = 5$$

其中，$i^* = 1, 3$；$j^* = 2, 4$。故（α_1, β_2）、（α_1, β_4）、（α_3, β_2）、（α_3, β_4）四个局势均为对策的解，且 $a_{i^*j^*} = 5$。

由此例可知，矩阵对策的解可以是不唯一的。当矩阵对策具有不唯一解时，各解之间的关系具有这样的性质：

（1）无差异性，即若（α_1, β_1）和（α_2, β_2）是矩阵对策的两个解，则 $a_{11} = a_{22}$；

（2）可交换性，即若（α_1, β_1）和（α_2, β_2）是矩阵对策的两个解，则（α_1, β_2）和（α_2, β_1）也是矩阵对策的解。

11.2.3 矩阵对策的混合策略

由前面的讨论可知，对于矩阵对策 $G=\{S_1, S_2, A\}$ 来说，局中人甲有把握的最少赢得为

$$v_1 = \max_i [\min_j (a_{ij})]$$

局中人乙有把握的最多损失为

$$v_2 = \min_j [\max_i (a_{ij})]$$

当 $v_1 = v_2$ 时，矩阵对策 $G=\{S_1, S_2, A\}$ 存在策略意义上的解。然而，并非总有 $v_1 = v_2$，实际问题中出现的更多的情形是 $v_1 < v_2$，此时矩阵对策不存在策略意义上的解。

例 11-4 矩阵对策 $G=\{S_1, S_2, A\}$，其中，赢得矩阵为

$$A = \begin{bmatrix} -4 & 4 & -6 \\ 4 & 3 & 5 \\ 8 & -1 & -10 \\ -3 & 0 & 6 \end{bmatrix}$$

$$v_1 = \max_i [\min_j (a_{ij})] = 3, \quad i^* = 2$$
$$v_2 = \min_j [\max_i (a_{ij})] = 4, \quad j^* = 2$$

由于 $v_2 = 4 > v_1 = 3$，于是当双方根据从最不利的情形中选择最有利的结果的原则选择策略时，应分别选择策略 α_2 和 β_2，此时局中人甲的赢得为 3（即乙的损失为 3），乙的损失比预期的 4 少。出现此情形的原因就在于局中人甲选择了策略 α_2，使其对手减少了本该付出的损失，故对于策略 β_2 来讲，α_2 并不是局中人甲的最优策略。局中人甲会考虑选取策略 α_1，以使局中人乙付出本该付出的损失；乙也会将自己的策略从 β_2 改变为 β_3，以使自己的赢得为 6；甲又会随之将自己的策略从 α_1 改变为 α_4，来对付乙的 β_3。如此这般，对于两个局中人来说，根本不存在一个双方均可以接受的平衡局势；或者说当 $v_1 < v_2$ 时，矩阵对策 G 不存在策略意义上的解。

在这种情形下，一个比较自然且合乎实际的想法是，既然不存在策略意义上的最优策略，那么是否可以利用最大期望赢得，规划一个选取不同策略的概率分布呢？由于这种策略是局中人策略集上的一个概率分布，故称为混合策略。

定义 11-3 设矩阵对策 $G= \{S_1, S_2, A\}$，其中双方的策略集和赢得矩阵分别为 $S_1 = \{\alpha_1, \alpha_2, \cdots, \alpha_m\}$、$S_2 = \{\beta_1, \beta_2, \cdots, \beta_n\}$、$A = \{a_{ij}\}_{m \times n}$。

令：$X = \{x \in E^m \mid x_i \geqslant 0, i=1,2,\cdots,m; \sum_{i=1}^m x_i = 1\}$

$$Y = \{y \in E^n \mid y_j \geqslant 0, j=1,2,\cdots,n; \sum_{j=1}^n y_j = 1\}$$

则：X 和 Y 分别称为局中人甲、乙的混合策略集；$x \in X$、$y \in Y$，分别称为局中人甲、乙的混合策略；而 (x,y) 称为一个混合局势；局中人甲的赢得函数记为

$$E(x,y) = x^T A y = \sum_{i=1}^m \sum_{j=1}^n a_{ij} x_i y_j \tag{11-6}$$

这样得到一个新的对策，记为 $G' = \{X, Y, E\}$，对策 G' 称为对策 G 的混合拓展。

定义 11-4 设 $G' = \{X, Y, E\}$ 为矩阵对策 $G = \{S_1, S_2, A\}$ 的混合拓展，如果存在：

$$V_G = \max_{x \in X} \min_{y \in Y} E(x,y) = \min_{y \in Y} \max_{x \in X} E(x,y) \tag{11-7}$$

则使式（11-7）成立的混合局势 (x^*, y^*) 称为矩阵对策 G 在混合意义上的解，x^* 和 y^* 分别称为局中人甲和乙的最优混合策略，V_G 为矩阵对策 $G=\{S_1, S_2, A\}$ 或 $G'=\{X, Y, E\}$ 的值。

为方便起见，我们无须对矩阵对策 $G=\{S_1, S_2, A\}$ 及其混合拓展 $G'=\{X, Y, E\}$ 加以区别，均可以用 $G=\{S_1, S_2, A\}$ 来表示。当矩阵对策 $G=\{S_1, S_2, A\}$ 在策略意义上无解时，自动转向讨论混合策略意义上的解。

定理 11-2 局势 (x^*, y^*) 是矩阵对策 $G=\{S_1, S_2, A\}$ 在混合策略意义上解的充分必要条件是对于一切 $x \in X$，$y \in Y$ 均存在：

$$E(x, y^*) \leqslant E(x^*, y^*) \leqslant E(x^*, y) \tag{11-8}$$

例 11-5 已知矩阵对策 $G=\{S_1, S_2, A\}$，求其混合策略意义上的解。其中 $S_1 = \{\alpha_1, \alpha_2\}$，$S_2 = \{\beta_1, \beta_2\}$，赢得矩阵 $A = \begin{bmatrix} 3 & 6 \\ 5 & 4 \end{bmatrix}$。

解：显然 G 在策略意义上无解，于是设 $x=(x_1, x_2)$ 是局中人甲的混合策略，$y=(y_1, y_2)$ 是局中人乙的混合策略，则：

$$X = \{(x_1, x_2) \mid x_i \geqslant 0, i=1,2; x_1 + x_2 = 1\}$$
$$Y = \{(y_1, y_2) \mid y_j \geqslant 0, j=1,2; y_1 + y_2 = 1\}$$

局中人甲的赢得期望值为

$$E(x,y) = x^T A y = 3x_1 y_1 + 6x_1 y_2 + 5x_2 y_1 + 4x_2 y_2$$
$$= -4\left(x_1 - \frac{1}{4}\right)\left(y_1 - \frac{1}{2}\right) + \frac{9}{2}$$

取 $x^* = \left(\frac{1}{4}, \frac{3}{4}\right)$、$y^* = \left(\frac{1}{2}, \frac{1}{2}\right)$，则 $E(x^*, y^*) = \frac{9}{2}$、$E(x^*, y) = E(x, y^*) = \frac{9}{2}$，即有式（11-8）成立，故局势 (x^*, y^*) 是矩阵对策 $G=\{S_1, S_2, A\}$ 在混合策略意义上的解，$V_G = \frac{9}{2}$ 为矩阵对策的值。

设局中人甲采取策略 α_i 时，其相应的赢得函数为 $E(i, y)$，于是：

$$E(i, y) = \sum_{j=1}^{n} a_{ij} y_j \tag{11-9}$$

设局中人乙采取策略 β_j 时，甲的赢得函数为 $E(x, j)$，于是：

$$E(x, j) = \sum_{i=1}^{m} a_{ij} x_i \tag{11-10}$$

由式（11-9）和式（11-10）可得：

$$E(x, y) = \sum_{i=1}^{m} \sum_{j=1}^{n} a_{ij} x_i y_j = \sum_{i=1}^{m} \left(\sum_{j=1}^{n} a_{ij} y_j\right) x_i = \sum_{i=1}^{m} E(i, y) x_i \tag{11-11}$$

和

$$E(x, y) = \sum_{i=1}^{m} \sum_{j=1}^{n} a_{ij} x_i y_j = \sum_{j=1}^{n} \left(\sum_{i=1}^{m} a_{ij} x_i\right) y_j = \sum_{j=1}^{n} E(x, j) y_j \tag{11-12}$$

定理 11-3 设 $x^* \in X$、$y^* \in Y$，则 (x^*, y^*) 是矩阵对策 $G=\{S_1, S_2, A\}$ 的解的充分必要条件是对于任意的 i（$i=1,2,\cdots,m$）和 j（$j=1,2,\cdots,n$）均存在：

$$E(i, y^*) \leqslant E(x^*, y^*) \leqslant E(x^*, j) \tag{11-13}$$

证明：设 (x^*, y^*) 是矩阵对策 $G = \{S_1, S_2, A\}$ 的解，则由定理 11-2 可知式 (11-8) 成立。由于策略是混合策略的特例，故式 (11-13) 成立；反之，设式 (11-13) 成立，由：

$$E(x, y^*) = \sum_{i=1}^{m} E(i, y^*) x_i \leqslant E(x^*, y^*) \cdot \sum_{i=1}^{m} x_i = E(x^*, y^*)$$

$$E(x^*, y) = \sum_{j=1}^{n} E(x^*, j) y_j \geqslant E(x^*, y^*) \cdot \sum_{j=1}^{n} y_j = E(x^*, y^*)$$

即得式 (11-8)。

定理 11-3 的意义在于，在检验 (x^*, y^*) 是否为对策 G 的解时，式 (11-13) 把需要对无限个不等式进行验证的问题转化为只需对有限个不等式进行验证的问题，从而研究更加简化。

不难证明，定理 11-3 可表达为如下定理 11-4 的等价形式，而这一形式在求解矩阵对策时是特别有用的。

定理 11-4 设 $x^* \in X$，$y^* \in Y$，则 (x^*, y^*) 是矩阵对策 $G = \{S_1, S_2, A\}$ 的解的充分必要条件是存在数 v，使得 x^* 和 y^* 分别是不等式组：

$$\begin{cases} \sum_{i=1}^{m} a_{ij} x_i \geqslant v & (j=1,2,\cdots,n) \\ \sum_{i=1}^{m} x_i = 1 \\ x_i \geqslant 0 & (i=1,2,\cdots,m) \end{cases} \tag{11-14}$$

和

$$\begin{cases} \sum_{j=1}^{n} a_{ij} y_j \leqslant v & (i=1,2,\cdots,m) \\ \sum_{j=1}^{n} y_j = 1 \\ y_j \geqslant 0 & (j=1,2,\cdots,n) \end{cases} \tag{11-15}$$

的解，且 $v = V_G$。

定理 11-5 对任一矩阵对策 $G = \{S_1, S_2, A\}$，一定存在混合策略意义上的解。

证明：由定理 11-3 可知，此命题只需证明存在 $x^* \in X$、$y^* \in Y$ 使得式 (11-13) 成立。

为此，考虑以下两个线性规划问题。显然，这两个线性规划问题互为对偶，而且

$$\boldsymbol{x} = (1, 0, 0, \cdots, 0)^{\mathrm{T}} \in E^m, \quad w = \min_{j}(a_{1j})$$

是第一个问题的一个可行解；而

$$\boldsymbol{y} = (1, 0, 0, \cdots, 0)^{\mathrm{T}} \in E^n, \quad v = \max_{i}(a_{i1})$$

是第二个问题的一个可行解。

线性规划问题 1：$\max z = w$

$$\begin{cases} \sum_{i=1}^{m} a_{ij} x_i \geqslant w & (j=1,2,\cdots,n) \\ \sum_{i=1}^{m} x_i = 1 \\ x_i \geqslant 0 & (i=1,2,\cdots,m) \end{cases}$$

线性规划问题 2：$\min z = v$

$$\begin{cases} \sum_{j=1}^{n} a_{ij} y_j \leqslant v & (i=1,2,\cdots,m) \\ \sum_{j=1}^{n} y_j = 1 \\ y_j \geqslant 0 & (j=1,2,\cdots,n) \end{cases}$$

由线性规划的对偶理论可知，这两个线性规划问题分别存在最优解(x^*, w^*)和(y^*, v^*)，且$w^* = v^*$，即存在$x^* \in X$、$y^* \in Y$和数v^*，使得对任意的$i(i=1,2,\cdots,m)$和$j(j=1,2,\cdots,n)$均存在：

$$\sum_{j=1}^{n} a_{ij} y_j^* \leqslant v^* \leqslant \sum_{i=1}^{m} a_{ij} x_i^* \tag{11-16}$$

或

$$E(i, y^*) \leqslant v^* \leqslant E(x^*, j) \tag{11-17}$$

又由

$$E(x^*, y^*) = \sum_{i=1}^{m} E(i, y^*) x_i^* \leqslant v^* \cdot \sum_{i=1}^{m} x_i^* = v^*$$

$$E(x^*, y^*) = \sum_{j=1}^{n} E(x^*, j) y_j^* \geqslant v^* \cdot \sum_{j=1}^{n} y_j^* = v^*$$

得到$v^* = E(x^*, y^*)$，故由式（11-17）可知式（11-13）成立。

定理 11-5 的证明是一个构造性的证明，它不仅证明了矩阵对策解的存在性，而且给出了利用线性规划方法求解矩阵对策的思想。

11.3 非零和对策

在许多现实对策问题中，一个局中人的赢得并不要求一定就是另一个局中人的损失，我们将这种局中人甲的赢得不等于局中人乙的损失的对策称为非零和对策。首先让我们看一个传统非零和对策的案例，犯罪分子甲和乙被捕入狱，在接下来的审讯过程中，甲、乙面临着招供还是拒供的对策问题。按警方所掌握的证据和现行法律，可以推知表 11-3 所反映的信息。

表 11-3

甲＼乙	拒供	招供
拒供	各 1 年	甲 10 年、乙 0.25 年
招供	甲 0.25 年、乙 10 年	各 8 年

寻找局中人甲、乙的均衡策略是分析非零和对策的起点，这样的分析需要将表 11-3 转换为表 11-4（标准的赢得矩阵）。很容易看出，对于犯罪分子乙来讲，拒供是绝对不可取的；因为无论甲是否招供，乙拒供都会招致更重的惩罚。同理，甲也一定采取招供的策略。

表 11-4

甲 \ 乙	拒供	招供
拒供	−1，−1	−10，−0.25
招供	−0.25，−10	−8，−8

所以，当局中人甲、乙均做出理性的选择时，均衡策略应是招供，每人得到 8 年监禁的惩罚。然而，这里存在一个反论，如果犯罪分子甲和乙均采取不理性的选择，那么他们将从不理性中受益（每人只得到 1 年监禁的惩罚）。

在非零和对策中，局中人是否合作对均衡策略有着至关重要的影响。上例中如果甲、乙不合作，均衡策略是（招供，招供）；如果甲、乙合作，均衡策略是（拒供，拒供）。

相类似的对策情形也时常出现在经济问题中。例如，两家小公司各自控制着自己独立的目标市场，只要他们互不侵犯，各自均能获得比较满意的利润。但是，如果一家公司入侵对方的领地，而对方没有采取扩张的策略，那么入侵的公司将增加利润，而没有扩张的公司将被吃掉。如果两家公司同时采取扩张的策略，那么两家公司虽然都可以保全，但利润均有所下降。如果这两家公司没有合作，理性的选择就只有扩张了；很显然，如果这两家公司进行合作，最佳的选择自然应该是各自保持自己的领地。

11.3.1 纳什均衡（NASH EQUILIBRIUM）

所谓绝对均衡，是指每一个局中人无须考虑对方采取什么策略自身自然存在着一个最优策略。并非所有的对策都存在绝对均衡，下面的例子描述的就是一个没有绝对均衡的对策。

一对夫妇，迷恋戏曲表演的太太称为 Buff，而热衷于篮球比赛的先生称为 Fan，一般情况下都可以对如何充实闲暇时间达成共识，但当戏曲表演与篮球比赛同时进行时冲突就出现了。双方都面临两种选择，即戏曲表演或篮球比赛。双方约定，同时给出自己不可更改的选择，各种策略对所构成的赢得矩阵如表 11-5 所示。

表 11-5

Buff \ Fan	戏曲表演	篮球比赛
戏曲表演	3，1	−4，−4
篮球比赛	−2，−2	1，3

表 11-5 中的赢得值是局中人在对策对中所获得的效用，负值代表由于不和谐所产生的懊悔。该例显然不存在绝对均衡，但对非零和对策而言，另一种较弱的均衡形式可能存在。

定义 11-5 只要一个局中人不改变其策略，另一个局中人就没有改变自身策略的动因，这样的策略均衡称为纳什均衡。

按照纳什均衡的定义，上例中的策略对（Buff：戏曲表演，Fan：戏曲表演）是一个纳什均衡。戏曲对于 Buff 是最好的，只要 Fan 也选择戏曲；同样地，戏曲对于 Fan 也是最好的，只要 Buff 坚持选择戏曲。建立一个纳什均衡首先必须选取一个策略对，然后再检验它。策略对（Buff：戏曲表演，Fan：篮球比赛）就不是一个纳什均衡，它无法通过这样的检验。因为

Buff 选择了戏曲，Fan 最好是改变自己的策略也选择戏曲；同样地，Fan 选择了篮球，Buff 最好是改变自己的策略也选择篮球。类似地有，策略对（Buff：篮球比赛，Fan：戏曲表演）也不是一个纳什均衡，因为在一方没有改变策略时，另一方就存在改变自己策略的动因。

一个非零和对策可以有多个纳什均衡，上例中的策略对（Buff：篮球比赛，Fan：篮球比赛）就是第二个纳什均衡。

对于一次对策，任何一个纳什均衡都可以看成是最优解；但对于多次重复的对策，问题就不那么简单了。可以设想，如果在多次对策中总是重复（Buff：戏曲表演，Fan：戏曲表演），Fan 自然就会有不公平的感觉。解决这一问题需要一个辅助的协议，即轮番采用各个纳什均衡。比如，一周去看戏曲表演，一周去看篮球比赛。

思政融合

正确认识人生苦难，培养道路自信：
讲解中可以融入博弈论大师纳什（Nash）的故事，纳什的个人一生充满了悲剧，但是整个世界的数学和博弈理论却因他而精彩。纳什的经历可以生动地鼓励我们：人生的苦难一方面是悲剧，另一方面是宝贵的财富，人生贵在专一和持之以恒，在大挫折、大困难中坚持道路自信，一定可以取得辉煌的成就。

11.3.2 无均衡对策

我们不能要求一个对策一定要有绝对均衡或纳什均衡，有些对策就既没有绝对均衡也没有纳什均衡，如表 11-6 所示。

表 11-6

父母＼子女	做家务	不做家务
提供零用钱	4，3	−1，4
不提供零用钱	−2，2	0，0

构造一个纳什均衡，必须检验所有的策略对。策略对（提供零用钱，做家务）不是一个均衡，因为如果有了零用钱，子女宁愿不做家务而外出玩耍。策略对（提供零用钱，不做家务）也不是一个均衡，因为如果子女选择了不做家务，那么父母将不提供零用钱。同样，策略对（不提供零用钱，做家务）和策略对（不提供零用钱，不做家务）也都不是均衡。

设想这样的情形，子女选择做家务，父母选择提供零用钱。然而，由于父母选择提供零用钱，子女将转而选择不做家务，以便有时间消费；由于父母可以预期子女有了钱后的选择，因此转而选择不提供零用钱。没有了零用钱，子女为避免寂寞而选择做家务；由于子女选择了做家务，父母便产生内疚感，转而选择提供零用钱，这样我们又一次回到了设想的起点。当无均衡对策可言时，并没有以理性为基础的稳定的策略对（策略意义上的解）存在。然而，如果局中人依据一定的概率选取各个策略，稳定的策略对（混合策略意义上的解）还是存在的。

为了展示如何在更加一般意义上寻找最优的混合策略,仍然应用表 11-6 所给出的例子。在一些家庭尽管这样的游戏可能只是间或进行的,但如果将其看成是一个游戏系列,对于研究问题是很有帮助的。假设父母与子女之间签订一份这样的合同,每个月通过背对背的形式重新调整双方的策略。

由于最初父母并不知道应该选择哪一个策略,所以产生概率 P_A(选择提供零用钱的概率)和概率 $1-P_A$(选择不提供零用钱的概率);同样地,子女选择做家务的概率为 Q_C,选择不做家务的概率为 $1-Q_C$。对策双方将按照期望赢得最大的原则选择自己的混合策略。

首先考虑父母,他们的赢得矩阵列于表 11-7 中。不但父母不知道应该选择哪一个策略,他们的子女同样也不知道应该选择哪一个策略。首先计算父母采取每一策略(每一行)的期望赢得,即用子女选择各策略的概率乘以该行相应的赢得值之和;然后计算父母的期望赢得,即用其选择各策略的概率乘以相应各策略的期望赢得之和(见表 11-7)。

父母的期望赢得是 P_A、Q_C 的函数,即 $-P_A-2Q_C+7P_AQ_C$。将具有 P_A 的两项加以合并,可以得到等价的表达式:

$$父母的期望赢得 = (-1+7Q_C)P_A - 2Q_C$$

因为两个变量 P_A、Q_C 都是非负的,所以当 P_A 的系数为零时,父母的期望赢得达到最大,即:

$$-1+7Q_C = 0,\ Q_C = \frac{1}{7} \approx 0.143$$

将 $Q_C = \frac{1}{7}$ 代入父母的期望赢得表达式,可得:

$$父母的期望赢得 = 0 - 2 \times \frac{1}{7} = -\frac{2}{7}$$

表 11-7

父母＼子女	做家务 (Q_C)	不做家务 ($1-Q_C$)	$P_A(5Q_C-1)+(1-P_A)(-2Q_C)$ $=-P_A-2Q_C+7P_AQ_C$
提供零用钱 (P_A)	4	-1	$4Q_C-1(1-Q_C)=5Q_C-1$
不提供零用钱 ($1-P_A$)	-2	0	$-2Q_C+0(1-Q_C)=-2Q_C$

子女使父母保持使用混合策略的唯一方式是以 $\frac{1}{7}$(或 14.3%)概率选择做家务。如果父母探知子女有较大的概率选择做家务,比如说 $\frac{1}{2}$(或 50%),那么父母每一次都将选择提供零用钱,即 $P_A=1$;一个较低的概率,比如说 $\frac{1}{10}$(或 10%),将给父母充分的理由拒绝提供零用钱,即 $P_A=0$。只要子女保持以 $\frac{1}{7}$(或 14.3%)概率选择做家务,将形成一个非稳定的对局,在这一对局中,无论父母选择什么样的策略组合(无论 P_A 取何值),都将实现相同的期望赢得。

然而,P_A 的大小却对子女的赢得有着巨大的影响。让我们站在子女的角度来重新审视期望赢得最大的原则。通过表 11-8 所给出的子女的赢得矩阵,利用期望赢得最大的原则来

确定 P_A 的取值。

子女的期望赢得 $= 2Q_C + 4P_A - 3P_AQ_C = (2-3P_A)Q_C + 4P_A$

当 $2-3P_A = 0$ 或 $P_A = \frac{2}{3} \approx 0.67$ 时，子女的期望赢得达到最大值。将 $P_A = \frac{2}{3} \approx 0.67$，即可得到子女的期望赢得为 2.67。

表 11-8

父母 \ 子女	做家务（Q_C）	不做家务（$1-Q_C$）
提供零用钱（P_A）	3	4
不提供零用钱（$1-P_A$）	2	0
$Q_C(P_A+2)+(1-Q_C)\cdot 4P_A$ $= 2Q_C + 4P_A - 3P_AQ_C$	$3P_A + 2(1-P_A) = P_A + 2$	$4P_A + 0(1-P_A) = 4P_A$

为实现一个稳定的对局，父母必须以 $P_A = \frac{2}{3} \approx 0.67$ 的概率选择提供零用钱。一个较高的概率，将引起子女放弃做家务（$Q_C = 0$）；一个较低的概率，将引起子女总是选择做家务（$Q_C = 1$）。只要父母以 0.67 的概率选择提供零用钱，无论 Q_C 取何值，子女都将获得最大的期望赢得 2.67。但不要忘记，子女的选择会导致父母改变策略。

如果一个对策是非零和的而且没有均衡的对策对，那么混合策略将产生一个稳定的对局。将双方最优的混合策略 $\left(P_A = \frac{2}{3} \approx 0.67、Q_C = \frac{1}{7} \approx 0.143\right)$ 组合到一起，便形成一个非零和矩阵的纳什均衡策略对。如果对策一方不改变策略，那么对方就没有改变策略的动因。但是，任何一方策略的改变，都将导致系统的不稳定。

知识总结

（1）对策论亦称博弈论是研究具有竞争性质现象的数学理论和方法。对策论的发展历史并不长，但由于它所研究的现象与人们的政治、经济、军事活动乃至日常的生活都有着密切的关系，所以日益引起人们的广泛关注。

（2）对策行为具有三个基本要素，即局中人、策略和赢得函数。分析对策行为首先必须清楚这三个基本要素。

（3）矩阵对策就是二人有限零和对策，两个局中人的赢得之和总是等于零，即对策双方的利益是激烈对抗的，一人的赢是建立在另一人输的基础之上的。

（4）在许多现实对策问题中，一个局中人的赢得并不要求一定就是另一个局中人的损失，我们将这种局中人甲的赢得不等于局中人乙的损失的对策称为非零和对策。

自测练习

11.1 甲、乙二人零和对策，已知甲的赢得矩阵，求双方的最优策略与对策值。

(1) $A = \begin{bmatrix} -2 & 12 & -4 \\ 1 & 4 & 8 \\ -5 & 2 & 3 \end{bmatrix}$ (2) $A = \begin{bmatrix} 2 & 2 & 1 \\ 3 & 4 & 4 \\ 2 & 1 & 6 \end{bmatrix}$

(3) $A = \begin{bmatrix} 9 & -6 & -3 \\ 5 & 6 & 4 \\ 7 & 4 & 3 \end{bmatrix}$ (4) $A = \begin{bmatrix} 1 & 7 & 6 \\ -4 & 3 & -5 \\ 0 & -2 & 4 \end{bmatrix}$

(5) $A = \begin{bmatrix} 2 & -3 & 1 & -4 \\ 6 & -4 & 1 & -5 \\ 4 & 3 & 3 & 2 \\ 2 & -3 & 2 & -4 \end{bmatrix}$ (6) $A = \begin{bmatrix} 9 & 3 & 1 & 8 & 0 \\ 6 & 5 & 4 & 6 & 7 \\ 2 & 4 & 3 & 3 & 8 \\ 5 & 6 & 2 & 2 & 1 \end{bmatrix}$

11.2 甲、乙二人进行一种游戏，甲先在横轴的 $x \in [0,1]$ 区间内任选一个数，不让乙知道；然后乙在纵轴的 $y \in [0,1]$ 区间内任选一个数。双方选定后，乙对甲的支付为 $P(x, y) = \frac{1}{2}y^2 - 2x^2 - 2xy + \frac{7}{2}x + \frac{5}{4}y$，求甲、乙二人的最优策略和对策值。

11.3 如表 11-9 所示，甲、乙两家计算器生产厂，其中甲厂研制成功一种新型的袖珍计数器，为加强与乙厂的竞争，考虑了三个竞争策略：

(1) 新产品全面投产；
(2) 新产品小批量试产试销；
(3) 新产品搁置。

乙厂在了解到甲厂有新产品的情况下也考虑了三个竞争策略：

(1) 加速研制新型产品；
(2) 改进现有产品；
(3) 改进产品外观与包装。

由于受市场预测能力的限制，故数据表只反映出对甲而言对策结果的定性分析资料。若采用打分法，一般记 0 分、较好记 1 分、好记 2 分、很好记 3 分、较差记 -1 分、差记 -2 分、很差记 -3 分，试通过对策分析，确定甲、乙两厂各应采取的最佳策略。

表 11-9

甲 \ 乙	β_1	β_2	β_3
α_1	较好	好	很好
α_2	一般	较差	较好
α_3	很差	差	一般

11.4 甲、乙两个游戏者各持一枚硬币，同时展示硬币的面。如果均为正面，则甲赢得 2 元；如果均为反面，则甲赢得 1 元；如果为一正一反，则甲输 1.5 元。写出甲的赢得矩阵及甲、乙双方各自的最佳策略，并分析这种游戏规则是否合理。

参 考 文 献

［1］胡运权，等．运筹学基础及应用（第五版）［M］．北京：高等教育出版社，2013.
［2］胡运权，等．运筹学教程［M］．北京：清华大学出版社，2003.
［3］薛声家，左小德．管理运筹学（第三版）［M］．广州：暨南大学出版社，2007.
［4］刘蓉．物流运筹学［M］．北京：电子工业出版社，2012.
［5］成晓红，田德良．管理运筹学［M］．北京：国防工业出版社，2004.
［6］吴祈宗．运筹学［M］．广州：暨南大学出版社，2009.
［7］范玉妹，徐尔，谢铁军．运筹学通论［M］．北京：冶金工业出版社，2009.
［8］徐裕生，张海英．运筹学［M］．北京：北京大学出版社，2006.
［9］党耀国，李帮义，朱建军．运筹学［M］．北京：科学出版社，2009.
［10］于春田，李法朝．运筹学［M］．北京：科学出版社，2006.
［11］龙子泉，卢菊春．管理运筹学［M］．武汉：武汉大学出版社，2002.
［12］施泉生．运筹学（第二版）［M］．北京：中国电力出版社，2009.
［13］张丽娜，李春兰．概率统计教程［M］．北京：科学出版社，2006.
［14］王玉梅，李立．经济管理运筹学［M］．北京：中国标准出版社，2010.
［15］于春田，李法朝．运筹学［M］．北京：科学技术出版社，2006.
［16］韩伯棠．管理运筹学（第三版）［M］．北京：高等教育出版社，2013.